智能系统与技术丛书

U0185947

Hands-On GPU-Accelerated Computer Vision
with OpenCV and CUDA

基于GPU加速的
计算机视觉编程

使用OpenCV和CUDA实时处理复杂图像数据

[美] 包米克·维迪雅（Bhaumik Vaidya） 著

顾海燕 译

机械工业出版社
China Machine Press

图书在版编目（CIP）数据

基于 GPU 加速的计算机视觉编程：使用 OpenCV 和 CUDA 实时处理复杂图像数据 /
（美）包米克·维迪雅（Bhaumik Vaidya）著；顾海燕译 . —北京：机械工业出版社，2020.4
（2024.5 重印）
（智能系统与技术丛书）
书名原文：Hands-On GPU-Accelerated Computer Vision with OpenCV and CUDA

ISBN 978-7-111-65147-5

I. 基… II. ① 包… ② 顾… III. 计算机视觉 - 程序设计 IV. TP302.7

中国版本图书馆 CIP 数据核字（2020）第 047366 号

北京市版权局著作权合同登记　图字：01-2018-8345 号。

基于 GPU 加速的计算机视觉编程
使用 OpenCV 和 CUDA 实时处理复杂图像数据

出版发行：机械工业出版社（北京市西城区百万庄大街 22 号　邮政编码：100037）

责任编辑：柯敬贤　　　　　　　　　　　责任校对：殷　虹

印　　刷：北京富资园科技发展有限公司　版　　次：2024 年 5 月第 1 版第 5 次印刷

开　　本：186mm×240mm　1/16　　　　印　　张：16.25

书　　号：ISBN 978-7-111-65147-5　　　定　　价：79.00 元

客服电话：（010）88361066　68326294

前　言

计算机视觉正在给许多行业带来革命性的变化，OpenCV 是使用最广泛的计算机视觉工具之一，能够在多种编程语言中工作。目前，需要在计算机视觉中实时处理较大的图像，而单凭 OpenCV 是难以做到的。在这方面图形处理器（GPU）和 CUDA 可以提供帮助。因此，本书提供了一个将 OpenCV 与 CUDA 集成的实际应用的详细概述。本书首先解释了用 CUDA 对 GPU 编程，这对于从未使用过 GPU 的计算机视觉开发人员来说是必不可少的。然后通过一些实例说明了如何用 GPU 和 CUDA 对 OpenCV 进行加速。当要在现实生活场景中使用计算机视觉应用程序时，需要将其部署在嵌入式开发板上，本书涵盖了如何在 NVIDIA Jetson TX1 上部署 OpenCV 应用程序，这是非常流行的计算机视觉和深度学习应用程序。本书的最后一部分介绍了 PyCUDA，结合 Python 使用 OpenCV 的计算机视觉开发人员会使用它。PyCUDA 是一个 Python 库，它利用 CUDA 和 GPU 的功能来加速。本书为在 C++ 或 Python 中使用 OpenCV 的开发人员提供了一个完整的指南，帮助他们通过亲身体验来加速计算机视觉应用程序。

本书的读者对象

对于想学习如何利用 GPU 处理更复杂的图像数据的 OpenCV 开发人员，本书是必读指南。大多数计算机视觉工程师或开发人员在试图实时处理复杂的图像数据时都会遇到问题。这就需要使用 GPU 进行计算机视觉算法的加速，而这有助于人们开发能够实时处理复杂图像数据的算法。大多数人认为硬件加速只能通过 FPGA 和 ASIC 设计来实现，为此，他们需要 Verilog 或 VHDL 等硬件描述语言的知识。然而，只在 CUDA 出现之前情况才如此。CUDA 利用了 NVIDIA GPU 的强大功能，可以使用支持 CUDA 的 C++ 和 Python 等编程语言来加速算法。本书将通过开发实际应用程序来帮助这些开发人员了解这些概念并在嵌入式平台上部署计算机视觉应用程序，如 NVIDIA Jetson TX1。

本书的主要内容

第 1 章介绍了 CUDA 架构以及它如何重新定义 GPU 的并行处理能力，讨论了 CUDA 架构在实际场景中的应用，介绍了 CUDA 的开发环境，以及如何在所有操作系统上安装 CUDA。

第 2 章教读者使用 CUDA 为 GPU 编写程序。从一个简单的 Hello World 程序开始，逐步用 CUDA C 构建复杂示例。该章还介绍了内核如何工作以及如何使用设备属性，并讨论了与 CUDA 编程相关的术语。

第 3 章向读者介绍了如何从 CUDA 程序中调用线程，多个线程如何相互通信，多个线程并行工作时如何同步，以及常量内存和纹理内存。

第 4 章包括 CUDA 流和 CUDA 事件等高级概念，描述了如何使用 CUDA 加速排序算法，并研究了使用 CUDA 加速简单图像处理功能。

第 5 章描述了在所有操作系统中安装支持 CUDA 的 OpenCV 库，解释了如何使用一个简单的程序来测试这个安装，比较了使用和不使用 CUDA 支持执行的图像处理程序的性能。

第 6 章教读者如何使用 OpenCV 开发基本的计算机视觉操作应用程序，如像素级的图像操作、滤波和形态学操作。

第 7 章介绍了使用 OpenCV 和 CUDA 加速一些实际计算机视觉应用程序的步骤，描述了用于对象检测的特征检测和描述算法。该章还介绍了基于 Haar 级联和视频分析技术的人脸检测加速，如用于对象跟踪的背景减法。

第 8 章介绍了 Jetson TX1 嵌入式平台以及如何使用它来加速和部署计算机视觉应用程序，还介绍了在 Jetson TX1 上使用 JetPack 安装文件安装 OpenCV for Tegra 的过程。

第 9 章包括在 Jetson TX1 上部署计算机视觉应用程序，介绍了如何构建不同的计算机视觉应用程序，以及如何将摄像机与 Jetson TX1 连接用于视频处理应用程序。

第 10 章介绍了 PyCUDA，这是一个用于 GPU 加速的 Python 库。该章描述了在所有操作系统上的安装过程。

第 11 章教读者如何使用 PyCUDA 编写程序，其中详细描述了从主机到设备的数据传输和内核执行的概念，涵盖了如何在 PyCUDA 中使用数组和开发复杂的算法。

第 12 章介绍了使用 PyCUDA 的基本计算机视觉应用的开发和加速，描述了颜色空间转换操作、直方图计算和不同的算术操作作为计算机视觉应用的例子。

充分利用本书

本书介绍的示例可以在 Windows、Linux 和 macOS 上运行，书中涵盖了所有的安装说明。读者最好对计算机视觉概念和编程语言（如 C++ 和 Python）有全面了解，最好用 NVIDIA GPU 硬件来执行书中介绍的示例。

下载示例代码及彩色图像

本书的示例代码及所有截图和样图，可以从 http://www.packtpub.com 通过个人账号下载，也可以访问 http://course.cmpreading，通过注册并登录个人账号下载。

作者简介

　　Bhaumik Vaidya 是一位经验丰富的计算机视觉工程师和导师，在 OpenCV 库尤其在计算机视觉问题解决方面做了大量工作。他是优秀硕士毕业生，目前正在攻读计算机视觉算法加速方面的博士学位，该算法使用 OpenCV 和基于 GPU 的深度学习库构建。他有教学背景，指导过许多计算机视觉和超大规模集成（VLSI）方面的项目。他之前在 VLSI 领域做过 ASIC 验证工程师，对硬件架构也有深入了解。他在著名期刊上发表了许多研究论文，还和博士导师共同获得了 NVIDIA Jetson TX1 嵌入式开发平台的研究资助。

审稿人简介

    Vandana Shah 于 2001 年获得电子学学士学位，随后获得了人力资源管理工商管理硕士和电子工程（超大规模集成电路方向）硕士学位，并提交了关于图像处理和脑肿瘤检测的深度学习领域的电子学博士论文。她擅长的领域是利用深度学习和嵌入式系统进行图像处理。她有超过 13 年的研究经验，并教育和指导着电子学和通信工程专业的本科生及研究生。曾在 IEEE、Springer、Inderscience 等出版的知名期刊发表论文。她还获得了政府资助，用于即将进行的核磁共振成像处理领域的研究。她一直致力于指导学生和研究人员，能够在软技能开发方面培训学生和教师。她多才多艺，除了拥有专业技术技能之外，还擅长印度舞蹈卡萨克。

C O N T E N T S

目　　录

第 1 章

CUDA 介绍及入门

本章向你简要介绍 CUDA 架构以及它是如何重新定义 GPU 的并行处理能力。应用软件如何使用 CUDA 架构？我们将演示一些实际的应用场景。本章希望成为使用通用 GPU 和 CUDA 加速的软件入门指南。本章描述了 CUDA 应用程序所使用的开发环境以及如何在各种操作系统上安装 CUDA 工具包。它涵盖了如何在 Windows 和 Ubuntu 上使用 CUDA C 开发基本代码。

本章将讨论以下主题：

❑ CUDA 介绍
❑ CUDA 应用
❑ CUDA 开发环境
❑ 在 Windows、Linux 和 macOS 上安装 CUDA 工具包
❑ 使用 CUDA C 开发简单的代码

1.1 技术要求

本章要求熟悉基本的 C 或 C++ 编程语言。本章所有代码可以从 GitHub 链接 https://github.com/PacktPublishing/Hands-On-GPU-Accelerated-Computer-Vision-with-OpenCV-and-CUDA 下载。尽管代码只在 Windows 10 和 Ubuntu 16.04 上测试过，但可以在任何操作系统上执行。

1.2 CUDA 介绍

计算统一设备架构（Compute Unified Device Architecture，CUDA）是由英伟达（NVIDIA）

开发的一套非常流行的并行计算平台和编程模型。它只支持 NVIDIA GPU 卡。OpenCL 则用来为其他类型的 GPU 编写并行代码，比如 AMD 和英特尔，但它比 CUDA 更复杂。CUDA 可以使用简单的编程 API 在**图形处理单元**（GPU）上创建大规模并行应用程序。

使用 C 和 C++ 的软件开发人员可以通过使用 CUDA C 或 C++ 来利用 GPU 的强大性能来加速他们的软件应用程序。用 CUDA 编写的程序类似于用简单的 C 或 C++ 编写的程序，添加需要利用 GPU 并行性的关键字。CUDA 允许程序员指定 CUDA 代码的哪个部分在 CPU 上执行，哪个部分在 GPU 上执行。

下一节将详细介绍并行计算的需求以及 CUDA 架构是如何利用 GPU 的强大性能。

1.2.1 并行处理

近年来，消费者对手持设备的功能要求越来越高。因此，有必要将越来越多的晶体管封装在一个小的电路板上，既能快速工作，又能耗电最少。我们需要一个可以快速运行的处理器以较高的时钟速度、较小的体积和最小的功率执行多项任务。在过去的几十年中，晶体管的尺寸逐渐减小，这就可以让越来越多的晶体管封装在一个芯片上，也导致了时钟速度的不断提高。然而，这种情况已经发生了变化，最近几年时钟速度或多或少保持不变。那么，原因是什么呢？难道是晶体管不再变小了吗？答案是否定的。时钟速度恒定背后的主要原因是高功率损耗和高时钟速率。小的晶体管在小面积内封装和高速工作将耗散大功率，因此它是很难保持处理器的低温。开发中随着时钟速度逐渐饱和，我们需要一个新的计算模式来提高处理器性能。让我们通过一个真实生活中的小例子来理解这个概念。

假设你被告知要在很短的时间内挖一个很大的洞。你会有以下三种方法以及时完成这项工作：

- ❏ 你可以挖得更快。
- ❏ 你可以买一把更好的铲子。
- ❏ 你可以雇佣更多的挖掘机，它们可以帮助你完成工作。

如果我们能在这个例子和一个计算模式之间找出关联，那么第一种选择类似于更快的时钟。第二种选择类似于拥有更多可以在每个时钟周期做更多工作的晶体管。但是，正如我们之前段落里讨论过的，功耗限制了这两个步骤。第三种选择是类似于拥有许多可以并行执行任务的更小更简单的处理器。GPU 遵循这种计算模式。它不是一个可以执行复杂任务的更强大的处理器，而是有许多小而简单的且可以并行工作的处理器。下一节将解释 GPU 架构的细节。

1.2.2 GPU 架构和 CUDA 介绍

GeForce 256 是英伟达于 1999 年开发的第一个 GPU。最初只用在显示器上渲染高端图形。它们只用于像素计算。后来，人们意识到如果可以做像素计算，那么他们也可以做其他的数学计算。现在，GPU 除了用于渲染图形图像外，还用于其他许多应用程序中。这些

GPU 被称为**通用 GPU**（GPGPU）。

   你可能会想到的下一个问题是 CPU 和 GPU 的硬件架构有什么不同，从而可以使得 GPU 能够进行并行计算？CPU 具有复杂的控制硬件和较少的数据计算硬件。复杂的控制硬件在性能上提供了 CPU 的灵活性和一个简单的编程接口，但是就功耗而言，这是昂贵的。而另一方面，GPU 具有简单的控制硬件和更多的数据计算硬件，使其具有并行计算的能力。这种结构使它更节能。缺点是它有一个更严格的编程模型。在 GPU 计算的早期，OpenGL 和 DirectX 等图形 API 是与 GPU 交互的唯一方式。对于不熟悉 OpenGL 或 DirectX 的普通程序员来说，这是一项复杂的任务。这促成了 CUDA 编程架构的开发，它提供了一种与 GPU 交互的简单而高效的方式。关于 CUDA 架构的更多细节将在下一节中给出。

   一般来说，任何硬件架构的性能都是根据延迟和吞吐量来度量的。延迟是完成给定任务所花费的时间，而吞吐量是在给定时间内完成任务的数量。这些概念并不矛盾。通常情况下，提高一个，另一个也会随之提高。在某种程度上，大多数硬件架构旨在提高延迟或吞吐量。例如，假设你在邮局排队。你的目标是在很短的时间内完成你的工作，所以你想要改进延迟，而坐在邮局窗口的员工想要在一天内看到越来越多的顾客。因此，员工的目标是提高吞吐量。在这种情况下，改进一个将导致另一个的改进，但是双方看待这个改进的方式是不同的。

   同样，正常的串行 CPU 被设计为优化延迟，而 GPU 被设计为优化吞吐量。CPU 被设计为在最短时间内执行所有指令，而 GPU 被设计为在给定时间内执行更多指令。GPU 的这种设计理念使它们在图像处理和计算机视觉应用中非常有用，这也是本书的目的，因为我们不介意单个像素处理的延迟。我们想要的是在给定的时间内处理更多的像素，这可以在 GPU 上完成。

   综上所述，如果我们想在相同的时钟速度和功率要求下提高计算性能，那么并行计算就是我们所需要的。GPU 通过让许多简单的计算单元并行工作来提供这种能力。现在，为了与 GPU 交互，并利用其并行计算能力，我们需要一个由 CUDA 提供的简单的并行编程架构。

1.2.3 CUDA 架构

   本节介绍在 GPU 架构中如何进行基本的硬件修改，以及使用 CUDA 开发程序的一般结构。我们暂时不讨论 CUDA 程序的语法，但是我们将讨论开发代码的步骤。本节还将介绍一些基本的术语，这些术语将贯穿全书。

   CUDA 架构包括几个专门为 GPU 通用计算而设计的特性，这在早期的架构中是不存在的。它包括一个 unified shedder 管道，它允许 GPU 芯片上的所有**算术逻辑单元**（ALU）被一个 CUDA 程序编组。ALU 还被设计成符合 IEEE 浮点单精度和双精度标准，因此它可以用于通用应用程序。指令集也适合于一般用途的计算，而不是特定于像素计算。它还允许对内存的任意读写访问。这些特性使 CUDA GPU 架构在通用应用程序中非常有用。

所有的 GPU 都有许多被称为核心（Core）的并行处理单元。在硬件方面，这些核心被分为流处理器和**流多处理器**。GPU 有这些流多处理器的网格。在软件方面，CUDA 程序是作为一系列并行运行的多线程（Thread）来执行的。每个线程都在不同的核心上执行。可以将 GPU 看作多个块（Block）的组合，每个块可以执行多个线程。每个块绑定到 GPU 上的不同流多处理器。CUDA 程序员不知道如何在块和流多处理器之间进行映射，但是调度器知道并完成映射。来自同一块的线程可以相互通信。GPU 有一个分层的内存结构，处理一个块和多个块内线程之间的通信。这将在接下来的章节中详细讨论。

作为一名程序员，你会好奇 CUDA 中的编程模型是什么，以及代码将如何理解它是应该在 CPU 上执行还是在 GPU 上执行。本书假设我们有一个由 CPU 和 GPU 组成的计算平台。我们将 CPU 及其内存称为主机（Host），GPU 及其内存称为设备（Device）。CUDA 代码包含主机和设备的代码。主机代码由普通的 C 或 C++ 编译器在 CPU 上编译，设备代码由 GPU 编译器在 GPU 上编译。主机代码通过所谓的内核调用调用设备代码。它将在设备上并行启动多个线程。在设备上启动多少线程是由程序员来决定的。

现在，你可能会问这个设备代码与普通 C 代码有何不同。答案是，它类似于正常的串行 C 代码。只是这段代码是在大量内核上并行执行的。然而，要使这段代码工作，它需要设备显存上的数据。因此，在启动线程之前，主机将数据从主机内存复制到设备显存。线程处理来自设备显存的数据，并将结果存储在设备显存中。最后，将这些数据复制回主机内存进行进一步处理。综上所述，CUDA C 程序的开发步骤如下：

1）为主机和设备显存中的数据分配内存。

2）将数据从主机内存复制到设备显存。

3）通过指定并行度来启动内核。

4）所有线程完成后，将数据从设备显存复制回主机内存。

5）释放主机和设备上使用的所有内存。

1.3 CUDA 应用程序

CUDA 在过去十年经历了前所未有的增长。它被广泛应用于各个领域的各种应用中。它改变了多个领域的研究。在本节中，我们将研究其中的一些领域，以及 CUDA 如何加速每个领域的增长：

- ❑ **计算机视觉应用**：计算机视觉和图像处理算法是计算密集型的。越来越多的摄像头在捕获高分辨率图像时，需要实时处理这些大图像。随着这些算法实现 CUDA 加速，图像分割、目标检测和分类等应用可以实现超过 30 帧 / 秒的实时帧率性能。CUDA 和 GPU 允许对深度神经网络和其他深度学习算法进行更快的训练，这改变了计算机视觉的研究。英伟达正在开发多个硬件平台，如 Jetson TK1、Jetson TX1 和 Jetson TX2，这些平台可以加速计算机视觉应用。英伟达 drive 平台也是为自动驾驶应用而设计的平台之一。

- **医学成像**：在医学成像领域，GPU 和 CUDA 被广泛应用于磁共振成像和 CT 图像的重建和处理。这大大减少了这些图像的处理时间。现在，带有 GPU 的设备，可以借助一些库来使用 CUDA 加速处理这些图像。
- **金融计算**：所有金融公司都需要以更低的成本进行更好的数据分析，这将有助于做出明智的决策。它包括复杂的风险计算及初始和寿命裕度计算，这些都必须实时进行。GPU 帮助金融公司在不增加太多间接成本的情况下，实时地做多种分析。
- **生命科学、生物信息学和计算化学**：模拟 DNA 基因、测序和蛋白质对接是需要大量计算资源的计算密集型任务。GPU 有助于这种分析和模拟。GPU 可以运行普通的分子动力学、量子化学和蛋白质对接应用程序，比普通 CPU 快 5 倍以上。
- **天气研究和预报**：与 CPU 相比，利用 GPU 和 CUDA 的几种天气预报应用、海洋建模技术和海啸预测技术可以进行更快的计算和模拟。
- **电子设计自动化（EDA）**：随着日益复杂的超大规模集成电路技术和半导体制造工艺的发展，使得 EDA 工具的性能在这一技术进步上落后。它导致了模拟不完整和功能 bug 的遗漏。因此，EDA 行业一直在寻求更快的仿真解决方案。GPU 和 CUDA 加速正在帮助这个行业加速计算密集型 EDA 模拟，包括功能模拟、placement 和 rooting，以及信号完整性和电磁学、SPICE 电路模拟等。
- **政府和国防**：GPU 和 CUDA 加速也被政府和军队广泛使用。航空航天、国防和情报工业正在利用 CUDA 加速将大量数据转化为可操作的信息。

1.4 CUDA 开发环境

要开始使用 CUDA 开发应用程序，你需要为它配置开发环境。为 CUDA 建立开发环境应具备以下先决条件：

- 支持 CUDA 的 GPU
- 英伟达显卡驱动程序
- 标准 C 编译器
- CUDA 开发工具包

下面的几节将讨论如何检查第 1 个和第 4 个先决条件并安装它们。

1.4.1 支持 CUDA 的 GPU

如前所述，CUDA 架构仅支持 NVIDIA GPU。它不支持其他 GPU，如 AMD 和英特尔。英伟达在过去十年中开发的几乎所有 GPU 都支持 CUDA 架构，可以用于开发和执行 CUDA 应用程序。可以在英伟达网站上找到支持 CUDA 的 GPU 的详细列表，网址为：https://developer.nvidia.com/cuda-gpus。如果你的 GPU 在列表里，那么你可以在你的 PC 上运行 CUDA 应用。

如果你不知道你的 PC 上是哪个 GPU，可以通过以下步骤找到它：

在 Windows 下：

1）在开始菜单中，输入设备管理器，然后按 Enter 键。

2）在设备管理器中，单击显示适配器。在那里，你会找到你的 NVIDIA GPU 的名称。

在 Linux 下：

1）打开 Terminal。

2）运行 sudo lshw -C video。

这将列出有关显卡的信息，通常包括它的制造商和型号。

在 macOS 下：

1）到苹果**菜单** | 关于这个 Mac | 更多信息。

2）在**内容**列表下选择**图形** / **显示**。在那里，你会找到你的 NVIDIA GPU 的名称。

如果你有一个支持 CUDA 的 GPU，那么你可以继续下一步。

1.4.2　CUDA 开发工具包

CUDA 需要一个 GPU 编译器来编译 GPU 代码。这个编译器附带一个 CUDA 开发工具包。如果你有一个最新驱动程序更新的 NVIDIA GPU，并且为你的操作系统安装了一个标准的 C 编译器，那么你可以进入安装 CUDA 开发工具包的最后一步。下一节将讨论安装 CUDA 开发工具包的步骤。

1.5　在所有操作系统上安装 CUDA 工具包

本节介绍了如何在所有支持平台安装 CUDA 工具包，以及如何验证是否安装成功。

安装 CUDA 时，可以选择下载在线安装器或离线本地安装器。前者需要手工下载的大小比较小，但是安装时需要连接互联网。后者一次性下载完成后虽然较大，但是安装时不需要连接互联网。可以从 https://developer.nvidia.com/cuda-downloads 下载适合 Windows、Linux 以及 macOS 的安装包。注意曾经有两种 CUDA 开发包（32 位和 64 位），但现在 NVIDIA 已经放弃对 32 位版本的支持，因此你只能安装 64 位版本的。注意下面我们用 CUDAx.x 代表你实际下载到的 CUDA 工具包版本。

本书选择后者。

1.5.1　Windows

本节介绍在 Windows 上安装 CUDA 的步骤，如下所示：

1）双击安装程序。它将要求你选择将提取临时安装文件的文件夹。选择你选择的文件夹。建议将此作为默认值。

2）然后，安装程序将检查系统兼容性。如果你的系统兼容，则可以按照屏幕提示安装 CUDA。你可以选择快速安装（默认）和自定义安装。自定义安装允许选择要安装的 CUDA 功能。建议选择快速安装。

3）安装程序还将安装 CUDA 示例程序和 CUDA Visual Studio 集成。

 在运行之前，请确保已安装 Visual Studio 安装程序。

1.5.2 Linux

本节介绍了如何在 Linux 发行版上安装 CUDA 开发包。Ubuntu 是一种很流行的 Linux 发行版。具体的安装过程，将分别讨论使用 NV 提供的针对特定（Ubuntu）发行版的安装包和使用 Ubuntu 特定的 apt-get 命令这两种方式。

从前面的 CUDA 页面下载 *.deb 安装程序，然后按以下具体步骤安装：

1）打开终端并运行 dpkg 命令，该命令用于在基于 Debian 的系统中安装包：

```
sudo dpkg -i cuda-repo-<distro>_<version>_<architecture>.deb
```

2）使用以下命令安装 CUDA 公共 GPG 密钥：

```
sudo apt-key add /var/cuda-repo-<version>/7fa2af80.pub
```

3）使用以下命令更新 apt repository 缓存：

```
sudo apt-get update
```

4）使用以下命令安装 CUDA：

```
sudo apt-get install cuda
```

5）用下面的命令修改 PATH 环境变量，以包含 CUDA 安装路径的 bin 目录：

```
export PATH=/usr/local/cuda-x.x/bin${PATH:+:${PATH}}
```

 如果你没有在默认位置安装 CUDA，则用你的实际安装目录代替这里的例子。

6）通过这行命令设定 LD_LIBRARY_PATH 环境变量，来设定库搜索目录：

```
export LD_LIBRARY_PATH=/usr/local/cuda-x.x/lib64\
${LD_LIBRARY_PATH:+:${LD_LIBRARY_PATH}}
```

此外，你还可以通过第二种方式来安装 CUDA 开发包，也就是使用 Ubuntu 自带的 apt-get。在命令行终端里输入如下命令即可：

```
sudo apt-get install nvidia-cuda-toolkit
```

7）nvcc 将分别编译 .cu 文件中的 Host 和 Device 代码，前者是通过系统自带的 GCC 之类的 Host 代码编译器进行的，而后者则是通过 CUDA C 前端等一系列工具进行。你可以通过如下命令安装 NSight Eclipse Edition（这也是 NV 的叫法），用作 Linux 下开发 CUDA 程序的图形化 IDE 环境。

```
sudo apt install nvidia-nsight
```

安装后，你可以在用户 Home 目录下面，编译并执行 ~/NVIDIA_CUDA-x.x_Samples/ 下面的 deviceQuery 例子。如果你的 CUDA 开发包安装和配置正确的话，成功编译并运行后，你应当看到类似如图 1-1 所示的输出。

```
● ● ●  bhaumik@bhaumik-Lenovo-ideapad-520-15IKB: ~/NVIDIA_CUDA-9.0_Samples/1_Utilities/
Maximum number of threads per block:            1024
Max dimension size of a thread block (x,y,z): (1024, 1024, 64)
Max dimension size of a grid size    (x,y,z): (2147483647, 65535, 65535)
Maximum memory pitch:                           2147483647 bytes
Texture alignment:                              512 bytes
Concurrent copy and kernel execution:           Yes with 1 copy engine(s)
Run time limit on kernels:                      Yes
Integrated GPU sharing Host Memory:             No
Support host page-locked memory mapping:        Yes
Alignment requirement for Surfaces:             Yes
Device has ECC support:                          Disabled
Device supports Unified Addressing (UVA):       Yes
Supports Cooperative Kernel Launch:             No
Supports MultiDevice Co-op Kernel Launch:       .No
Device PCI Domain ID / Bus ID / location ID:    0 / 1 / 0
Compute Mode:
   < Default (multiple host threads can use ::cudaSetDevice() with device simu
ltaneously) >

deviceQuery, CUDA Driver = CUDART, CUDA Driver Version = 9.0, CUDA Runtime Versi
on = 9.0, NumDevs = 1
Result = PASS
bhaumik@bhaumik-Lenovo-ideapad-520-15IKB:~/NVIDIA_CUDA-9.0_Samples/1_Utilities/d
eviceQuery$ █
```

图   1-1

1.5.3 Mac

本节介绍在 macOS 上安装 CUDA 的步骤。从 CUDA 网站下载 *.dmg 安装程序。下载安装程序后安装的步骤如下：

1）启动安装程序并按照屏幕提示完成安装。它将安装所有预制件、CUDA、工具包和 CUDA 示例。

2）需要使用以下命令设置环境变量：

```
export PATH=/Developer/NVIDIA/CUDA-x.x/bin${PATH:+:${PATH}}
export DYLD_LIBRARY_PATH=/Developer/NVIDIA/CUDA-x.x/lib\
             ${DYLD_LIBRARY_PATH:+:${DYLD_LIBRARY_PATH}}
```

ⓘ 如果你没有在默认位置安装 CUDA，则需要更改指向安装位置的路径。

3）运行脚本：cuda-install-samples-x.x.sh。它将安装具有写权限的 CUDA 示例。

4）完成之后，可以转到 bin/x86_64/darwin/release 并运行 deviceQuery 程序。如果 CUDA 工具包安装和配置正确，它将显示您的 GPU 的设备属性。

1.6 一个基本的 CUDA C 程序

在本节中，我们将通过使用 CUDA C 编写一个非常基础的程序来学习 CUDA 编程。我们将从编写一个"Hello, CUDA!"开始，在 CUDA C 中编程并执行它。在详细介绍代码之前，有一件事你应该记得，主机代码是由标准 C 编译器编译的，设备代码是由 NVIDIA GPU 编译器来执行。NVIDIA 工具将主机代码提供给标准的 C 编译器，例如 Windows 的 Visual Studio 和 Ubuntu 的 GCC 编译器，并使用 macOS 执行。同样需要注意的是，GPU 编译器可以在没有任何设备代码的情况下运行 CUDA 代码。所有 CUDA 代码必须保存为 *.cu 扩展名。

下面就是 Hello, CUDA! 的代码

```
#include <iostream>
 __global__ void myfirstkernel(void) {
 }
int main(void) {
  myfirstkernel << <1, 1 >> >();
  printf("Hello, CUDA!\n");
  return 0;
}
```

如果你仔细查看代码，它看起来将非常类似于简单地用 C 语言编写的 Hello, CUDA! 用于 CPU 执行的程序。这段代码的功能也类似。它只在终端或命令行上打印"Hello, CUDA!"。因此，你应该想到两个问题：这段代码有何不同？ CUDA C 在这段代码中扮演何种角色？这些问题的答案可以通过仔细查看代码来给出。它与用简单的 C 编写的代码相比，有两个主要区别：

❏ 一个名为 myfirstkernel 的空函数，前缀为 __global__

❏ 使用 << 1,1> >> 调用 myfirstkernel 函数

__global__ 是 CUDA C 在标准 C 中添加的一个限定符，它告诉编译器在这个限定符后面的函数定义应该在设备上而不是在主机上运行。在前面的代码中，myfirstkernel 将运行在设备上而不是主机上，但是，在这段代码中，它是空的。

那么，main 函数将在哪里运行？ NVCC 编译器将把这个函数提供给 C 编译器，因为它没有被 global 关键字修饰，因此 main 函数将在主机上运行。

代码中的第二个不同之处在于对空的 myfirstkernel 函数的调用带有一些尖括号和数值。这是一个 CUDA C 技巧：从主机代码调用设备代码。它被称为内核调用。内核调用的细节将在后面的章节中解释。尖括号内的值表示我们希望在运行时从主机传递给设备的参数。基本上，它表示块的数量和将在设备上并行运行的线程数。因此，在这段代码中，<< <1,1> >> 表示 myfirstkernel 将运行在设备上的一个块和一个线程或块上。虽然这不是对设备资源的最佳使用，但是理解在主机上执行的代码和在设备上执行的代码之间的区别是一个很好的起点。

让我们再来重温和修改"Hello, CUDA!"代码，myfirstkernel 函数将运行在一个只有一个块和一个线程或块的设备上。它将通过一个称为**内核启动**的方法从 main 函数内部的主机代码启动。

在编写代码之后，你将如何执行此代码并查看输出？下一节将描述在 Windows 和 Ubuntu 上编写和执行 Hello CUDA! 代码的步骤！

1.6.1　在 Windows 上创建 CUDA C 程序的步骤

本节描述使用 Visual Studio 在 Windows 上创建和执行基本 CUDA C 程序的步骤。步骤如下：

1）打开 Microsoft Visual Studio。

2）进入 File | New | Project。

3）依次选择 NVIDIA | CUDA 9.0 | CUDA 9.0 Runtime。

4）为项目自定义名称，然后单击 OK 按钮。

5）它将创建一个带有 kernel.cu 示例文件的项目。现在双击打开这个文件。

6）从文件中删除现有代码，写入前面编写的那段代码。

7）从**生成**（Build）选项卡中选择生成（build）进行编译，并按快捷键 Ctrl + F5 调试代码。如果一切正常，你会看到 Hello, CUDA! 显示在命令行上，如图 1-2 所示。

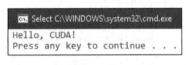

图　1-2

1.6.2　在 Ubuntu 上创建 CUDA C 程序的步骤

本节描述使用 Nsight Eclipse 插件在 Ubuntu 上创建和执行基本 CUDA C 程序的步骤。步骤如下：

1）打开终端并输入 nsight 来打开 Nsight。

2）依次选择 File | New | CUDA C/C++ Projects。

3）为项目自定义名称，然后单击 OK 按钮。

4）它将创建一个带有示例文件的项目。现在双击打开这个文件。

5）从文件中删除现有代码，写入前面编写的那段代码。

6）按下 play 按钮运行代码。如果一切正常，你会看到 Hello, CUDA! 显示在终端，如图 1-3 所示。

图　1-3

1.7 总结

在这一章中，我介绍了 CUDA，并简要介绍了并行计算的重要性。我们还详细讨论了 CUDA 和 GPU 在各个领域的应用。本章描述了在 PC 上执行 CUDA 应用程序所需的硬件和软件设置。我们给出了在本地 PC 上安装 CUDA 的详细步骤。

1.6 节通过开发一个简单的程序并在 Windows 和 Ubuntu 上执行，给出了 CUDA C 中的应用程序开发的入门指南。

在下一章中，我们将基于 CUDA C 中的编程知识，通过几个实际示例介绍使用 CUDA C 的并行计算，以展示它如何比普通编程更快。还将介绍线程和块的概念，以及如何在多线程和块之间执行同步。

1.8 测验题

1. 解释三种提高计算硬件性能的方法。使用哪种方法开发 GPU？
2. 真假判断：改进延迟将提高吞吐量。
3. 填空：CPU 被设计用来改进_____，GPU 被设计用来改进_____。
4. 举个例子，从一个地方到 240 公里以外的另一个地方。你可以开一辆能容纳 5 人的车，时速 60 公里，或者开一辆能容纳 40 人的公交车，时速 40 公里。哪个选项将提供更好的延迟，哪个选项将提供更好的吞吐量？
5. 解释 GPU 和 CUDA 在计算机视觉应用中特别有用的原因。
6. 真假判断：CUDA 编译器不能在没有设备代码的情况下编译代码。
7. 在本章讨论的"Hello, CUDA!"例子中，printf 语句是由主机执行还是由设备执行的？

第 2 章

使用 CUDA C 进行并行编程

在上一章中，我们看到了安装 CUDA 并使用它编写程序是多么容易。尽管这个示例并不令人印象深刻，但它证明了使用 CUDA 是非常容易的。在本章中，我们将以这个概念为基础，教你如何使用 CUDA 为 GPU 编写高级程序。我们从变量加法程序开始，然后逐步构建 CUDA C 中的复杂向量操作示例，我们会介绍内核如何工作以及如何在 CUDA 程序中使用设备属性。本章还会讨论在 CUDA 程序中向量是如何运算的，以及与 CPU 处理相比，CUDA 如何能加速向量运算。除此之外，我们还会介绍与 CUDA 编程相关的术语。

本章将讨论以下主题：

- ❏ 内核调用的概念
- ❏ 在 CUDA 中创建内核函数并向其传递参数
- ❏ 配置 CUDA 程序的内核参数和内存分配
- ❏ CUDA 程序中的线程执行
- ❏ 在 CUDA 程序访问 GPU 设备属性
- ❏ 在 CUDA 程序中处理向量
- ❏ 并行通信模型

2.1　技术要求

本章要求熟悉基本的 C 或 C++ 编程语言，特别是动态内存分配。本章所有代码可以从 GitHub 链接 https://github.com/PacktPublishing/Hands-On-GPU-Accelerated-Computer-Vision-with-OpenCV-and-CUDA 下载。尽管代码只在 Windows 10 和 Ubuntu 16.04 上测试过，但可以在任何操作系统上执行。

2.2　CUDA 程序结构

前面我们看到了一个非常简单的"Hello, CUDA!"程序，其中展示了一些与 CUDA 程序相关的重要概念。CUDA 程序是在主机或 GPU 设备上执行的函数的组合。不显示并行性的函数在 CPU 上执行，显示数据并行性的函数在 GPU 上执行。GPU 编译器在编译期间隔离这些函数。如前一章所示，在设备上执行的函数是使用 __global__ 关键字定义的，由 NVCC 编译器编译，而普通的 C 主机代码是由 C 编译器编译的。CUDA 代码基本上与 ANSI C 代码相同，只是添加了一些开发数据并行性所需的关键字。

因此，在本节中，我们用一个简单的双变量加法程序来解释与 CUDA 编程相关的重要概念，如内核调用、从主机到设备传递参数到内核函数、内核参数的配置、利用数据并行性需要的 CUDA API，以及发生在主机和设备上的内存分配。

2.2.1　CUDA C 中的双变量加法程序

在第 1 章里，我们演示了一个简单的"Hello, CUDA!"代码，里面的设备函数是空的，这无关紧要。本节介绍一个简单的加法程序，它在设备上执行两个变量的加法。虽然它没有利用设备的任何数据并行性，但它对于演示 CUDA C 的重要编程概念非常有用。首先，我们将看到如何编写一个将两个变量相加的内核（kernel）函数。

内核函数代码如下：

```
include <iostream>
#include <cuda.h>
#include <cuda_runtime.h>
//Definition of kernel function to add two variables
__global__ void gpuAdd(int d_a, int d_b, int *d_c)
{
    *d_c = d_a + d_b;
}
```

gpuAdd 函数与 ANSI C 中的一个普通 add 函数非常相似。它以两个整数变量 d_a 和 d_b 作为输入，并将加法存储在第三个整数指针 d_c 所指示的内存位置。设备函数的返回值为 void，因为它将结果存储在设备指针指向的内存位置中，而不显式地返回任何值。现在我们将看到如何为这段代码编写 main 函数。main 函数代码如下：

```
 int main(void)
{
//Defining host variable to store answer
  int h_c;
//Defining device pointer
  int *d_c;
//Allocating memory for device pointer
  cudaMalloc((void**)&d_c, sizeof(int));
//Kernel call by passing 1 and 4 as inputs and storing answer in d_c
```

```
//<< <1,1> >> means 1 block is executed with 1 thread per block
  gpuAdd << <1, 1 >> > (1, 4, d_c);
//Copy result from device memory to host memory
  cudaMemcpy(&h_c, d_c, sizeof(int), cudaMemcpyDeviceToHost);
  printf("1 + 4 = %d\n", h_c);
//Free up memory
  cudaFree(d_c);
  return 0;
}
```

在 main 函数中, 前两行定义主机和设备的变量。第三行使用 cudaMalloc 函数在设备上分配 d_c 变量的内存。cudaMalloc 函数类似于 C 中的 malloc 函数。在 main 函数的第四行中, 调用 gpuAdd, 其中 1 和 4 是两个输入变量, d_c 是一个作为输出指针变量的设备显存指针。gpuAdd 函数的独特语法 (也称为内核调用) 将在下一节中解释。如果 gpuAdd 的结果需要在主机上使用, 那么它必须从设备的内存复制到主机的内存中, 这是由 cudaMemcpy 函数完成的。然后, 使用 printf 函数打印这个结果。倒数第二行使用 cudaFree 函数释放设备上使用的内存。从程序中释放设备上使用的所有内存是非常重要的, 否则, 你可能在某个时候耗尽内存。以 // 开头的行是使代码可读性更高的注释, 编译器会忽略这些行。

双变量加法程序有两个函数: main 和 gpuAdd。如你所见, gpuAdd 是通过使用 __global__ 关键字定义的, 因此它用于在设备上执行, 而 main 函数将在主机上执行。这个程序将设备上的两个变量相加, 并在命令行上打印输出, 如图 2-1 所示。

我们将在本书中使用一个约定, 主机变量将以 h_ 为前缀, 设备变量将以 d_ 为前缀。这不是强制性的, 这样做只是为了让读者能够轻松地理解概念, 而不会混淆主机和设备。

所有 CUDA API (如 cudaMalloc、cudaMemcpy 和 cudaFree) 以及其他重要的 CUDA 编程概念 (如内核调用、向内核传递参数以及内存分配问题) 将在后面的部分中讨论。

图　2-1

2.2.2　内核调用

使用 ANSI C 关键字和 CUDA 扩展关键字编写的设备代码称为内核。它是主机代码 (Host Code) 通过内核调用的方式来启动的。简单地说, 内核调用的含义是我们从主机代码启动设备代码。内核调用通常会生成大量的块 (Block) 和线程 (Thread) 来在 GPU 上并行地处理数据。内核代码非常类似于普通的 C 函数, 只是这段代码是由多个线程并行执行的。内核启动的语法比较特殊, 如下所示:

```
kernel << <number of blocks, number of threads per block, size of shared
memory > >> (parameters for kernel)
```

它以我们想要启动的内核的名称开始。你应该确保这个内核是使用 __global__ 关键字定义的。然后, 它具有 << < > >> 内核启动配置, 该配置包含内核的配置参数。它可以包含三个用逗号分隔的参数。第一个参数表示希望执行的块数，第二个参数表示每个块将具有的线程数。因此，内核启动所启动的线程总数就是这两个数字的乘积。第三个参数是可选的，它指定内核使用的共享内存的大小。在变量相加程序中，内核启动语法如下：

```
gpuAdd << <1,1> >> (1 , 4, d_c)
```

在这里，gpuAdd 是我们想要启动的内核的名称，<<<1,1>>> 表示我们想用每个块一个线程启动一个块，这意味着我们只启动一个线程。圆括号中的三个参数是传递给内核的参数数。这里，我们传递了两个常数，1 和 4。第三个参数是指向 d_c 设备显存的指针。它指向设备显存中的位置，内核将在那里存储相加后的结果。程序员必须记住的一件事是，作为参数传递给内核的指针应该仅指向设备显存。如果它指向主机内存，会导致程序崩溃。内核执行完成后，设备指针指向的结果可以复制回主机内存，以供进一步使用。只启动一个线程在设备上执行不是设备资源的最佳使用。假设你想并行启动多个线程，在内核调用的语法中需要做哪些修改？这将在下一节讨论，并称为"配置内核参数"。

2.2.3 配置内核参数

为了在设备上并行启动多个线程，我们必须在内核调用中配置参数，内核调用是在内核启动配置中编写的。它们指定了 Grid 中块的数量，和每个块中线程的数量。我们可以并行启动很多个块，而每个块内又有很多个线程。通常，每个块有 512 或 1 024 个线程。每个块在流多处理器上运行，一个块中的线程可以通过共享内存（Shared Memory）彼此通信。程序员无法选定哪个流多处理器将执行特定的块，也无法选定块和线程以何种顺序执行。

假设要并行启动 500 个线程，你可以对前面解释的内核启动语法进行哪些修改？一种选择是通过以下语法启动一个包含 500 个线程的块：

```
gpuAdd<< <1,500> >> (1,4, d_c)
```

我们还可以启动一个线程的 500 个块，或者两个线程，每个线程 250 个块。因此，你必须修改内核启动配置里的值。程序员必须注意，每个块的线程数量不能超过 GPU 设备所支持的最大限制。在本书中，我们的目标是计算机视觉应用程序，需要处理二维和三维图像。在这里，如果块和线程不是一维的，而是多维的，那就可以更好地进行处理和可视化。

GPU 支持三维网格块和三维线程块。它有以下语法：

```
mykernel<< <dim3(Nbx, Nby,Nbz), dim3(Ntx, Nty,Ntz) > >> ()
```

在这里，N_{bx}、N_{by} 和 N_{bz} 分别表示网格中沿 x，y 和 z 轴方向的块数。同样，N_{tx}、N_{ty} 和 N_{tz} 分别表示一个块中沿 x，y 和 z 轴方向的线程数。如果没有指定 y 和 z 的维数，默认情况下它们被取为 1。例如，要处理一个图像，你可以启动一个 16×16 的块网格，所有的块都包含 16×16 个线程。语法如下：

```
mykernel << <dim3(16,16),dim3(16,16)> >> ()
```

总之，在启动内核时，块数量和线程数量的配置非常重要。根据我们正在开发的应用程序和 GPU 资源的不同，应该谨慎地选择。下一节将解释在常规 ANSI C 函数上添加的一些重要 CUDA 函数。

2.2.4　CUDA API 函数

在变量加法程序中，我们遇到了一些常规 C 或 C++ 程序员不熟悉的函数或关键字。这些关键字和函数包括 __global__、cudaMalloc、cudaMemcpy 和 cudaFree。因此，在本节中，我们将逐一详细介绍这些函数。

❑ __global__：它与 __device__ 和 __host__ 一起是三个限定符关键字。这个关键字表示一个函数被声明为一个设备函数，当从主机调用时将在设备上执行。应该记住，这个函数只能从主机调用。如果要在设备上执行函数并从设备函数调用函数，则必须使用 __device__ 关键字。__host__ 关键字用于定义只能从其他主机函数调用的主机函数。这类似于普通的 C 函数。默认情况下，程序中的所有函数都是主机函数。__host__ 和 __device__ 都可以同时用于定义任何类型函数。它生成同一个函数的两个副本。一个将在主机上执行，另一个将在设备上执行。

❑ cudaMalloc：它类似于 C 中用于动态内存分配的 Malloc 函数。此函数用于在设备上分配特定大小的内存块。举例说明 cudaMalloc 的语法如下：

```
cudaMalloc(void ** d_pointer, size_t size)
Example: cudaMalloc((void**)&d_c, sizeof(int));
```

如上面的示例代码所示，它分配了一个大小等于一个整数变量大小的内存块，并返回指向该内存位置的指针 d_c。

❑ cudaMemcpy：这个函数类似于 C 中的 Memcpy 函数，用于将一个内存区域复制到主机或设备上的其他区域。它的语法如下：

```
cudaMemcpy ( void * dst_ptr, const void * src_ptr, size_t size,
enum cudaMemcpyKind kind )
Example: cudaMemcpy(&h_c, d_c, sizeof(int),
cudaMemcpyDeviceToHost);
```

这个函数有四个参数。第一个参数是目标指针，第二个参数是源指针，它们分别指向主机内存或设备显存位置。第三个参数表示数据复制的大小，最后一个参数表示数据复制的方向：可以从主机到设备，设备到设备，主机到主机，或设备到主机。但是要小心，前两个指针参数必须和这里的复制方向参数是一致的。如示例所示，通过指定设备指针 d_c 作为源指针，主机指针 h_c 作为目标，我们将一个整数变量，从设备显存复制到了主机内存上。

❑ cudaFree：类似于 C 中的 free 函数，cudaFree 的语法如下：

```
cudaFree ( void * d_ptr )
Example: cudaFree(d_c)
```

它释放了 d_ptr 指向的内存空间。在示例代码中，它释放了 d_c 指向位置的内存。请确保分配了 d_c 内存，使用了 cudaMalloc，再使用 cudaFree 释放它。

CUDA 除了现有的 ANSI C 函数之外，还有许多其他的关键字和函数。我们会经常使用这三个函数，因此本节对它们进行了讨论。要了解更多细节，你可以访问 CUDA 编程指南。

2.2.5　将参数传递给 CUDA 函数

变量加法程序的 gpuAdd 内核函数与普通的 C 函数非常相似。因此，与普通的 C 函数一样，内核函数也可以按值或引用传递参数。因此，在本节中，我们将看到传递 CUDA 内核参数的两个方法。

1. 按值传递参数

回忆一下，在 gpuAdd 程序中，调用内核的语法如下：

```
gpuAdd << <1,1> >>(1,4,d_c)
```

另一方面，定义中的 gpuAdd 函数原型如下：

```
__global__ gpuAdd(int d_a, int d_b, int *d_c)
```

因此，你可以看到我们在调用内核时传递了 d_a 和 d_b 的值。首先，参数 1 会被复制到 d_a，然后参数 4 会在调用内核时被复制到 d_b。相加后的结果将存储在设备显存中 d_c 指向的地址。与其直接将值 1 和 4 作为输入传递给内核，我们还可以这样写：

```
gpuAdd << <1,1> >>(a,b,d_c)
```

在这里，a 和 b 是可以包含任何整数值的整数变量。不建议按值传递参数，因为这会在程序中造成不必要的混乱和复杂性。最好是修改后的通过引用传递参数。

2. 通过引用传递参数

现在我们将看到如何通过引用传递参数来编写相同的程序。为此，我们必须首先修改内核函数来添加两个变量。修改后的通过引用传递参数的内核如下所示：

```
#include <iostream>
#include <cuda.h>
#include <cuda_runtime.h>
//Kernel function to add two variables, parameters are passed by reference
 __global__ void gpuAdd(int *d_a, int *d_b, int *d_c)
{
  *d_c = *d_a + *d_b;
}
```

不是使用整数变量 d_a 和 d_b 作为内核的输入，而是将指向设备 *d_a 和 *d_b 上这些变量的指针作为输入。相加后的答案会存储在第三个整数指针 d_c 所指向的内存位置。作为这个设备函数引用传递的指针应该用 cudaMalloc 函数分配内存。此代码的 main 函数如下所示：

```
int main(void)
{
  //Defining host and variables
  int h_a,h_b, h_c;
  int *d_a,*d_b,*d_c;
  //Initializing host variables
  h_a = 1;
  h_b = 4;
  //Allocating memory for Device Pointers
  cudaMalloc((void**)&d_a, sizeof(int));
  cudaMalloc((void**)&d_b, sizeof(int));
  cudaMalloc((void**)&d_c, sizeof(int));
  //Coping value of host variables in device memory
  cudaMemcpy(d_a, &h_a, sizeof(int), cudaMemcpyHostToDevice);
  cudaMemcpy(d_b, &h_b, sizeof(int), cudaMemcpyHostToDevice);
  //Calling kernel with one thread and one block with parameters passed by
reference
  gpuAdd << <1, 1 >> > (d_a, d_b, d_c);
  //Coping result from device memory to host
  cudaMemcpy(&h_c, d_c, sizeof(int), cudaMemcpyDeviceToHost);
  printf("Passing Parameter by Reference Output: %d + %d = %d\n", h_a, h_b,
h_c);
  //Free up memory
  cudaFree(d_a);
  cudaFree(d_b);
  cudaFree(d_c);
  return 0;
}
```

h_a、h_b 和 h_c 是主机内存中的变量。它们的定义类似于普通的 C 代码。另一方面，d_a、d_b 和 d_c 是驻留在主机内存中的指针，它们指向设备显存。它们通过使用 cudaMalloc 函数从主机分配内存。使用 cudaMemcpy 函数将 h_a 和 h_b 的值复制到 d_a 和 d_b 指向的设备显存中，数据传输方向为从主机到设备。然后，在内核调用中，这三个设备指针作为参数传递给内核。内核计算加法并将结果存储在 d_c 指向的内存位置。结果再次使用 cudaMemcpy 函数复制回主机内存，但这次数据传输的方向为从设备到主机。程序输出如图 2-2 所示。

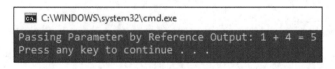

图　2-2

在程序末尾使用 cudaFree 释放三个设备指针使用的内存。主机和设备上的内存映射示例如下。

主机内存（CPU）		设备显存（GPU）	
地址	值	地址	值
#01	h_a=1	#01	1
#02	h_b=4	#02	4
#03	h_c=5	#03	5
#04	d_a=#01	#04	
#05	d_b=#02	#05	
#06	d_c=#03	#06	

从表中可以看到，d_a、d_b 和 d_c 驻留在主机上，并指向设备显存中的值。当通过对内核的引用传递参数时，你应该注意所有指针仅指向设备显存。如果不是这样，程序可能会崩溃。

在使用设备指针并将其传递给内核时，程序员必须遵守一些限制。使用 cudaMalloc 分配内存的设备指针只能用于从设备显存中读写。它们可以作为参数传递给设备函数，而不应该用于从主机函数读写内存。为了简化，应该使用设备指针从设备函数中读取和写入设备显存，并且应该使用主机指针从主机函数中读取和写入主机内存。所以，在这本书中，你总能在内核函数中找到以 d_ 为前缀的设备指针。

总之，在本节中，以双变量加法程序为例详细解释了与 CUDA 编程相关的概念。在本节之后，你应该熟悉 CUDA 编程的基本概念和与 CUDA 程序相关的术语。在下一节中，你将了解如何在设备上执行线程。

2.3　在设备上执行线程

我们已经看到，在配置内核参数时，可以并行启动多个块和多个线程。那么，这些块和线程以什么顺序启动和结束它们的执行呢？如果我们想在其他线程中使用一个线程的输出，那么了解这一点就至关重要。为了理解这一点，我们修改了第 1 章中 "hello, CUDA!" 代码里的内核，我们在内核调用中加入 print 语句来打印块 ID。修改后的代码如下：

```cpp
#include <iostream>
#include <stdio.h>
__global__ void myfirstkernel(void)
{
  //blockIdx.x gives the block number of current kernel
   printf("Hello!!!I'm thread in block: %d\n", blockIdx.x);
}
int main(void)
{
   //A kernel call with 16 blocks and 1 thread per block
   myfirstkernel << <16,1>> >();
```

```
//Function used for waiting for all kernels to finish
cudaDeviceSynchronize();

printf("All threads are finished!\n");
return 0;
}
```

从代码中可以看出，我们正在启动一个内核，它有 16 个
并行块，每个块只有一个线程。在每个执行该段内核代码的
线程里，我们打印出来它们各自获取到的块 ID。我们可以认
为，并行启动了 16 个执行相同 myfirstkernel 代码的线程副
本。每个副本线程将拥有一个属于自己的块 ID 和线程 ID。
本例中，前者可以通过 blockIdx.x 的 CUDA C 的内置变量读
取到。后者则可以通过 threadIdx.x 内置变量读取到。这两个
ID 将告诉我们正在执行内核的是具体哪个块和其中的哪个线
程副本。当你多次运行程序时会发现，每次运行，线程块都
是以不同的顺序执行的。一个样本输出如图 2-3 所示。

你可能要问，前面的程序会产生多少种不同的输出样
式？正确的答案是 16! 种。也就是并行启动的线程块数 n 的
阶乘那么多种（16 * 15 * 14 * 13 * 12 * ⋯ * 2 * 1）。因此，当使用 CUDA 编写程序的时候，
你应当注意线程块是以随机顺序执行的。

图　2-3

这个程序还含有额外的一个 CUDA 函数调用：cudaDeviceSynchronize()。为何要加这
句？这是因为启动内核是一个异步操作，只要发布了内核启动命令，不等内核执行完成，
控制权就会立刻返回给调用内核的 CPU 线程。在上述的代码中，CPU 线程返回，继续执行
的下一句是 printf()。而再之后，在内核完成之前，进程就会结束，终止控制台窗口。所以，
如果不加上这句同步函数，你就看不到任何的内核执行结果输出。在程序退出后内核生成
的输出结果，将没有地方可去，你没法看到它们，因此，如果我们不包含这个指令，你将
不会看到任何内核执行的 printf 语句的输出结果。要能看到内核生成的输出结果，我们必须
包含这句同步函数。这样，内核的结果将通过可用的**标准输出显示**，而应用程序则会在内
核执行完成之后才退出。

2.4　在 CUDA 程序中获取 GPU 设备属性

CUDA 提供了一个简单的接口来获取一些信息，比如确定支持 CUDA 的 GPU 设备（如
果有的话），以及每个设备支持什么功能。首先，确定计算系统上有多少支持 CUDA 的设
备，这个事情很重要，因为系统可能包含多个支持 GPU 的设备。这个数量可以由 CUDA API
cudaGetDeviceCount() 来获得。在系统上获得多个支持 CUDA 设备的程序如下：

```
#include <memory>
#include <iostream>
#include <cuda_runtime.h>
// Main Program
int main(void)
{
  int device_Count = 0;
  cudaGetDeviceCount(&device_Count);
  // This function returns count of number of CUDA enable devices and 0 if
there are no CUDA capable devices.
  if (device_Count == 0)
  {
    printf("There are no available device(s) that support CUDA\n");
  }
  else
  {
    printf("Detected %d CUDA Capable device(s)\n", device_Count);
  }
}
```

可以通过查询 cudaDeviceProp 结构体来找到每个设备的相关信息，这个结构体可以返回所有设备属性。如果有多个支持 CUDA 的设备，那么可以启动 for 循环遍历所有设备属性。下面的小节包含了设备属性的列表，这些属性被划分为不同的集合和用于从 CUDA 程序访问它们的小代码片段。这些属性由 CUDA 9 运行时中的 cudaDeviceProp 结构体提供。

 关于 CUDA 不同版本的更详细信息，可以查找编程手册。

2.4.1 通用设备信息

cudaDeviceProp 结构体提供了可以用来识别设备以及确定使用的版本信息的属性。它提供的 name 属性，可以以字符串的形式返回设备的名称。我们还可以通过查询 cudaDriverGetVersion 和 cudaRuntimeGetVersion 属性获得设备使用的 CUDA Driver 和运行时引擎的版本。如果你有多个设备，并希望使用其中的具有最多流多处理器的那个，则可以通过 multiProcessorCount 属性来判断。该属性返回设备上的流多处理器个数。你还可以使用 clockRate 属性获取 GPU 的时钟速率。它以 Khz 返回时钟速率。下面的代码片段展示了如何使用 CUDA 程序中的这些属性：

```
cudaDeviceProp device_Property;
cudaGetDeviceProperties(&device_Property, device);
printf("\nDevice %d: \"%s\"\n", device, device_Property.name);
cudaDriverGetVersion(&driver_Version);
cudaRuntimeGetVersion(&runtime_Version);
printf(" CUDA Driver Version / Runtime Version %d.%d / %d.%d\n",
driver_Version / 1000, (driver_Version % 100) / 10, runtime_Version / 1000,
(runtime_Version % 100) / 10);
printf( " Total amount of global memory: %.0f MBytes (%llu bytes)\n",
 (float)device_Property.totalGlobalMem / 1048576.0f, (unsigned long long)
device_Property.totalGlobalMem);
 printf(" (%2d) Multiprocessors", device_Property.multiProcessorCount );
printf("  GPU Max Clock rate: %.0f MHz (%0.2f GHz)\n",
device_Property.clockRate * 1e-3f, device_Property.clockRate * 1e-6f);
```

2.4.2　内存相关属性

GPU 上的内存为分层结构。它可以分为 L1 缓存、L2 缓存、全局内存、纹理内存和共享内存。cudaDeviceProp 提供了许多特性来帮助识别设备中可用的内存。memoryClockRate 和 memoryBusWidth 分别提供显存频率和显存位宽。显存的读写速度是非常重要的。它会影响程序的总体速度。totalGlobalMem 返回设备可用的全局内存大小。totalConstMem 返回设备中可用的总常量显存。sharedMemPerBlock 返回的是设备上每个块中的最大可用共享内存大小。使用 regsPerBlock 可以识别每个块的可用寄存器总数。可以使用 I2CacheSize 属性识别 L2 缓存的大小。下面的代码片段展示了如何使用 CUDA 程序中的各级存储器相关属性:

```
printf( " Total amount of global memory: %.0f MBytes (%llu bytes)\n",
(float)device_Property.totalGlobalMem / 1048576.0f, (unsigned long long)
device_Property.totalGlobalMem);
printf(" Memory Clock rate: %.0f Mhz\n", device_Property.memoryClockRate *
1e-3f);
printf(" Memory Bus Width: %d-bit\n", device_Property.memoryBusWidth);
if (device_Property.l2CacheSize)
{
    printf(" L2 Cache Size: %d bytes\n", device_Property.l2CacheSize);
}
printf(" Total amount of constant memory: %lu bytes\n",
device_Property.totalConstMem);
printf(" Total amount of shared memory per block: %lu bytes\n",
device_Property.sharedMemPerBlock);
printf(" Total number of registers available per block: %d\n",
device_Property.regsPerBlock);
```

2.4.3　线程相关属性

正如前面看到的,块和线程可以是多维的。因此,最好知道每个维度中可以并行启动多少线程和块。对于每个多处理器的线程数量和每个块的线程数量也有限制。这个数字可以通过 maxThreadsPerMultiProcessor 和 maxThreadsPerBlock 找到。它在内核参数的配置中非常重要。如果每个块中启动的线程数量超过每个块中可能的最大线程数量,则程序可能崩溃。可以通过 maxThreadsDim 来确定块中各个维度上的最大线程数量。同样,每个维度中每个网格的最大块可以通过 maxGridSize 来标识。它们都返回一个具有三个值的数组,分别显示 x、y 和 z 维度中的最大值。下面的代码片段展示了如何使用这些线程数量限制信息的相关属性:

```
printf(" Maximum number of threads per multiprocessor: %d\n",
device_Property.maxThreadsPerMultiProcessor);
printf(" Maximum number of threads per block: %d\n",
device_Property.maxThreadsPerBlock);
printf(" Max dimension size of a thread block (x,y,z): (%d, %d, %d)\n",
    device_Property.maxThreadsDim[0],
    device_Property.maxThreadsDim[1],
    device_Property.maxThreadsDim[2]);
printf(" Max dimension size of a grid size (x,y,z): (%d, %d, %d)\n",
    device_Property.maxGridSize[0],
    device_Property.maxGridSize[1],
    device_Property.maxGridSize[2]);
```

cudaDeviceProp 结构体还有很多其他的属性。你可以查看 CUDA 编程指南了解其他属性的详细信息。图 2-4 是 NVIDIA Geforce 940MX GPU 在 CUDA 9.0 下的显示输出。

```
C:\WINDOWS\system32\cmd.exe
Detected 1 CUDA Capable device(s)

Device 0: "GeForce 940MX"
  CUDA Driver Version / Runtime Version          9.1 / 9.0
  CUDA Capability Major/Minor version number:    5.0
  Total amount of global memory:                 4096 MBytes (4294967296 bytes)
  ( 3) Multiprocessors  GPU Max Clock rate:                    1189 MHz (1.19 GHz)
  Memory Clock rate:                             2505 Mhz
  Memory Bus Width:                              64-bit
  L2 Cache Size:                                 1048576 bytes
  Maximum Texture Dimension Size (x,y,z)         1D=(65536), 2D=(65536, 65536), 3D=(4096, 4096, 4096)
  Maximum Layered 1D Texture Size, (num) layers  1D=(16384), 2048 layers
  Maximum Layered 2D Texture Size, (num) layers  2D=(16384, 16384), 2048 layers
  Total amount of constant memory:               65536 bytes
  Total amount of shared memory per block:       49152 bytes
  Total number of registers available per block: 65536
  Warp size:                                     32
  Maximum number of threads per multiprocessor:  2048
  Maximum number of threads per block:           1024
  Max dimension size of a thread block (x,y,z): (1024, 1024, 64)
  Max dimension size of a grid size    (x,y,z): (2147483647, 65535, 65535)
  Maximum memory pitch:                          2147483647 bytes
  Texture alignment:                             512 bytes
  Concurrent copy and kernel execution:          Yes with 1 copy engine(s)
  Run time limit on kernels:                     Yes
  Integrated GPU sharing Host Memory:            No
  Support host page-locked memory mapping:       Yes
  Alignment requirement for Surfaces:            Yes
  Device has ECC support:                        Disabled
  CUDA Device Driver Mode (TCC or WDDM):         WDDM (Windows Display Driver Model)
  Device supports Unified Addressing (UVA):      Yes
  Supports Cooperative Kernel Launch:            No
  Supports MultiDevice Co-op Kernel Launch:      No
  Device PCI Domain ID / Bus ID / location ID:   0 / 1 / 0
  Compute Mode:
    < Default (multiple host threads can use ::cudaSetDevice() with device simultaneously) >
Press any key to continue . . .
```

图   2-4

你可能会问的一个问题是，为什么需要了解设备属性。答案是如果有多个 GPU 设备，这将帮助你选择具有更多多处理器的 GPU 设备。如果在应用程序中内核需要与 CPU 紧密交互，那么你可能希望内核运行在与 CPU 共享系统内存的集成 GPU 上。这些属性还将帮助你查找设备上可用的块的数量和每个块的线程数量。这将帮助你配置内核参数。我们来展示设备属性的一种用法：假设你有一个应用程序，它要求双精度浮点操作。并不是所有的 GPU 设备都支持这种操作。要了解你的设备是否支持双精度浮点操作并为你的应用程序设置该设备，可以使用以下代码：

```
#include <memory>
#include <iostream>
#include <cuda_runtime.h>
// Main Program
int main(void)
{
int device;
cudaDeviceProp device_property;
cudaGetDevice(&device);
```

```
printf("ID of device: %d\n", device);
memset(&device_property, 0, sizeof(cudaDeviceProp));
device_property.major = 1;
device_property.minor = 3;
cudaChooseDevice(&device, &device_property);
printf("ID of device which supports double precision is: %d\n", device);
cudaSetDevice(device);
}
```

这段代码使用 cudaDeviceProp 结构体中的两个属性来帮助识别设备是否支持双精度操作。这两个属性是 major 和 minor。如果 major 大于 1 而 minor 大于 3，那么该设备将支持双精度操作（见 CUDA 文档）。因此，程序的 device_property 结构包含这两个值。CUDA 还提供了 cudaChooseDevice API，帮助选择具有特定属性的设备。此 API 用于当前设备，以确定它是否包含这两个属性。如果它包含属性，则使用 cudaSetDevice API 为应用程序选择该设备。如果系统中存在多个设备，则应该在循环中编写此代码，以遍历所有设备。

虽然很简单，但这一节对于你发现你的 GPU 设备支持哪些应用程序，不支持哪些应用程序是非常重要的。

2.5 CUDA 中的向量运算

到目前为止，我们举例用的程序还没有利用 GPU 设备的并行处理能力的任何优势。它们只是为了让你熟悉 CUDA 中的编程概念而编写的。从本节开始，我们将开始利用 GPU 的并行处理能力，对其执行向量或数组操作。

2.5.1 两个向量加法程序

为了理解 GPU 上的向量运算，我们将首先在 CPU 上编写一个向量加法程序，然后利用 GPU 的并行结构对其进行修改。我们取两个含有一些数值的数组，按元素计算它们的加法，然后将结果保存在第三个数组。CPU 上的向量加法函数如下所示：

```
#include "stdio.h"
#include<iostream>
 //Defining Number of elements in Array
#define N 5
 //Defining vector addition function for CPU
void cpuAdd(int *h_a, int *h_b, int *h_c)
{
    int tid = 0;
    while (tid < N)
    {
        h_c[tid] = h_a[tid] + h_b[tid];
        tid += 1;
    }
}
```

cpuAdd 函数应该很好理解。但其中的 tid 变量使用可能是理解的难点。我们在这里包含它，是用来在 CPU 上模仿 GPU 的写法，而在 GPU 中，tid 代表特定的某个线程的 ID。这里请注意，如果你的 CPU 是双核的，你可以在每个核心上运行一个线程，分别将 tid 初始化为 0 和 1，然后每次循环的时候 +2。这样一个 CPU 核心将计算偶数元素的和，另外一个 CPU 核心将计算奇数元素的和。代码的 main 函数如下所示：

```
int main(void)
{
    int h_a[N], h_b[N], h_c[N];
    //Initializing two arrays for addition
    for (int i = 0; i < N; i++)
    {
      h_a[i] = 2 * i*i;
      h_b[i] = i;
      }
    //Calling CPU function for vector addition
    cpuAdd (h_a, h_b, h_c);
    //Printing Answer
    printf("Vector addition on CPU\n");
    for (int i = 0; i < N; i++)
    {
      printf("The sum of %d element is %d + %d = %d\n", i, h_a[i], h_b[i],
h_c[i]);
  }
  return 0;
}
```

程序中有两个函数：main 和 cpuAdd。在 main 函数中，我们首先定义了两个输入数组，并将其中的元素初始化为一些随意的值。然后，我们将这两个数组作为输入传递给 cpuAdd 函数。cpuAdd 函数将计算结果存储在第三个数组中。然后，我们将这个结果打印出来，如图 2-5 所示。

在 cpuAdd 函数中，对 tid 用法的解释，会给你一些在多核的 GPU 上，如何编写同样的函数的提示。如果我们用 GPU 上的每个核心的 ID，作为这里的 tid，那么我们就可以并行的对所有的元素进行相加。因此，在 GPU 上添加修改后的内核函数如下所示：

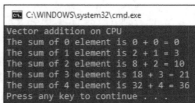

图   2-5

```
#include "stdio.h"
#include<iostream>
#include <cuda.h>
#include <cuda_runtime.h>
 //Defining number of elements in Array
 #define N 5
 //Defining Kernel function for vector addition
__global__ void gpuAdd(int *d_a, int *d_b, int *d_c)
{
 //Getting block index of current kernel
    int tid = blockIdx.x; // handle the data at this index
    if (tid < N)
    d_c[tid] = d_a[tid] + d_b[tid];
 }
```

在 gpuAdd 内核函数中，每个块中的这个线程，用当前块的 ID 来初始化 tid 变量。然后根据 tid 变量，每个线程将一对元素进行相加。这样如果块的总数等于每个数组中元素的总数，那么所有的加法操作将并行完成。我们随后解说一下如何从 main 函数中启动这个内核。main 函数代码如下：

```
int main(void)
{
 //Defining host arrays
 int h_a[N], h_b[N], h_c[N];
 //Defining device pointers
 int *d_a, *d_b, *d_c;
 // allocate the memory
 cudaMalloc((void**)&d_a, N * sizeof(int));
 cudaMalloc((void**)&d_b, N * sizeof(int));
 cudaMalloc((void**)&d_c, N * sizeof(int));
 //Initializing Arrays
 for (int i = 0; i < N; i++)
    {
      h_a[i] = 2*i*i;
      h_b[i] = i ;
    }

// Copy input arrays from host to device memory
 cudaMemcpy(d_a, h_a, N * sizeof(int), cudaMemcpyHostToDevice);
 cudaMemcpy(d_b, h_b, N * sizeof(int), cudaMemcpyHostToDevice);

//Calling kernels with N blocks and one thread per block, passing device
pointers as parameters
gpuAdd << <N, 1 >> >(d_a, d_b, d_c);
 //Copy result back to host memory from device memory
cudaMemcpy(h_c, d_c, N * sizeof(int), cudaMemcpyDeviceToHost);
printf("Vector addition on GPU \n");
 //Printing result on console
for (int i = 0; i < N; i++)
{
    printf("The sum of %d element is %d + %d = %d\n", i, h_a[i], h_b[i],
h_c[i]);
}
 //Free up memory
 cudaFree(d_a);
 cudaFree(d_b);
 cudaFree(d_c);
 return 0;
}
```

GPU main 函数具有本章第一节所述的已知结构：

❑ 先是定义 CPU 和 GPU 上的数组和指针。设备指针指向通过 cudaMalloc 分配的显存。

❑ 然后通过 cudaMemcpy 函数，将前两个数组，从主机内存传输到设备显存。

❑ 内核启动的时候，将这些设备指针作为参数传递给它。你看到的内核启动符号（<<<>>>）里面的 N 和 1，它们分别是启动 N 个块，每个块里面只有 1 个线程。

❑ 再然后通过 cudaMemcpy，将内核的计算结果从设备显存传输到主机内存，注意最后这次传输的方向是反的，设备到主机。

❑ 最后，用 cudaFree 释放掉 3 段在显存上分配的缓冲区。程序结果显示如图 2-6 所示。

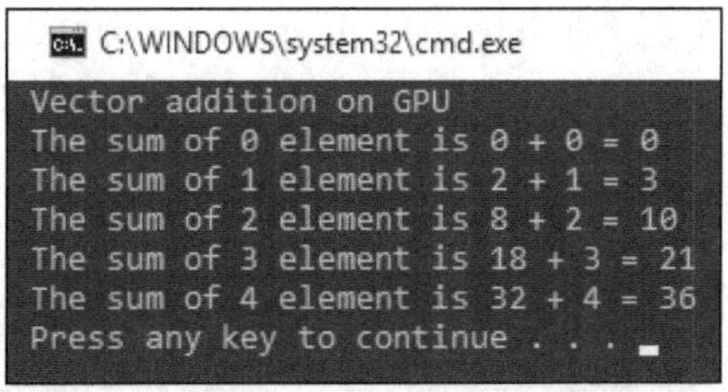

所有 CUDA 程序都遵循与前面相同的模式。我们并行启动 N 个块。这意味着我们同时启动了 N 个执行该内核代码的线程副本。你可以通过一个现实的例子来理解这一点：假设你想把 5 个大盒子从一个地方转移到另一个地方。在第一种方法中，你可以通过

图 2-6

雇佣一个人将一个盒子从一个地方带到另一个地方，然后重复 5 次来完成这项任务。这个方式需要时间，它类似于如何在 CPU 上做向量相加。现在，假设你雇了 5 个人，每个人都带着一个盒子。他们每个人也知道他们所携带的箱子的 ID。这个方法将比前一个快得多。每个人只需要被告知他们必须携带一个带有特定 ID 的盒子从一个地方到另一个地方。

从上述例子里我们知道内核代码的编写方式，以及这些线程是如何在 GPU 上执行的。每个线程可以通过 blockIdx.x 内置变量来知道自己的 ID。然后每个线程通过 ID 来索引数组，计算每对元素加法。这样，多个线程的并行计算，明显减少了数组整体的处理时间。所以，用这种并行的计算方式，比 CPU 上的串行计算，提高了吞吐率。具体地如何比较 CPU 和 GPU 代码的吞吐量问题，我们下一节再说。

2.5.2 对比 CPU 代码和 GPU 代码的延迟

CPU 的加法程序和 GPU 的加法程序都是以一个模块化的方式来编写的，这样你就可以玩转 N 的值，如果 N 设得小，那么你不会注意到 CPU 和 GPU 代码之间计算时间的差异。但如果 N 是足够大，那么你会发现在执行同一个向量加法的时候，CPU 执行时间和 GPU 执行时间的显著差异。我们可以将如下一个测试执行时间的代码添加到现有的代码：

```
clock_t start_d = clock();
printf("Doing GPU Vector add\n");
gpuAdd << <N, 1 >> >(d_a, d_b, d_c);
cudaThreadSynchronize();
clock_t end_d = clock();
double time_d = (double)(end_d - start_d) / CLOCKS_PER_SEC;
printf("No of Elements in Array:%d \n Device time %f seconds \n host time
%f Seconds\n", N, time_d, time_h);
```

时间是通过测量特定操作所需的时钟周期数来确定的。这可以通过调用 clock() 函数，测量两个时刻的滴答计数值，然后作差来求得（注意：函数 clock() 在 Windows 上和在 Linux/BSD 上是不一样的！一个是 wall time，一个是 processor time。前者是生活中的时间，后者是 CPU 时间），然后除以每秒钟的滴答数，就可以得到以秒为单位的时间了，在前面 CPU 和 GPU 的代码中，我们把 N 设置为 10 000 000 时，输出如图 2-7 所示。

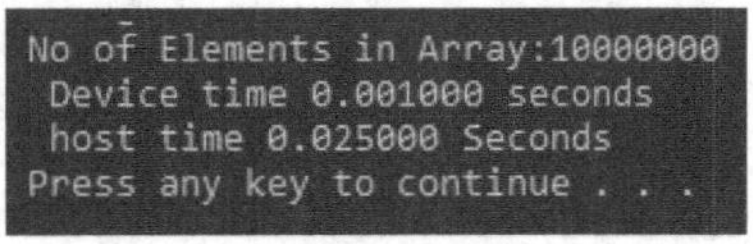

图 2-7

我们可以从输出结果看到，执行时间或叫吞吐量，从 25ms 提高到在 GPU 上几乎 1ms 实现相同的功能。这证明了我们之前在理论上提到的 GPU 并行执行代码有助于提高吞吐量。CUDA 提供了一个高效、精确的方法测量 CUDA 程序性能，就是使用 CUDA 事件，这将在之后的章节中加以解释。

2.5.3 对向量的每个元素进行平方

现在你可能会问：既然我们能并行启动 N 个块，每个块只有 1 个线程。那么我们能否只启动 1 个块，然后里面有 N 个线程？答案是肯定的。我们可以在 1 个块里并行启动 N 个线程。为了演示这点，以及为了让你能更加熟悉 CUDA 里的向量的运算，我们来做第二个例子：将一个向量数组里面的元素进行平方。我们以一个数值数组作为输入，然后输出一个每个元素都平方后的数组。用来求（find）每个元素平方的内核如下：

```
#include "stdio.h"
#include<iostream>
#include <cuda.h>
#include <cuda_runtime.h>
 //Defining number of elements in Array
#define N 5
//Kernel function for squaring number
__global__ void gpuSquare(float *d_in, float *d_out)
{
    //Getting thread index for current kernel
    int tid = threadIdx.x; // handle the data at this index
    float temp = d_in[tid];
    d_out[tid] = temp*temp;
}
```

gpuSquare 内核函数具有两个指针参数。第一个指针 d_in 指向存储输入数据的显存。第二个指针 d_out 则指向输出结果的显存。在这程序里，我们并行启动了多个线程，而不是启动多个块，所以每个线程特有的 tid 被初始化为 threadIdx.x。这个程序的 main 函数如下：

```
int main(void)
{
 //Defining Arrays for host
    float h_in[N], h_out[N];
    float *d_in, *d_out;
 // allocate the memory on the cpu
    cudaMalloc((void**)&d_in, N * sizeof(float));
    cudaMalloc((void**)&d_out, N * sizeof(float));
 //Initializing Array
    for (int i = 0; i < N; i++)
    {
        h_in[i] = i;
    }
 //Copy Array from host to device
    cudaMemcpy(d_in, h_in, N * sizeof(float), cudaMemcpyHostToDevice);
 //Calling square kernel with one block and N threads per block
    gpuSquare << <1, N >> >(d_in, d_out);
 //Coping result back to host from device memory
```

```
    cudaMemcpy(h_out, d_out, N * sizeof(float), cudaMemcpyDeviceToHost);
//Printing result on console
    printf("Square of Number on GPU \n");
    for (int i = 0; i < N; i++)
    {
        printf("The square of %f is %f\n", h_in[i], h_out[i]);
    }
//Free up memory
    cudaFree(d_in);
    cudaFree(d_out);
    return 0;
}
```

这个 main 函数的结构类似向量加法程序。但是不同于向量加法程序的地方是我们启动了 1 个具有 N 个线程的块。程序的输出如图 2-8 所示。

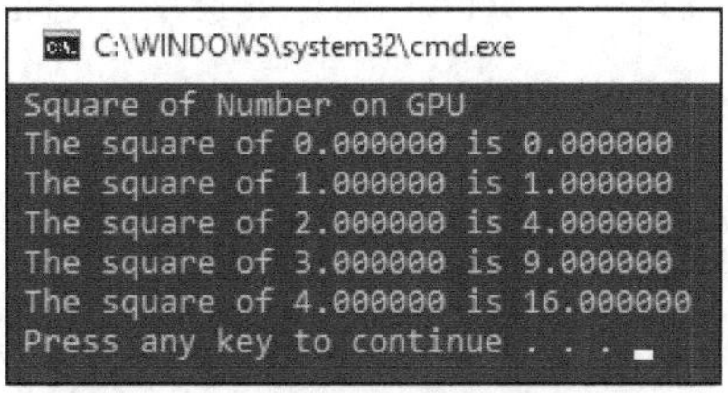

图 2-8

每当你使用这种方式启动 N 个线程并行的时候，你应该注意，每个块的最大线程不超过 512 或 1 024（注意：现在所有计算能力 3.0-7.5 的 GPU 卡，每个块最大 1 024 个线程）。因此，N 的值应该小于或等于这个值。如果 N 是 2 000，而你的 GPU 卡线程的最大数量为 512，那么你不能写成 $<<<12\,000>>>$。而应该使用 $<<<4\,500>>>$。应当理性地选择合适数量的块和每个块具有的线程数量。

总而言之，我们学会了如何使用向量以及如何并行启动多个块和多个线程。我们也看到，相较于 CPU 上相同的操作，在 GPU 上的向量运算可以提高吞吐量。在本章的最后部分，我们将讨论各种并行通信模式。

2.6 并行通信模式

当多个线程并行执行时，它们遵循一定的通信模式，指导它们在显存里哪里输入，哪里输出。我们将讨论每个通信模式。它将帮助你识别通信模式相关的应用程序，以及如何编写代码。

2.6.1 映射

在这种通信模式中，每个线程或任务读取单一输入，产生一个输出。基本上，它是一个一对一的操作。前面部分中向量加法程序和向量元素平方的程序，就是 Map 模式的例子。Map 的代码模式看起来如下：

```
d_out[i] = d_in[i] * 2
```

2.6.2 收集

在此模式中，每个线程或者任务，具有多个输入，并产生单一输出，保存到存储器的单一位置中。假设你想写一个求 3 数据的 MA 操作的程序。这就是一个 Gather 操作的例子。每个线程读取 3 个输入数据，产生单一的结果数据保存到显存。因此，在输入端有数据复用。它基本上是一个多对一的操作。Gather 模式的代码看起来如下：

```
out[i] = (in [i-1] + in[i] + in[i+1])/3
```

2.6.3　分散式

在 Scatter 模式中，线程或者任务读取单一输入，但向存储器产生多个输出。数组排序就是一个 Scatter 操作的例子。它也可以叫作 1 对多操作。Scatter 模式的代码看起来如下：

```
out[i-1] += 2 * in[i] and out[i+1] += 3*in[i]
```

2.6.4　蒙板

当线程或者任务要从数组中读取固定形状的相邻元素时，这叫 stencil 模式。这种模式在图像处理中非常有用，例如当你想用一个 3×3 或者 5×5 的（滤波）窗口时（对整个图像进行滑动处理的时候）。它是 Gather 操作的一种模式，所以代码的语法和 Gather 很相似。

2.6.5　转置

当原始输入矩阵是行主序的时候，如果需要输出得到一个列主序的矩阵，则应当进行转置操作。如果你有一个结构数组（SoA），而你想把它转换成一个数组结构（AoS），它是特别有用的。这也是一个一对一的操作。Transpose 模式的代码看起来如下：

```
out[i+j*128] = in [j +i*128]
```

在本节中，讨论了各种 CUDA 编程所遵循的模式。找到一个跟你的应用相关的编程模式，并利用它的范例语法模式是很有用。

2.7　总结

在这一章里，我们向你介绍了 CUDA C 编程概念以及如何使用 CUDA 并行计算。结果表明，CUDA 程序可以高效地并行在任何 NVIDIA GPU 卡上。所以，CUDA 既高效也可扩展。我们也详细讨论了并行数据计算所需的 CUDA API 函数，以及如何通过内核调用从主机代码中调用设备代码，还通过一个简单的两变量相加的例子来讨论如何传递一个参数给内核。同时也表明，CUDA 并不保证块和线程的启动顺序以及哪个块被分配给硬件中的多处理器。此外，我们还讨论了利用 GPU 和 CUDA 并行处理能力来进行向量运算。可以看出，利用 GPU 执行向量运算，可以相较于 CPU 大幅提高吞吐量。在最后一段，我们详细讨论了并行编程中常见的通信模式。不过，我们还没有讨论存储器架构以及在 CUDA 中线程是如何相互通信。如果一个线程需要其他线程的数据，我们该如何做呢？在下一章中，我们将详细讨论存储架构和线程同步。

2.8　测验题

1. 写一个两个数字相减的 CUDA 程序，在内核函数里按值传递参数。
2. 写一个两个数字相乘的 CUDA 程序，在内核函数里通过引用传递参数。
3. 假设你想并行启动 5 000 个线程，请用三种不同方法来配置内核参数，每个块最大使用 512 个线程。
4. 真假判断：程序员可以决定设备上块的启动顺序，以及哪个块被分配给硬件中的流多处理器。
5. 写一个 CUDA 程序去找到你系统里哪个 GPU 设备是计算能力大于 5.0 的。
6. 写一个 CUDA 程序，求一个含有从 0 到 49 这 50 个数作为元素的数组，里面的每个元素三次方。
7. 下列应用，哪种通信模式可用？

   图像处理

   移动平均（Moving Average）

   按升序排列数组

   求一个数组中元素的立方

第 3 章

线程、同步和存储器

在上一章中，我们看到了如何编写 CUDA 的程序，利用 GPU 的处理能力并行执行多个线程和块。上一章里所有程序里的线程是相互独立的，没有多个线程之间的通信。大多数实际的应用程序需要中间线程之间的通信。所以，在本章中，我们将详细看不同线程之间如何通信，并解释对相同数据多个线程之间的同步。我们将检查 CUDA 的分层存储架构，以及加速 CUDA 代码时使用不同存储器的区别。本章最后部分会解说 CUDA 的重要应用：向量点乘，矩阵乘法，将使用前面介绍的所有概念。

本章将包含下列主题：

- ❑ 线程调用
- ❑ CUDA 存储器架构
- ❑ 全局内存，本地内存和缓存
- ❑ 共享内存和线程同步
- ❑ 原子操作
- ❑ 常量和纹理内存
- ❑ 点乘和矩阵乘法例子

3.1 技术要求

本章要求熟悉基本的 C 或 C++ 编程语言和前面章节中解释的代码。本章所有代码可以从 GitHub 链接 https://github.com/PacktPublishing/Hands-On-GPU-Accelerated-Computer-Vision-with-OpenCV-and-CUDA 下载。尽管代码只在 Windows 10 和 Ubuntu 16.04 上测试过，但可以在任何操作系统上执行。

3.2　线程

　　CUDA 关于并行执行具有分层结构。每次内核启动时可以被切分成多个并行执行的块，而每个块又可以进一步地被切分成多个线程。在上一章里，我们看到 CUDA Runtime 通过多个内核的执行副本完成了并行的计算操作，这种并行执行的副本可以通过两种方式完成：一种是启动多个并行的块，每个块具有 1 个线程；另一种是启动 1 个块，每个块里具有多个线程。所以，你可能会问两个问题，我的代码应该使用哪种方式？并行启动时有没有块和线程的数量限制？

　　我们随后会看到，通过共享内存 1 个块中的线程可以相互通信。所以启动 1 个具有多个线程的块让里面的线程能够相互通信是一个优势。在上一章我们已经知道，maxThreadPerBlock 属性限制了每个块能启动的线程数量。这个值对于最新的 GPU 卡来说是 1 024。类似地，第二种方式能最大启动的块数量被限制成 $2^{31}-1$ 个。

　　更加理想的则是，我们并不单独启动 1 个块，里面多个线程；也不启动多个块，每个里面 1 个线程。我们一次并行启动多个块，每个块里面多个线程（最多可以是 maxThread-PerBlock 那么多哦）。所以，假设上一章的那个向量加法例子你需要启动 $N = 50\ 000$ 这么多的线程，我们可以这样调用内核：

```
gpuAdd<< <((N +511)/512),512 > >>(d_a,d_b,d_c)
```

　　最大的块能有 1 024 个线程。不过我们这里举例，对于 N 个线程来说，每个块有 512 个线程，则需要有 $N/512$ 个块。但是如果 N 不是 512 的整数倍，那么 N 除以 512 会计算得到错误的块数量，比实际的块数量少 1 个。所以为了计算得到下一个最小的能满足要求的整数结果，N 需要加上 511，然后再除以 512。这基本上是一个除法的向上取整操作。

　　现在的问题是，能否对所有范围的 N 有效？现在你能买到的所有卡，计算能力都至少是 6.0+ 了，而从计算能力 3.0（目前 CUDA 能支持的最低计算能力）开始该 x 方向上的块数量就已经被放开了。所以下面例子中，因为考虑 N 过大而不能直接计算块数量的做法已经不需要考虑了。因为当前的限制是如此巨大，在 $2^{31}-1$ 的块数量和每个块中 1 024 的线程数量，只有非常巨大的 N 才能超出限制，大约在万亿级别的 a，b，c 中的元素数量才有可能，所以一般情况下这不会构成任何限制了。该例子虽然已经不再适用，但还有其他方面的借鉴，例如当你需要人为的限定块和线程数量的时候（往往因为类似并发内核之类的应用场合）。也常见于应用非 x 方向上的块排列，例如 y 和 z 方向上的。在这两个方向上，依然具有 65 535 的数量限制，所以该例子还是有一定的参考意义的。

```
#include "stdio.h"
#include<iostream>
#include <cuda.h>
#include <cuda_runtime.h>
//Defining number of elements in array
#define N 50000
```

```
__global__ void gpuAdd(int *d_a, int *d_b, int *d_c)
{
    //Getting index of current kernel
  int tid = threadIdx.x + blockIdx.x * blockDim.x;
  while (tid < N)
    {
        d_c[tid] = d_a[tid] + d_b[tid];
        tid += blockDim.x * gridDim.x;
    }
}
```

本内核的代码和上一章我们写过的那个很相似。但是有两处不同：一处是计算初始的 tid 的时候，另一处则是添加了 while 循环部分。计算初始的 tid 的变化，是因为我们现在是启动多个块，每个里面有多个线程，直接看成 ID 的结构，多个块横排排列，每个块里面有 N 个线程，那么自然计算 tid 的时候是用当前块的 ID * 当前块里面的线程数量 + 当前线程在块中的 ID，即 tid=blockIdx.x（当前块的 ID）* blockDim.x（当前块里面的线程数量）+ threadIdx.x（当前线程在块中的 ID）。而 while 部分每次增加现有的线程数量（因为你没有启动到 N），直到达到 N。这就如同你有一个卡，一次最多只能启动 100 个块，每个块里有 7 个线程，也就是一次最多能启动 700 个线程。但 N 的规模是 8 000，远远超过 700 怎么办？答案是直接启动 K 个（K≥700），这样就能安全启动。然后里面添加一个 while 循环，这 700 个线程第一次处理 [0, 699]，第二次处理 [700, 1 400)，第三次处理 [1 400, 2 100)……直到这 8 000 个元素都被处理完。这就是我们本例中看到的代码。初始化时候的 tid = threadIdx.x+blockDim.x * blockIdx.x，每次 while 循环的时候 tid += blockDim.x*gridDim.x（注意一个是 =，一个是 +=，后者是增加的由来）。下面的 2D 表格用来辅助理解。

Block 0	Thread 0	Thread 1	Thread 2
Block 1	Thread 0	Thread 1	Thread 2
Block 2	Thread 0	Thread 1	Thread 2

对于任意一个线程，使用 blockIdx.x 命令可以得到当前的块的 ID，而使用 threadIdx.x 命令可以得到本线程在该块中的 ID。例如，对于表格中绿色标记的线程，它的块 ID 是 2，线程 ID 是 1，如果想将这两个数字进行 ID 化，得到每个线程唯一的总 ID，可以用块的 ID 乘以块中的线程总数，然后加上线程在这个块中的 ID。数学表达式如下：

```
tid = threadIdx.x + blockIdx.x * blockDim.x;
```

例如绿色标记部分，threadIdx.x=1，blockIdx.x=2，blockDim.x=3，那么 tid=7。这个计算公式非常重要，它会广泛地用到你的代码里。

上述代码包含了一个 while 循环。因为当 N 很大的时候，受到之前描述过的限制，线程总数不可能达到 N。所以，每个线程必须执行多个操作，由已启动的线程总数分隔。这个值可以用 gridDim.x * blockDim.x 来计算，前者代表了本次启动的块的数量，而后者代表了每个块里面的线程数量，然后每次 while 循环，tid 变量加上这个值，向后偏移以得到下个任务的索引。这样，该代码将可以处理任意大的值 N。现在将 main 函数写出来如下，以完成整个程序：

```
int main(void)
{
   //Declare host and device arrays
  int h_a[N], h_b[N], h_c[N];
  int *d_a, *d_b, *d_c;

   //Allocate Memory on Device
 cudaMalloc((void**)&d_a, N * sizeof(int));
 cudaMalloc((void**)&d_b, N * sizeof(int));
 cudaMalloc((void**)&d_c, N * sizeof(int));
   //Initialize host array
 for (int i = 0; i < N; i++)
 {
   h_a[i] = 2 * i*i;
   h_b[i] = i;
 }

 cudaMemcpy(d_a, h_a, N * sizeof(int), cudaMemcpyHostToDevice);
 cudaMemcpy(d_b, h_b, N * sizeof(int), cudaMemcpyHostToDevice);
   //Kernel Call
 gpuAdd << <512, 512 >> >(d_a, d_b, d_c);

 cudaMemcpy(h_c, d_c, N * sizeof(int), cudaMemcpyDeviceToHost);
   //This ensures that kernel execution is finishes before going forward
 cudaDeviceSynchronize();
 int Correct = 1;
 printf("Vector addition on GPU \n");
 for (int i = 0; i < N; i++)
 {
   if ((h_a[i] + h_b[i] != h_c[i]))
     { Correct = 0; }
 }
 if (Correct == 1)
 {
   printf("GPU has computed Sum Correctly\n");
 }
 else
 {
   printf("There is an Error in GPU Computation\n");
 }
   //Free up memory
 cudaFree(d_a);
 cudaFree(d_b);
  cudaFree(d_c);
 return 0;
}
```

这次的 main 函数，和我们上次写过的那个非常类似。唯一的不同点在于内核的启动方式。现在我们用 512 个块，每个块里面有 512 个线程启动该内核。这样 N 非常大的问题就得到了解决。此外，我们不再将很长的结果数组中的每个值都打印出来，只打印结果是否正确。代码输出如图 3-1 所示。

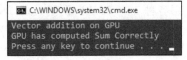

图   3-1

本节解释了 CUDA 中的分层执行概念。下一节将进一步介绍这个概念,解释分层存储架构。

3.3   存储器架构

在 GPU 上的代码执行被划分为流多处理器、块和线程。GPU 有几个不同的存储器空间,每个存储器空间都有特定的特征和用途以及不同的速度和范围。这个存储空间按层次结构划分为不同的组块,比如全局内存、共享内存、本地内存、常量内存和纹理内存,每个组块都可以从程序中的不同点访问。此存储器架构如图 3-2 所示。

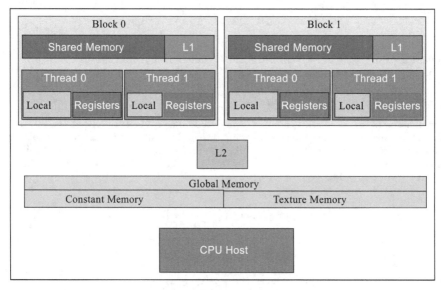

图   3-2

如图所示,每个线程都有自己的本地存储器和寄存器堆。与处理器不同的是,GPU 核心有很多寄存器来存储本地数据。当线程使用的数据不适合存储在寄存器堆中或者寄存器堆中装不下的时候,将会使用本地内存。寄存器堆和本地内存对每个线程都是唯一的。寄存器堆是最快的一种存储器。同一个块中的线程具有可由该块中的所有线程访问的共享内存。全局内存可被所有的块和其中的所有线程访问。它具有相当大的访问延迟,但存在缓存这种东西来给它提速。如下表,GPU 有一级和二级缓存(即 L1 缓存和 L2 缓存)。常量内存则是用于存储常量和内核参数之类的只读数据。最后,存在纹理内存,这种内存可以利用各种 2D 和 3D 的访问模式。

所有存储器特征总结如下。

存储器	访问模式	速度	缓存?	作用范围	生存期
全局	读写	慢	是	主机和所有线程	整个程序
本地	读写	慢	是	所有线程	线程
寄存	读写	快	—	所有线程	线程
共享	读写	快	否	所有块	块
常量	只读	慢	是	主机和所有线程	整个程序
纹理	只读	慢	是	主机和所有线程	整个程序

上表表述了各种存储器的各种特性。作用范围栏定义了程序的哪个部分能使用该存储器。而生存期定义了该存储器中的数据对程序可见的时间。除此之外，L1 和 L2 缓存也可以用于 GPU 程序以便更快地访问存储器。

总之，所有线程都有一个寄存器堆，它是最快的。共享内存只能被块中的线程访问，但比全局内存块。全局内存是最慢的，但可以被所有的块访问。常量和纹理内存用于特殊用途，我们这下一节讨论。存储器访问是程序快速执行的最大瓶颈。

3.3.1　全局内存

所有的块都可以对全局内存进行读写。该存储器较慢，但是可以从你的代码的任何地方进行读写。缓存可加速对全局内存的访问。所有通过 cudaMalloc 分配的存储器都是全局内存。下面的简单代码演示了如何从程序中使用全局内存：

```
#include <stdio.h>
#define N 5

__global__ void gpu_global_memory(int *d_a)
{
  d_a[threadIdx.x] = threadIdx.x;
}

int main(int argc, char **argv)
{
  int h_a[N];
  int *d_a;
  cudaMalloc((void **)&d_a, sizeof(int) *N);
  cudaMemcpy((void *)d_a, (void *)h_a, sizeof(int) *N,
cudaMemcpyHostToDevice);
    gpu_global_memory << <1, N >> >(d_a);
    cudaMemcpy((void *)h_a, (void *)d_a, sizeof(int) *N,
cudaMemcpyDeviceToHost);
    printf("Array in Global Memory is: \n");
    for (int i = 0; i < N; i++)
    {
      printf("At Index: %d --> %d \n", i, h_a[i]);
    }
    return 0;
}
```

这段代码演示了如何从设备代码中进行全局内存的写入，以及如何从主机代码中用 cudaMalloc 进行分配，如何将指向该段全局内存的指针作为参数传递给内核函数。内核函数用不同的线程 ID 的值来填充这段全局内存。然后（用 cudaMemcpy）复制到内存以便显示内容。最终结果如图 3-3 所示。

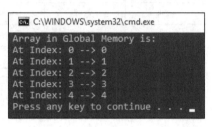

图   3-3

由于我们使用的是全局内存，这个操作将会很慢。有一些先进的概念可以加速这个操作，稍后将对此进行解释。在下一节中，我们将解释所有线程唯一的本地内存和寄存器堆。

3.3.2   本地内存和寄存器堆

本地内存和寄存器堆对每个线程都是唯一的。寄存器是每个线程可用的最快存储器。当内核中使用的变量在寄存器堆中装不下的时候，将会使用本地内存存储它们，这叫**寄存器溢出**。请注意使用本地内存有两种情况：一种是寄存器不够了，一种是某些情况根本就不能放在寄存器中，例如对一个局部数组的下标进行不定索引的时候。基本上可以将本地内存看成是每个线程的唯一的全局内存部分。相比寄存器堆，本地内存要慢很多。虽然本地内存通过 L1 缓存和 L2 缓存进行了缓冲，但寄存器溢出可能会影响你的程序的性能。

下面演示一个简单的程序：

```
#include <stdio.h>
#define N 5

__global__ void gpu_local_memory(int d_in)
{
  int t_local;
  t_local = d_in * threadIdx.x;
  printf("Value of Local variable in current thread is: %d \n", t_local);
}
int main(int argc, char **argv)
{
  printf("Use of Local Memory on GPU:\n");
  gpu_local_memory << <1, N >> >(5);
  cudaDeviceSynchronize();
  return 0;
}
```

代码中的 t_local 变量是每个线程局部唯一的，将被存储在寄存器堆中。用这种变量计算的时候，计算速度将是最快速的。以上代码的输出如图 3-4 所示。

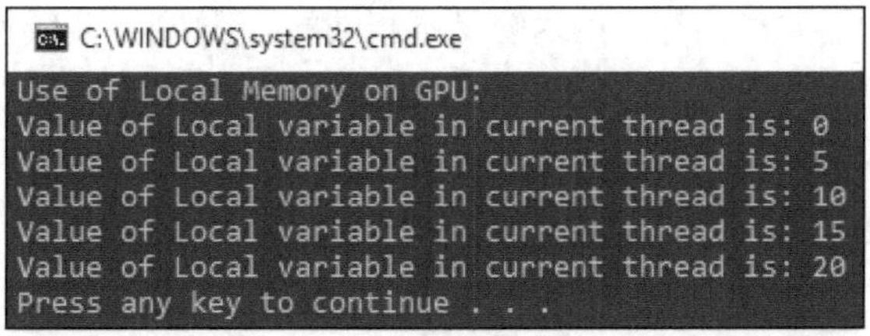

图　3-4

3.3.3　高速缓冲存储器

在较新的 GPU 上，每个流多处理器都含有自己独立的 L1 缓存，以及 GPU 有 L2 缓存。L2 缓存是被所有的 GPU 中的流多处理器都共有的。所有的全局内存访问和本地内存访问都使用这些缓存，因为 L1 缓存在流多处理器内部独有，接近线程执行所需要的硬件单位，所以它的速度非常快。一般来说，L1 缓存和共享内存共用同样的存储硬件，一共是 64KB（注意：这是和计算能力有关，不一定共用相同的存储硬件，也不一定可以配置互相占用的比例，例如计算能力 5.X 和 6.X 的 GPU 卡就不能。同时 L1 缓存和共享内存在这两个计算能力上也不是共用的，但旧的计算能力和 7.X GPU 卡是如此），你可以配置 L1 缓存和共享内存分别在这 64KB 中的比例。所有的全局内存访问通过 L2 缓存进行。纹理内存和常量内存也分别有它们独立的缓存。

3.4　线程同步

到目前为止我们看到的本书中的所有例子线程都是独立计算的。但是实际上，线程之间需要互相交换数据才能完成任务的情况并不少见。因此，必须存在某种能让线程彼此交流的机制。这就是为何我们本节要解说共享内存的概念。当很多线程并行工作并且访问相同的数据或者存储器位置的时候，线程间必须正确的同步，因此本节还要解说线程同步。本节的最后一部分还解释了原子操作，它在正确地进行"读取 – 修改 – 写入"操作序列的时候非常有用。

需要说明的是：线程间交换数据并不一定需要使用共享内存，只是共享内存较快而已。使用全局内存同样可以。例如配合正确的同步操作或者原子操作（原子操作也支持全局内存），依然可以正确地完成任务。只是使用共享内存，很多情况下较快（延迟较低，带宽较大）而已。

3.4.1　共享内存

共享内存位于芯片内部，因此它比全局内存快得多。（CUDA 里面存储器的快慢有两方面，一个是延迟低，一个是带宽大。这里特指延迟低），相比没有经过缓存的全局内存访问，共享内存大约在延迟上低 100 倍。同一个块中的线程可以访问相同的一段共享内存（注意：

不同块中的线程所见到的共享内存中的内容是不相同的），这在许多线程需要与其他线程共享它们的结果的应用程序中非常有用。但是如果不同步，也可能会造成混乱或错误的结果。如果某线程的计算结果在写入到共享内存完成之前被其他线程读取，那么将会导致错误。因此，应该正确地控制或管理内存访问。这是由 __syncthreads() 指令完成的，该指令确保在继续执行程序之前完成对内存的所有写入操作。这也被称为 barrier。barrier 的含义是块中的所有线程都将到达该代码行，然后在此等待其他线程完成。当所有线程都到达了这里之后，它们可以一起继续往下执行。为了演示共享内存和线程同步的使用，我们这里给出一个计算 MA 的例子：

```c
#include <stdio.h>
__global__ void gpu_shared_memory(float *d_a)
{
  int i, index = threadIdx.x;
  float average, sum = 0.0f;
  //Defining shared memory
  __shared__ float sh_arr[10];
  sh_arr[index] = d_a[index];
 // This directive ensure all the writes to shared memory have completed

  __syncthreads();
  for (i = 0; i<= index; i++)
  {
    sum += sh_arr[i];
  }
  average = sum / (index + 1.0f);
  d_a[index] = average;
    //This statement is redundant and will have no effect on overall code
execution
  sh_arr[index] = average;
}
```

MA 操作很简单，就是计算数组中当前元素之前所有元素的平均值，很多线程计算的时候将会使用数组中的同样的数据。这就是一种理想的使用共享内存的用例，这样将会得到比全局内存更快的数据访问。这将减少每个线程的全局内存访问次数，从而减少程序的延迟。共享内存上的数字或者变量是通过 __shared__ 修饰符定义的。我们在本例中，定义了具有 10 个 float 元素的共享内存上的数组。通常，共享内存的大小应该等于每个块的线程数。因为我们要处理 10 个（元素）的数组，所以我们也将共享内存的大小定义成这么大。

下一步就是将数据从全局内存复制到共享内存。每个线程通过自己的索引复制一个元素，这样块整体完成了数据的复制操作，这样数据写到了共享内存中。在下一行，我们开始读取使用这个共享内存中的数组，但是在继续之前，我们应当保证所有（线程）都已经完成了它们的写入操作。所以，让我们使用 __syncthreads() 进行一次同步。

接着就是（每个线程）通过 for 循环，利用这些存储在共享内存中的值（读取后）计算（从第一个元素）到当前元素的平均值，并且将对应每个线程的结果存放到全局内存中的相应位置。最后一行代码还将结果存放到了共享内存中。这行代码对整体执行来说没有影响。因为共享内存的生存期到当前块执行完毕就结束了。这是块执行完成后的最后一行。这仅仅只是演示一下共享内存的这个生存周期的概念。

（译者注：关于作者的这段代码，对其他线程还可能需要读取的数据进行写入操作，可能会影响不同进度的其他线程的执行。本例中的最后一行从逻辑上说并非对 overall execution 毫无影响。因为最后一行是一个无用操作。编译器可能会选择直接拿掉最后一行。该 bug 不一定被触发，请读者务必注意。）

最后，本例代码的 main 函数如下：

```
int main(int argc, char **argv)
{
    float h_a[10];
    float *d_a;
        //Initialize host Array
    for (int i = 0; i < 10; i++)
    {
      h_a[i] = i;
    }
    // allocate global memory on the device
    cudaMalloc((void **)&d_a, sizeof(float) * 10);
    // copy data from host memory  to device memory
    cudaMemcpy((void *)d_a, (void *)h_a, sizeof(float) * 10,
cudaMemcpyHostToDevice);
    gpu_shared_memory << <1, 10 >> >(d_a);
    // copy the modified array back to the host
    cudaMemcpy((void *)h_a, (void *)d_a, sizeof(float) * 10,
cudaMemcpyDeviceToHost);
    printf("Use of Shared Memory on GPU: \n");
    for (int i = 0; i < 10; i++)
    {
      printf("The running average after %d element is %f \n", i, h_a[i]);
    }
    return 0;
}
```

在 main 函数中，当分配好主机和设备上的数组后，用 0.0 到 9.0 填充主机上的数组，然后将这个数组复制到显存。内核将对显存中的数据进行读取、计算并保存结果。最后结果从显存中传输到内存，然后在控制台上输出。控制台上的输出结果如图 3-5 所示。

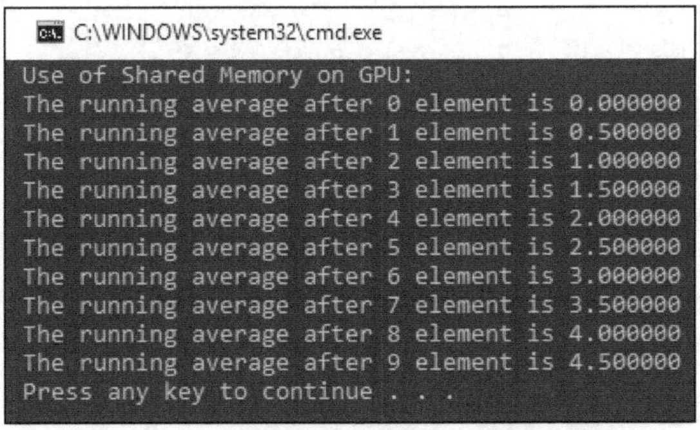

图　3-5

本节演示了当多个线程使用来自相同内存区域的数据时共享内存的使用。下一节将演示原子操作的使用，这在读写操作中非常重要。

3.4.2 原子操作

考虑当大量的线程需要试图修改一段较小的内存区域的情形，这是（在日常的算法实现中）常发生的现象。当我们试图进行"读取 – 修改 – 写入"操作序列的时候，这种情形经常会带来很多麻烦。一个例子是代码 d_out[i]++，这代码首先将 d_out[i] 的原值从存储器中读取出来，然后执行了 +1 操作，再将结果回写到存储器。然而，如果多个线程试图在同一个内存区域中进行这个操作，则可能会得到错误的结果。

假设某内存区域中有初始值 6，两个线程 p 和 q 分别试图将这段区域中的内容 +1，则最终的结果应当是 8。但是在实际执行的时候，可能 p 和 q 两个线程同时读取了这个初始值，两者都得到了 6，执行 +1 操作都得到了 7，然后它们将 7 写回这个内存区域。这样，和正确的结果 8 不同，我们得到的最终结果是 7，这是错误的。这种错误是如何的危险，我们通过 ATM 取现操作来演示。假设你的账户余额为 5 000 卢比，你的账户下面开了两张银行卡，你和你的朋友同时去 2 个不同的 ATM 上取现 4 000 卢比，你俩在同一瞬间刷卡取现。所以，当两个 ATM 检查余额的时候，都将显示 5 000 卢比的余额。当你俩同时取现 4 000 卢比的时候，两个 ATM 机都只根据初始值 5 000 卢比判断，要取的现金 4 000 卢比小于当前余额。所以两个机器将会给你们每人 4 000 卢比。即使你之前只有 5 000 卢比的余额，你们也能得到 8 000 卢比，这很危险。为了示范一下这种情形，我们做了一个很多线程试图同时访问一个小数组的例子。

```
include <stdio.h>

#define NUM_THREADS 10000
#define SIZE 10

#define BLOCK_WIDTH 100

__global__ void gpu_increment_without_atomic(int *d_a)
{
  int tid = blockIdx.x * blockDim.x + threadIdx.x;

  // Each thread increment elements which wraps at SIZE
  tid = tid % SIZE;
  d_a[tid] += 1;
}
```

内核函数简单地通过 d_a[tid]+=1 这行代码来增加存储器中元素的值。关键的问题在于，（这行代码）对应的具体内存区域被增加了多少次？线程总数为 10 000，数组里只有 10 个（元素）。通过求余（求模，%）运算，来将这 10 000 个线程 ID 对应的索引到这 10 个元素上去。所以，每个相同的内存中的元素位置将有 1 000 个线程来进行（+1）的运算。理想状态下，数组中每个位置的元素将被增加 1 000（次个 1）。但是我们将会从输出结果中看到，实际情况并非如此。在查看结果前，我们将 main 函数代码给出如下：

```
int main(int argc, char **argv)
{
  printf("%d total threads in %d blocks writing into %d array elements\n",
  NUM_THREADS, NUM_THREADS / BLOCK_WIDTH, SIZE);
  // declare and allocate host memory
  int h_a[SIZE];
  const int ARRAY_BYTES = SIZE * sizeof(int);
  // declare and allocate GPU memory
  int * d_a;
  cudaMalloc((void **)&d_a, ARRAY_BYTES);
  // Initialize GPU memory with zero value.
  cudaMemset((void *)d_a, 0, ARRAY_BYTES);
  gpu_increment_without_atomic << <NUM_THREADS / BLOCK_WIDTH, BLOCK_WIDTH
>> >(d_a);
  // copy back the array of sums from GPU and print
  cudaMemcpy(h_a, d_a, ARRAY_BYTES, cudaMemcpyDeviceToHost);
  printf("Number of times a particular Array index has been incremented
without atomic add is: \n");
  for (int i = 0; i < SIZE; i++)
  {
    printf("index: %d --> %d times\n ", i, h_a[i]);
  }
  cudaFree(d_a);
  return 0;
}
```

main 函数中，显存中的数组被分配并被初始化为 0。这里，一个特定的 cudaMemset 函数用来进行显存上的初始化工作，然后将初始化为 0 值的数组作为参数传递给内核。这个内核将会进行增加这 10 个元素的工作。这里，我们用 1 000 个块，每个块里有 100 个线程，一共启动 10 000 个线程。最终计算结果将被保存在显存上，并在内核执行完成后复制回内存，同时我们在控制台上显示每个内存区域的结果值，如图 3-6 所示。

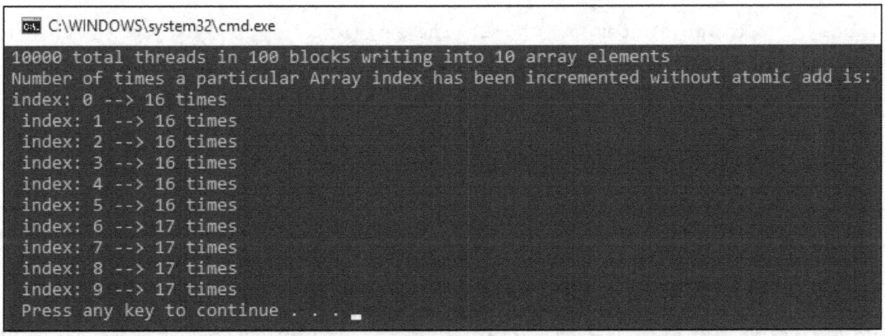

图　3-6

如同之前讨论过的，理想状态下，每个元素位置应当都增加了 1 000，但是运行结果表明实际上大部分元素位置只增加了 16 或 17（因为初始值是 0，这里看到的值是 19，这说明增加了 19），这是因为很多线程同时读取同样的位置，然后增加同样的值，并将它们存储到显存中。线程执行的具体时序问题超出了程序员所能控制的范围，和 GPU 硬件有关，具体每个有多少线程在对同样的显存位置进行访问是无法具体知道的。如果你再次运行一遍程序，运行的结果不一定会相同，你得到的输出结果可能如图 3-7 所示。

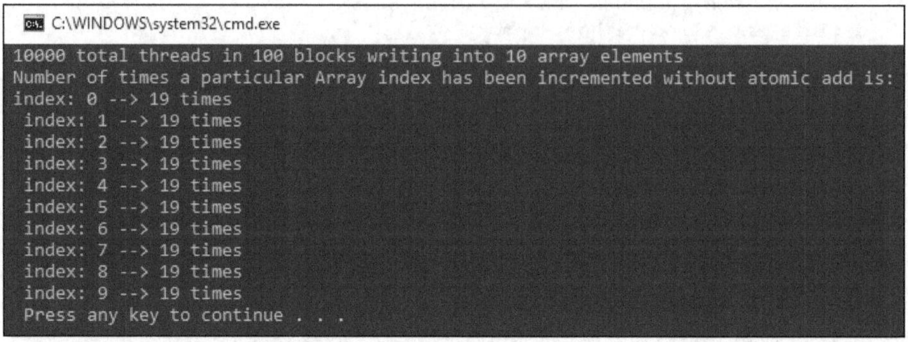

图   3-7

可能如同你已经猜到的那样，每次运行你的程序，每个内存区域中的元素值都可能会不同。这是设备上不定顺序的多线程执行导致的。

为了解决这个问题，CUDA 提供了 atomicAdd 这种原子操作函数。该函数会从逻辑上保证，每个调用它的线程对相同的内存区域上的"读取旧值 – 累加 – 回写新值"操作是不可被其他线程扰乱的原子性的整体完成的。使用 atomicAdd 进行原子累加的内核函数代码如下：

```c
#include <stdio.h>
#define NUM_THREADS 10000
#define SIZE 10
#define BLOCK_WIDTH 100

__global__ void gpu_increment_atomic(int *d_a)
{
  // Calculate thread index
  int tid = blockIdx.x * blockDim.x + threadIdx.x;

  // Each thread increments elements which wraps at SIZE
  tid = tid % SIZE;
  atomicAdd(&d_a[tid], 1);
}
```

这就是刚才的代码解说。内核函数的代码和前面我们看到的非常相似。我们用 atomicAdd 原子操作函数替换了之前的直接 += 操作，该函数具有 2 个参数：第一个参数是我们要进行原子加法操作的内存区域；第二个参数是该原子加法操作具体要加上的值。在这个代码中，1 000 个线程对同一内存区域进行原子 +1 操作，这 1 000 次相同区域上的操作，每次都将从逻辑上安全地完整执行。这可能会增加执行时间上的代价。使用该原子操作累加所对应的 main 函数如下：

```
int main(int argc, char **argv)
{
  printf("%d total threads in %d blocks writing into %d array
elements\n",NUM_THREADS, NUM_THREADS / BLOCK_WIDTH, SIZE);

  // declare and allocate host memory
  int h_a[SIZE];
  const int ARRAY_BYTES = SIZE * sizeof(int);

  // declare and allocate GPU memory
  int * d_a;
  cudaMalloc((void **)&d_a, ARRAY_BYTES);
   // Initialize GPU memory withzero value
  cudaMemset((void *)d_a, 0, ARRAY_BYTES);
  gpu_increment_atomic << <NUM_THREADS / BLOCK_WIDTH, BLOCK_WIDTH >>
>(d_a);
    // copy back the array from GPU and print
  cudaMemcpy(h_a, d_a, ARRAY_BYTES, cudaMemcpyDeviceToHost);
  printf("Number of times a particular Array index has been incremented is:
\n");
  for (int i = 0; i < SIZE; i++)
  {
     printf("index: %d --> %d times\n ", i, h_a[i]);
  }
  cudaFree(d_a);
  return 0;
}
```

在 main 函数中，具有 10 个元素的数组被初始化成 0 值，然后传递给了内核，但现在，内核中的代码将执行原子累加操作。所以，这个程序输出的结果将是对的，数组中的每个元素将被累加 1 000。运行结果显示如图 3-8 所示。

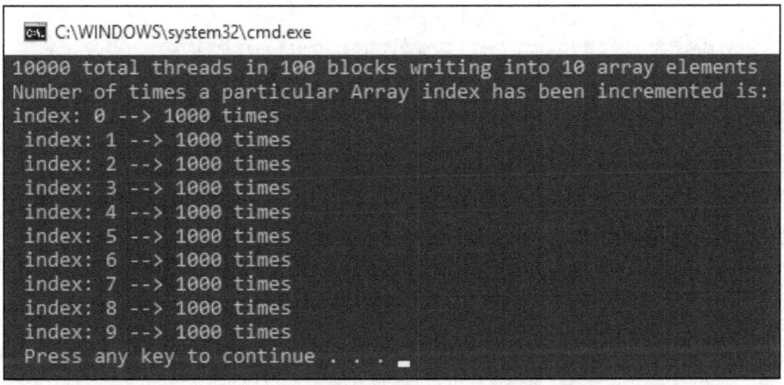

图　3-8

如果你测量一下这个程序的运行时间，相比之前的那个简单地在全局内存上直接进行加法操作的程序它用的时间更长。这是因为使用原子操作后程序具有更大的执行代价。可以通过使用共享内存来加速这些原子累加操作。如果线程规模不变，但原子操作的元素数量扩大，则这些同样次数的原子操作会更快地完成。这是因为更广泛的分布范围上的原子操作有利于利用多个能执行原子操作的单元，以及每个原子操作单元上面的竞争性的原子事务也相应减少了。

在本小节中，我们看到了原子操作如何帮助我们解决了内存访问上的竞态，并帮助我们写出更简洁和容易理解的代码。在下个小节中，我们将为你解释如何使用两种特殊的存储器，常量内存和纹理内存，它们将有助于为我们加速相关特定类型的代码。

3.5 常量内存

CUDA 程序员会经常用到另外一种存储器——**常量内存**，NVIDIA GPU 卡从逻辑上对用户提供了 64KB 的常量内存空间，可以用来存储内核执行期间所需的恒定数据。常量内存对一些特定情况下的小数据量的访问具有相比全局内存的额外优势。使用常量内存也一定程度上减少了对全局内存的带宽占用。在本小节中，我们将看看如何在 CUDA 中使用常量内存。我们将用一个简单的程序进行 a * x + b 的数学运算，其中 a，b 都是常数，程序代码如下：

```
#include "stdio.h"
#include<iostream>
#include <cuda.h>
#include <cuda_runtime.h>

//Defining two constants
__constant__ int constant_f;
__constant__ int constant_g;
#define N 5

//Kernel function for using constant memory
__global__ void gpu_constant_memory(float *d_in, float *d_out)
{
  //Getting thread index for current kernel
  int tid = threadIdx.x;
  d_out[tid] = constant_f*d_in[tid] + constant_g;
}
```

常量内存中的变量使用 __constant__ 关键字修饰。在之前的代码中，两个浮点数 constant_f，constant_g 被定义成在内核执行期间不会改变的常量。需要注意的第二点是，使用 __constant__（在内核外面）定义好了它们后，它们不应该再次在内核内部定义。内核函数将用这两个常量进行一个简单的数学运算，在 main 函数中，我们用一个特殊的方式将这两个常量的值传递到常量内存中。在如下的代码中你会看到：

```
int main(void)
{
  //Defining Arrays for host
  float h_in[N], h_out[N];
  //Defining Pointers for device
  float *d_in, *d_out;
  int h_f = 2;
```

```
int h_g = 20;
// allocate the memory on the cpu
cudaMalloc((void**)&d_in, N * sizeof(float));
cudaMalloc((void**)&d_out, N * sizeof(float));
//Initializing Array
for (int i = 0; i < N; i++)
{
  h_in[i] = i;
}
//Copy Array from host to device
cudaMemcpy(d_in, h_in, N * sizeof(float), cudaMemcpyHostToDevice);
//Copy constants to constant memory
cudaMemcpyToSymbol(constant_f, &h_f,
sizeof(int),0,cudaMemcpyHostToDevice);
cudaMemcpyToSymbol(constant_g, &h_g, sizeof(int));

//Calling kernel with one block and N threads per block
gpu_constant_memory << <1, N >> >(d_in, d_out);
//Coping result back to host from device memory
cudaMemcpy(h_out, d_out, N * sizeof(float), cudaMemcpyDeviceToHost);
//Printing result on console
printf("Use of Constant memory on GPU \n");
for (int i = 0; i < N; i++)
{
  printf("The expression for index %f is %f\n", h_in[i], h_out[i]);
}
cudaFree(d_in);
cudaFree(d_out);
return 0;
}
```

在 main 函数中，h_f，h_g 两个常量在主机上被定义并初始化，然后将被复制到设备上的常量内存中。我们将用 cudaMemcpyToSymbol 函数把这些常量复制到内核执行所需要的常量内存中。该函数具有五个参数：第一个参数是（要写入的）目标，也就是我们刚才用 __constant__ 定义过的 h_f 或者 h_g 常量；第二个参数是源主机地址；第三个参数是传输大小；第四个参数是写入目标的偏移量，这里是 0；第五个参数是设备到主机的数据传输方向；最后两个参数是可选的，因此后面我们第二次 cudaMemcpyToSymbol 函数调用的时候省略掉了它们。

代码输出如图 3-9 所示。

你需要注意的是常量内存是只读的。本例子仅仅用来表示 CUDA 应用程序对它的使用，而并非一个最佳的用例。如同之前讨论过的那样，常量内存有助于节省全局内存的访问带宽。如果要明白这点，你必须知道 warp 的概念。warp 是 32 个交织在一起的线程的集合，这些线程将同步执行每一条指令（注意从计算能力 7.0+ 的 GPU 卡开始不再是这样了）。在一定的情况下，warp 整体进行一次常量内存的读

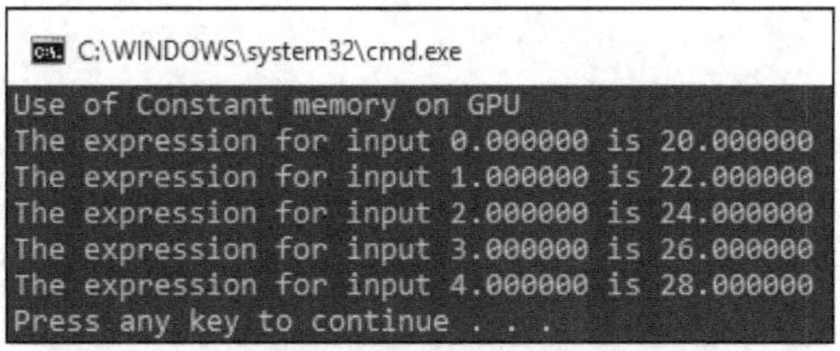

图 3-9

取，结果广播给 warp 里的 32 个线程。同时，常量内存具有 cache 缓冲。当后续的在邻近位置上访问，将不会发生额外的从显存过来的传输。每个 warp 里的 32 个线程，进行一致性的相同常量内存位置读取的时候，这种广播效果和 cache 命中效果可以节省执行时间。需要注意的是，当每个 warp 里的 32 个线程都读取完全不同的地址的时候，此时常量内存访问反而可能会增加执行时间。完全不同地址的读取可以考虑共享内存这个适合小范围的毫无规律的读取。所以，常量内存需要小心合理地使用。

3.6   纹理内存

纹理内存是另外一种当数据的访问具有特定的模式的时候能够加速程序执行，并减少显存带宽的只读存储器。像常量内存一样，它也在芯片内部被 cache 缓冲。该存储器最初是为了图形绘制而设计的，但也可以被用于通用计算。当程序进行具有很大程度上的空间邻近性的访存的时候，这种存储器变得非常高效。空间邻近性的意思是，每个线程的读取位置都和其他线程的读取位置邻近。这对那些需要处理 4 个邻近的相关点或者 8 个邻近的点的图像处理应用非常有用。一种线程进行 2D 的平面空间邻近性的访存的例子，可能会像下表。

Thread0	Thread2
Thread1	Thread3

通用的全局内存的 cache 将不能有效处理这种空间邻近性，可能会导致进行大量的显存读取传输。纹理存储被设计成能够利用这种访存模型，这样它只会从显存读取 1 次，然后缓冲掉，所以执行速度将会快得多。纹理内存支持 2D 和 3D 的纹理读取操作，在你的 CUDA 程序里面使用纹理内存可没有那么轻易，特别是对那些并非编程专家的人来说。我们将在本小节中为你解释一个如何通过纹理存储进行数组赋值的例子：

```
#include "stdio.h"
#include<iostream>
#include <cuda.h>
#include <cuda_runtime.h>

#define NUM_THREADS 10
#define N 10

//Define texture reference for 1-d access
texture <float, 1, cudaReadModeElementType> textureRef;

__global__ void gpu_texture_memory(int n, float *d_out)
{
    int idx = blockIdx.x*blockDim.x + threadIdx.x;
    if (idx < n) {
      float temp = tex1D(textureRef, float(idx));
      d_out[idx] = temp;
    }
}
```

通过"纹理引用"来定义一段能进行纹理拾取的纹理内存。纹理引用是通过 texture<> 类型的变量进行定义的。定义的时候，它具有 3 个参数：第一个是 texture<> 类型的变量定义时候的参数，用来说明纹理元素的类型。在本例中，是 float 类型；第二个参数说明了纹理引用的类型，可以是 1D 的，2D 的，3D 的。在本例中，是 1D 的纹理引用；第三个参数则是读取模式，这是一个可选参数，用来说明是否要执行读取时候的自动类型转换。请一定要确保纹理引用被定义成全局静态变量，同时还要确保它不能作为参数传递给任何其他函数。在这个内核函数中，每个线程通过纹理引用读取自己线程 ID 作为索引位置的数据，然后复制到 d_out 指针指向的全局内存中。本例中，我们只是想给你展示如何能在 CUDA 程序里使用纹理内存，并没有利用任何空间邻近性。空间临近性的用例将在我们讲如何用 CUDA 进行图像处理的时候再进行讲解。本例的 main 函数代码如下：

```
int main()
{
  //Calculate number of blocks to launch
  int num_blocks = N / NUM_THREADS + ((N % NUM_THREADS) ? 1 : 0);
  float *d_out;
  // allocate space on the device for the results
  cudaMalloc((void**)&d_out, sizeof(float) * N);
  // allocate space on the host for the results
  float *h_out = (float*)malloc(sizeof(float)*N);
  float h_in[N];
  for (int i = 0; i < N; i++)
  {
    h_in[i] = float(i);
  }
  //Define CUDA Array
  cudaArray *cu_Array;
  cudaMallocArray(&cu_Array, &textureRef.channelDesc, N, 1);
  cudaMemcpyToArray(cu_Array, 0, 0, h_in, sizeof(float)*N,
cudaMemcpyHostToDevice);
  // bind a texture to the CUDA array
  cudaBindTextureToArray(textureRef, cu_Array);
  gpu_texture_memory << <num_blocks, NUM_THREADS >> >(N, d_out);
  // copy result to host
  cudaMemcpy(h_out, d_out, sizeof(float)*N, cudaMemcpyDeviceToHost);
  printf("Use of Texture memory on GPU: \n");
  // Print the result
  for (int i = 0; i < N; i++)
  {
    printf("Average between two nearest element is : %f\n", h_out[i]);
  }
  free(h_out);
  cudaFree(d_out);
  cudaFreeArray(cu_Array);
  cudaUnbindTexture(textureRef);
}
```

在 main 函数中，定义并分配了内存和显存上的数组后，主机上的数组（中的元素）被初始化为 0-9 的值。本例中，你会第一次看到 CUDA 数组的使用。它们类似于普通的数组，但是却是纹理专用的。CUDA 数组对于内核函数来说是只读的。但可以在主机上通过 cudaMemcpyToArray 函数写入，如同你在之前的代码中看到的那样。在 cudaMemcpyToArray 函数中，第二个和第三个参数中的 0 代表传输到的目标 CUDA 数组横向和纵向上的偏移量。两个方向上的偏移量都是 0 代表我们的这次传输将从目标 CUDA 数组的左上角（0，0）开始。CUDA 数组中的存储器布局对用户来说是不透明的，这种布局对纹理拾取进行过特别优化。

cudaBindTextureToArray 函数，将纹理引用和 CUDA 数组进行绑定。我们之前写入内容的 CUDA 数组将成为该纹理引用的后备存储。纹理引用绑定完成后我们调用内核，该内核将进行纹理拾取，同时将结果数据写入到显存中的目标数组。注意：CUDA 对于显存中常见的大数据量的存储方式有两种，一种是普通的线性存储，可以直接用指针访问。另外一种则是 CUDA 数组，对用户不透明，不能在内核里直接用指针访问，需要通过 texture 或者 surface 的相应函数进行访问。本例的内核中，从 texture reference 进行的读取使用了相应的纹理拾取函数，而写入直接用普通的指针（d_out[]）进行。当内核执行完成后，结果数组被复制回到主机上的内存中，然后在控制台窗口中显示出来。当使用完纹理存储后，我们需要执行解除绑定的代码，这是通过调用 cudaUnbindTexture 函数进行的。然后使用 cudaFreeArray() 函数释放刚才分配的 CUDA 数组空间。程序在控制台窗口中的输出结果显示如图 3-10 所示。

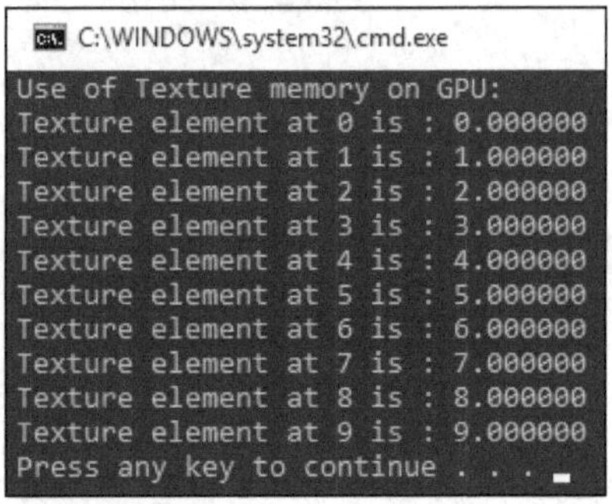

本小节结束了我们对 CUDA 中的存储器架构的讨论。当合理利用这些不同的存储器类型的时候，它能极大地提升你的程序的性能。你需要仔细查看你的应用程序里的线程内存的访问模式，然后选择你最应当使用的一种。本章的最后一个小节，我们将给你简要介绍一个复杂的 CUDA 程序，里面使用了到目前为止你所知道的所有 CUDA 概念。

```
C:\WINDOWS\system32\cmd.exe
Use of Texture memory on GPU:
Texture element at 0 is : 0.000000
Texture element at 1 is : 1.000000
Texture element at 2 is : 2.000000
Texture element at 3 is : 3.000000
Texture element at 4 is : 4.000000
Texture element at 5 is : 5.000000
Texture element at 6 is : 6.000000
Texture element at 7 is : 7.000000
Texture element at 8 is : 8.000000
Texture element at 9 is : 9.000000
Press any key to continue . . .
```

图   3-10

3.7 向量点乘和矩阵乘法实例

到现在为止，关于 CUDA 的并行编程我们几乎已经学完了所有的重要概念。在这一小节中我们将会为你展示如何写出像向量点乘或者矩阵乘法这种重要的数学运算的 CUDA 程序。这些运算很重要，几乎在所有的应用程序中都要用到。它们将会用到我们之前看到的所有概念，将有助你写自己以后的其他应用。

3.7.1 向量点乘

两个向量的点乘是重要的数学运算，也将会解释 CUDA 编程中的一个重要概念：**归约运算**。两个向量的点乘运算定义如下：

$$(X_1, X_2, X_3) \cdot (Y_1, Y_2, Y_3) = X_1 Y_1 + X_2 Y_2 + X_3 Y_3$$

真正的向量可能很长，两个向量里面可能有多个元素，而不仅仅只有三个。最终也会将多个乘法结果累加（归约运算）起来，而不仅仅是 3 个。现在，你看下这个运算，它和之前的元素两两相加的向量加法操作很类似。不同的是你需要将元素两两相乘。线程需要将它们的所有单个乘法结果连续累加起来，因为所有的一对对的乘法结果需要被累加起来，才能得到点乘的最终结果。最终的点乘的结果将是一个单一值。这种原始输入是两个数组而输出却缩减为一个（单一值）的运算，在 CUDA 里叫作归约运算。归约运算在很多应用程序里都有用。我们给出进行该种 CUDA 运算的内核函数如下：

```
#include <stdio.h>
#include<iostream>
#include <cuda.h>
#include <cuda_runtime.h>
#define N 1024
#define threadsPerBlock 512


__global__ void gpu_dot(float *d_a, float *d_b, float *d_c)
{
  //Define Shared Memory
  __shared__ float partial_sum[threadsPerBlock];
  int tid = threadIdx.x + blockIdx.x * blockDim.x;
  int index = threadIdx.x;

  float sum = 0;
  while (tid < N)
  {
    sum += d_a[tid] * d_b[tid];
    tid += blockDim.x * gridDim.x;
  }

  // set the partial sum in shared memory
  partial_sum[index] = sum;

  // synchronize threads in this block
  __syncthreads();

  //Calculate Patial sum for a current block using data in shared memory
  int i = blockDim.x / 2;
  while (i != 0) {
    if (index < i)
      {partial_sum[index] += partial_sum[index + i];}
    __syncthreads();
    i /= 2;
  }
  //Store result of partial sum for a block in global memory
  if (index == 0)
    d_c[blockIdx.x] = partial_sum[0];
}
```

该内核函数使用两个数组作为输入（参数中的 a，b），并将最终得到的部分和放入第三个数组（参数中的 c），然后在内核内部用共享内存来存储中间的部分和计算结果。具体的共享内存中的元素个数等于每个块的线程数，因为每个块都将有单独的一份这个共享内存的副本。（内核中）定义共享内存后，我们计算出来两个索引值：第一个索引值 tid 用来计算唯一的线程 ID，第二个索引值 index 变量计算为线程在块内部中的局部 ID，后面的归约运算中会用到。再次强调：每个块都有单独的一份共享内存副本，所以每个线程 ID 索引到的共享内存只能是当前块自己的那个副本。

再往下的 while 循环将会对通过线程 ID（tid 变量）索引读取每对元素，将它们相乘并累加到 sum 变量上。当线程总数小于元素数量的时候，它也会循环将 tid 索引累加偏移到当前线程总数，继续索引下一对元素，并进行运算。每个线程得到的部分和结果被写入到共享内存。我们将继续使用共享内存上的这些线程的部分和计算出当前块的总体部分和。所以，在下面归约运算我们对这些共享内存中的数据进行读取之前，必须确保每个线程都已经完成了对共享内存的写入。可以通过 __syncthreads() 同步函数做到这一点。

现在，一种计算当前块的部分和的方法，就是让一个线程串行循环将这些所有线程的部分和进行累加，这样就可以得到最终当前块的部分和。只要一个线程就能完成这个归约运算，只是这将需要 N 次运算，N 等于这些部分和的个数（又等于块中的线程数量）。

问题来了，我们就不能并行完成这个归约运算吗？答案是肯定的！并行化的点子就是，每个线程累加 2 个数的操作，并将每个线程得到的 1 个数结果覆盖写入这两个数中第 1 个数的位置。因为每个线程都累加了 2 个数，因此可以在第一个数中完成操作。现在，对剩余的部分我们重复这个过程，直到最终得到当前块的整体部分和。算法的复杂度是 $\log_2(N)$，这远比我们之前的单个线程串行归约累加所需要的 N 复杂度好得多。

这种并行归约运算是通过条件为（i!=0）的 while 循环进行的。当前块中每个满足一定条件的线程每次循环累加当前它的 ID 索引的部分和，和 ID + blockDim/2 作为索引的部分和，并将结果回写共享内存。重复这个过程直到得到最终的单一结果，即整个块最终的一个部分和。最终每个块的单一部分和结果被写入到共享内存中（的特定位置）。通过块的唯一 ID 进行索引，每个块能确定这个单独的写入特定位置。然而，我们还是没有得到最终结果。这个最后的结果通过设备上的函数，或者（主机上）的 main 函数执行都可以。

一般情况下，最后几次归约累加只需要很少的资源。如果我们在 GPU 上进行的话，大部分 GPU 的资源都将空闲，无法有效利用 GPU。但是根据 CUDA 手册的建议，即使在并行度不佳的情况下，也应当尽量开展在 GPU 上计算，本例子最后可以使用 atomicAdd 来完成最终计算，根据实际经验，这种效果往往较好。因为随着显存读写速度和 PCI-E 传输带宽的差距进一步加大，一次传输的成本，可能远比在 GPU 上，哪怕是并行度不佳的时候的计算成本要高。复制回来并不一定合算。main 函数代码如下：

```
int main(void)
{
  float *h_a, *h_b, h_c, *partial_sum;
  float *d_a, *d_b, *d_partial_sum;

  //Calculate number of blocks and number of threads
  int block_calc = (N + threadsPerBlock - 1) / threadsPerBlock;
  int blocksPerGrid = (32 < block_calc ? 32 : block_calc);
  // allocate memory on the cpu side
  h_a = (float*)malloc(N * sizeof(float));
  h_b = (float*)malloc(N * sizeof(float));
  partial_sum = (float*)malloc(blocksPerGrid * sizeof(float));

  // allocate the memory on the gpu
  cudaMalloc((void**)&d_a, N * sizeof(float));
  cudaMalloc((void**)&d_b, N * sizeof(float));
  cudaMalloc((void**)&d_partial_sum, blocksPerGrid * sizeof(float));

  // fill in the host mempory with data
  for (int i = 0; i<N; i++) {
    h_a[i] = i;
    h_b[i] = 2;
  }


  // copy the arrays to the device
  cudaMemcpy(d_a, h_a, N * sizeof(float), cudaMemcpyHostToDevice);
  cudaMemcpy(d_b, h_b, N * sizeof(float), cudaMemcpyHostToDevice);

  gpu_dot << <blocksPerGrid, threadsPerBlock >> >(d_a, d_b, d_partial_sum);

  // copy the array back to the host
  cudaMemcpy(partial_sum, d_partial_sum, blocksPerGrid * sizeof(float),
cudaMemcpyDeviceToHost);

    // Calculate final dot prodcut
    h_c = 0;
    for (int i = 0; i<blocksPerGrid; i++)
  {
      h_c += partial_sum[i];
    }
}
```

　　我们定义了3种数组来容纳输入数据和输出数据，并分别为它们在主机上和设备上分配空间。通过循环，对主机上的a，b两个数组进行初始化。其中的一个元素被初始化为0到N的值，另一个里面的元素值都恒定为2。下一步则是计算 Grid 中的块数量和每个块中的线程数，就像我们在本章开头计算过的那样。记住，你也可以简单地将这两个值都设定为常数，就像本章的第一个程序以避免繁杂。

　　将这两个输入数组复制到显存，并将它们作为内核函数的参数。内核函数会将每个块计算得到的部分和写入到对应每个块 ID 位置的结果数组的对应元素中。然后该结果数组被复制回主机上的 partial_sum 数组中。最终的点乘结果将通过对该数组的从 0 到块数量的遍历进行累加计算得到，将在 h_c 中得到最终的点乘结果。我们在 main 函数中添加如下代码，检查该点乘结果是否正确：

```
printf("The computed dot product is: %f\n", h_c);
#define cpu_sum(x) (x*(x+1))
  if (h_c == cpu_sum((float)(N - 1)))
  {
    printf("The dot product computed by GPU is correct\n");
  }
  else
  {
    printf("Error in dot product computation");
  }
  // free memory on the gpu side
  cudaFree(d_a);
  cudaFree(d_b);
  cudaFree(d_partial_sum);
  // free memory on the cpu side
  free(h_a);
  free(h_b);
  free(partial_sum);
```

GPU 的计算结果和 CPU 上通过数学公式计算出来的结果进行校验。在 2 个输入数组中，如果一个数组中的元素值是从 0 到 N-1，而另外数组中的元素值恒定为 2，则它们的点乘结果为 N*(N-1)。我们先打印出来 GPU 的计算结果，然后打印出来它和 CPU 上的数学公式的比对结果。在程序结尾，我们释放掉主机和设备上分配的内存和显存。该程序的输出如图 3-11 所示。

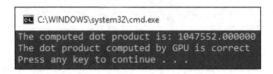

图　3-11

（译者注：GPU 和 CPU 的浮点运算结果不能通过 == 直接进行比对。这是因为 GPU 的并行计算的本质，得到的浮点结果几乎总是和 CPU 的结果在最后的尾数上有轻微的差异。直接进行 == 比较，因为这种尾数上的差异，会得到错误的结论。建议读者在实际应用中，当数据规模稍微大点的时候，总是通过将两个结果作差，求绝对值。当绝对值相差足够小的时候，就可以认为是结果一致。）

3.7.2　矩阵乘法

除了向量点乘之外，GPU 上通过 CUDA 进行的最重要的数学运算是矩阵乘法。当矩阵非常大的时候，数学运算将非常复杂。需要记住的是，当进行矩阵乘法的时候，乘号前矩阵的列数（即行宽）需要等于乘号后矩阵的行数（即高度）。矩阵乘法不满足交换律。为了降低复杂性，在本例中，我们将使用两个同样大小的方阵。如果你对矩阵乘法的相关数学知识熟悉的话，应当能回忆起矩阵相乘的时候，前一个矩阵的某行将会和后一个矩阵的所有的列进行点乘，然后对前一个矩阵的所有行依次类推，就得到了矩阵乘法。展示如下：

$$
\begin{bmatrix} 0 & 0 & 0 & 0 \\ 1 & 1 & 1 & 1 \\ 2 & 2 & 2 & 2 \\ 3 & 3 & 3 & 3 \end{bmatrix} * \begin{bmatrix} 0 & 1 & 2 & 3 \\ 0 & 1 & 2 & 3 \\ 0 & 1 & 2 & 3 \\ 0 & 1 & 2 & 3 \end{bmatrix} = \begin{bmatrix} 0*0+0*0+0*0+0*0 & 0 & 0 & 0 \\ 1*0+1*0+1*0+1*0 & 4 & 8 & 12 \\ 2*0+2*0+2*0+2*0 & 8 & 16 & 24 \\ 3*0+3*0+3*0+3*0 & 12 & 24 & 36 \end{bmatrix}
$$

矩阵乘法中同样的数据能被使用多次，所以这是共享内存的一个理想用例。在本小节中，我们写出两个独立的内核，它们将会分别使用和不使用共享内存。你可以通过比较这两个内核的执行（速度），来了解共享内存对程序的性能提升效果。我们先开始写一个不使用共享内存的内核：

```
#include <stdio.h>
#include<iostream>
#include <cuda.h>
#include <cuda_runtime.h>
#include <math.h>
//This defines size of a small square box or thread dimensions in one block
#define TILE_SIZE 2

//Matrix multiplication using non shared kernel
__global__ void gpu_Matrix_Mul_nonshared(float *d_a, float *d_b, float
*d_c, const int size)
{
  int row, col;
  col = TILE_SIZE * blockIdx.x + threadIdx.x;
  row = TILE_SIZE * blockIdx.y + threadIdx.y;

  for (int k = 0; k< size; k++)
  {
    d_c[row*size + col] += d_a[row * size + k] * d_b[k * size + col];
  }
}
```

每个块中的线程将计算这些小方块中（特定结果矩阵）的元素。进行矩阵乘法的总块数量将是用矩阵的大小除以小方块的大小（TILE_SIZE）计算得到。

如果你能理解切分问题，则计算（每个线程对应）结果矩阵中的行列索引值就非常容易了。它很像我们之前计算（全局索引）的方式，只是这里的 blockDim.x 和 blockDim.y 等于 TILE_SIZE 的大小。现在，结果矩阵中的每个元素都将是第一个矩阵的（对应）行和第二个矩阵的（对应）列进行向量点乘的结果。因为两个矩阵都是变量 size * size 这么大的方阵，所以需要是 size 个元素这么大的两个向量进行点乘。所以（每个线程）通过内核函数代码里的 for 循环从 0 循环到 size，进行了多次乘加。

为了能够在两个矩阵中一个一个的索引元素（计算元素的索引），可以将矩阵看成是在存储器中按照行主序的方式线性存储的。行主序的意思是，第一行的元素一个接一个地连续在存储器中排列，然后下一行再继续（这样排列）在前一行的后面。如下所示：

$$\begin{bmatrix} M_{00} & M_{01} \\ M_{10} & M_{11} \end{bmatrix} \rightarrow \begin{bmatrix} M_{00} & M_{01} & M_{10} & M_{11} \end{bmatrix}$$

每个元素的线性索引可以这样计算：用它的行号乘以矩阵的宽度，再加上它的列号即可。所以，对于 $M_{1,0}$ 来说，它的线性索引值是 2。因为它的行号是 1，矩阵的宽度是 2，它的列号是 0。这种方法用来计算两个源矩阵中元素的索引。

为了计算结果矩阵中在 [row,col] 位置的元素的值，需要前一个矩阵中的一行和后一个矩阵的一列进行点乘。内核里分别用了 row*size+k 的下标和 k*size+col 的下标来索引这一行和一列中的元素。

```
// shared
__global__ void gpu_Matrix_Mul_shared(float *d_a, float *d_b, float *d_c,
const int size)
{
  int row, col;

  __shared__ float shared_a[TILE_SIZE][TILE_SIZE];

  __shared__ float shared_b[TILE_SIZE][TILE_SIZE];

  // calculate thread id
  col = TILE_SIZE * blockIdx.x + threadIdx.x;
  row = TILE_SIZE * blockIdx.y + threadIdx.y;

  for (int i = 0; i< size / TILE_SIZE; i++)
  {
    shared_a[threadIdx.y][threadIdx.x] = d_a[row* size + (i*TILE_SIZE +
threadIdx.x)];
    shared_b[threadIdx.y][threadIdx.x] = d_b[(i*TILE_SIZE + threadIdx.y) *
size + col];
  }
  __syncthreads();

  for (int j = 0; j<TILE_SIZE; j++)
    d_c[row*size + col] += shared_a[threadIdx.x][j] *
shared_b[j][threadIdx.y];
  __syncthreads(); // for synchronizing the threads

  }
}
```

要计算最终的目标矩阵中的 [row,col] 的元素，需要将第一个矩阵中的第 row 行和第二个矩阵中的第 col 列进行向量点乘。而这向量点乘则需要循环多组对应的点，分别对来自第一个矩阵从 2D 索引线性化到 1D 索引后的坐标为 row*size+k 的点，和来自第二个矩阵的同样 1D 化坐标为 k*size+col 处的点进行乘法累加操作，其中 k 是每次循环时候的变量。这样就完成了向量点乘，以及最后的矩阵乘法。修改后的内核函数如下：

　　用共享内存中的大小为 TILE_SIZE * TILE_SIZE 的两个方块来保存需要重用的数据。就像你之前看到的那样的方式来计算行和列索引。首次 for 循环的时候，先填充共享内存，然后调用 __syncthreads()，从而确保后续从共享内存的读取只会发生在块中的所有线程都完成填充共享内存之后。然后循环的后面部分则是计算（部分）向量点乘。因为（大量的重复读取）都只发生在共享内存上，从而显著地降低对全局内存的访存流量，进一步地能提升大矩阵维度下的乘法程序的性能。下面是 main 函数代码：

```
int main()
{
  //Define size of the matrix
  const int size = 4;
  //Define host and device arrays
  float h_a[size][size], h_b[size][size],h_result[size][size];
  float *d_a, *d_b, *d_result; // device array
  //input in host array
  for (int i = 0; i<size; i++)
  {
    for (int j = 0; j<size; j++)
    {
      h_a[i][j] = i;
      h_b[i][j] = j;
    }
  }


  cudaMalloc((void **)&d_a, size*size*sizeof(int));
  cudaMalloc((void **)&d_b, size*size * sizeof(int));
  cudaMalloc((void **)&d_result, size*size* sizeof(int));
  //copy host array to device array
  cudaMemcpy(d_a, h_a, size*size* sizeof(int), cudaMemcpyHostToDevice);
  cudaMemcpy(d_b, h_b, size*size* sizeof(int), cudaMemcpyHostToDevice);
  //calling kernel
  dim3 dimGrid(size / TILE_SIZE, size / TILE_SIZE, 1);
  dim3 dimBlock(TILE_SIZE, TILE_SIZE, 1);

  gpu_Matrix_Mul_nonshared << <dimGrid, dimBlock >> > (d_a, d_b, d_result,
size);
  //gpu_Matrix_Mul_shared << <dimGrid, dimBlock >> > (d_a, d_b, d_result,
size);

  cudaMemcpy(h_result, d_result, size*size * sizeof(int),
cudaMemcpyDeviceToHost);
  return 0;
}
```

　　当定义了主机和设备指针变量并为它们分配空间后，主机上的数组被填充了一些任意的数字（注意不是随机，因为是写死的），然后这些数组被复制到显存上，这样它们才能作为参数传输给内核函数。接着使用 dim3 结构体定义 Grid 中的块和块中的线程形状，具体的形状信息是之前几行算好的，你可以调用这两个内核中的任何一个（使用共享内存的和不使用共享内存的），然后将结果复制回主机来。为了能在控制台上显示结果，main 函数还添加了如下代码：

```
printf("The result of Matrix multiplication is: \n");
  for (int i = 0; i< size; i++)
  {
    for (int j = 0; j < size; j++)
    {
      printf("%f ", h_result[i][j]);
    }
    printf("\n");
  }
cudaFree(d_a)
cudaFree(d_b)
cudaFree(d_result)
```

用于在设备显存中存储矩阵的内存也被释放。控制台输出如图 3-12 所示。

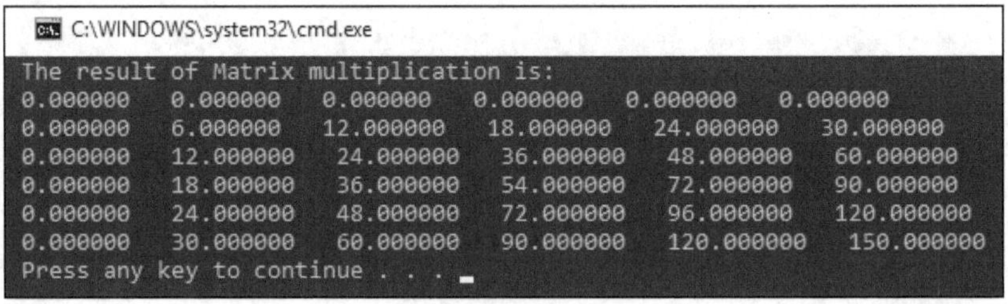

图　3-12

本节演示了 CUDA 程序在广泛应用中的两个重要数学运算。还解释了共享内存和多维线程的使用。

3.8　总结

本章解释了多个块的启动，每个块都有来自内核函数的多个线程。还解释了 CUDA 程序可以使用的存储器分层架构。CUDA 提供了使用共享内存的灵活性，通过共享内存，来自相同块的线程可以彼此通信。当多个线程使用相同的内存区域时，那么内存访问之间应该有同步；否则，最终结果将不符合预期。我们还看到了使用原子操作规避这种问题。当 CUDA 程序使用特定的访存模式的时候，应当考虑使用纹理内存！在下一章中，将讨论 CUDA 流的概念，这类似于 CPU 程序中的多任务处理。我们还将讨论如何衡量 CUDA 程序的性能。它还将展示 CUDA 在简单图像处理应用程序中的应用。

3.9　测验题

1. 如果你需要启动 100 000 个线程，则最佳的 Grid 中的块数量和最佳的块中的线程数量分别是什么？并回答为何是这样。

2. 写一个 CUDA 程序来计算数组中的每个元素的立方，数组的大小是 50 000 个元素。

3. 说明如下判断是否正确，并阐述理由：赋值运算符作用于函数局部变量的时候，要比作用于全局变量的时候快。

4. 寄存器溢出是什么？它如何影响你的 CUDA 程序性能？

5. 说明以下代码是否会给出所需的输出：

    d_out[i] = d_out[i-1].

6. 判断如下说法是否正确，并阐述理由：原子操作增加了 CUDA 程序的执行时间。

7. 什么样的通信模式适合在你的 CUDA 程序代码里使用纹理内存？

8. 在 if 语句中使用 _syncthreads 会产生什么效果？

第 4 章

CUDA 中的高级概念

在上一章中，我们学过了 CUDA 中的存储器架构，并了解了如何高效地使用它们来加速应用程序。但直到目前，我们还不了解测量 CUDA 程序性能的方法。在本章中，我们会讨论如何通过用 CUDA 事件来测量它的性能。我们还会讨论 NVIDIA Visual Profiler（可视化性能剖析器）以及如何通过 CUDA 的（辅助调试）代码和 CUDA 调试工具来进行调试。我们也将讨论如何提高 CUDA 应用的性能。本章也会描述可以被用来进行多任务发布的 CUDA 流（Streams），如何通过使用它们来加速应用程序。你也将学会如何通过 CUDA 进行数组排序算法的加速。图像处理是一种需要在很短的时间内处理很大的数据量的应用，所以对于这种应用的像素值操纵，CUDA 将会是一个理想的选择。本章会具体描述图像处理中用 CUDA 加速的直方图（统计）算法，这是一个很简单并且应用很广泛的功能。

本章涉及如下话题：
- ❑ CUDA 性能测量
- ❑ CUDA 错误处理
- ❑ CUDA 程序的性能优化
- ❑ CUDA 流及通过它加速应用程序
- ❑ CUDA 加速排序算法
- ❑ CUDA 图像处理介绍

4.1 技术要求

本章要求熟悉基本的 C 或 C++ 编程语言，以及对前面章节中解释的代码示例。本章所有代码可以从 GitHub 链接：https://github.com/PacktPublishing/Hands-On-GPU-Accelerated-Computer-Vision-with-OpenCV-and-CUDA 下载。尽管代码只在 Windows 10 和 Ubuntu 16.04 上测试过，但可以在任何操作系统上执行。

4.2 测量 CUDA 程序的性能

直到目前，我们还不知道如何明确测定 CUDA 应用的性能。在本小节中，我们将会学到如何用 CUDA events 进行 CUDA 程序的性能测量以及如何通过 NVIDIA Visual Profiler 进行性能（测量）的可视化。性能测量概念在 CUDA 中非常重要：它是让你对于特定的应用从多个可选方案中选出最佳性能的算法（实现）。我们先来看看如何用 CUDA 事件来测量性能。

4.2.1 CUDA 事件

我们固然可以选择通过 CPU 上的计时器来测量 CUDA 应用的性能。但这种方式并不会给出很精确的结果。CPU 上的时间测量还需要 CPU 端具有高精度的定时器。很多时候，在 GPU 内核异步运行的同时，主机上正在执行着计算，所以 CPU 端的计时器可能无法给出正确的内核执行时间。

CUDA 事件等于是在你的 CUDA 应用运行的特定时刻被记录的时间戳。通过使用 CUDA 事件 API，由 GPU 来记录这个时间戳，因此消除了 CPU 端的计时器测量性能时所会受到的影响。使用 CUDA 测量时间需要两个步骤：创建事件和记录事件。我们将会记录两个事件：一个记录我们的代码运行开始的时刻，另一个记录我们的代码运行结束的时刻。接着我们会通过两个事件记录的时刻相减来计算出运行时间，这将会给出我们的代码整体性能的参考信息。

在 CUDA 代码中可以使用 CUDA 事件 API 导入以下代码来测量性能：

```
cudaEvent_t e_start, e_stop;
cudaEventCreate(&e_start);
cudaEventCreate(&e_stop);
cudaEventRecord(e_start, 0);
//All GPU code for which performance needs to be measured allocate the
memory
cudaMalloc((void**)&d_a, N * sizeof(int));
cudaMalloc((void**)&d_b, N * sizeof(int));
cudaMalloc((void**)&d_c, N * sizeof(int));
  //Copy input arrays from host to device memory
cudaMemcpy(d_a, h_a, N * sizeof(int), cudaMemcpyHostToDevice);
cudaMemcpy(d_b, h_b, N * sizeof(int), cudaMemcpyHostToDevice);
gpuAdd << <512, 512 >> >(d_a, d_b, d_c);
//Copy result back to host memory from device memory
cudaMemcpy(h_c, d_c, N * sizeof(int), cudaMemcpyDeviceToHost);
cudaDeviceSynchronize();
cudaEventRecord(e_stop, 0);
```

```
cudaEventSynchronize(e_stop);
float elapsedTime;
cudaEventElapsedTime(&elapsedTime, e_start, e_stop);
printf("Time to add %d numbers: %3.1f ms\n",N, elapsedTime);
```

我们将建立两个事件对象，e_start 和 e_stop，用来测量一段代码的开始和结束区间（的执行性能）。我们通过 cudaEvent_t 类型来定义相关的变量，然后通过 cudaEventCreate 建立事件，保存在刚才定义好的变量上。我们通过将 cudaEvent_t 类型的变量地址传递给 cudaEventCreate 来得到对应的事件对象，而非 cudaEventCreate 通过返回值直接返回它。在代码的开始，我们通过调用 cudaEventRecord，用刚才建立的第一个事件对象 e_start 记录一次 GPU 时间戳。第二个参数我们指定为 0，这里代表了 CUDA 流。关于流的概念，本章后面我们会讨论。

在开头的代码发出了时刻记录命令后，你可以继续写你的其他 GPU 代码。当这些代码结束后，我们会再记录一次时刻，这次是记录在事件对象 e_stop 里。这次通过 cudaEventRecord(e_stop,0) 这行代码进行记录。一旦我们记录了开始的时刻和结束的时刻，两者的差值将会给出用来衡量你的代码性能的时间。但直接计算两个事件对象的差值时间的话，还存在问题。

如同我们之前讨论过的那样，CUDA C（代码）的执行可能是异步的。当 GPU 正在执行内核的时候，没等它执行完毕，CPU 可能就已经继续执行后续的代码行了。同样的，类似内核，事件的记录命令从它在 CPU 上发出到它实际在 GPU 上执行也是异步的。所以，CPU 和 GPU 不进行同步，直接认为发出了事件的记录命令后就可以立刻使用测量值的想法，可能会给出错误的结果。

因为 cudaEventRecord() 作用的事件对象将会在它之前所有发出 GPU 命令都执行完毕后才会记录一个时刻值。我们必须等待事件对象 e_stop 实际的已经完成了时刻值记录，也就是它之前的所有 GPU 工作都完成后才应该试图读取使用它。这样，对于异步的 cudaEventRecord() 操作，等它完成后再访问才是安全的。

现在，我们通过 CUDA 提供的 cudaEventElapsedTime 这个 API 函数来计算两个时间戳之间的差值。该 API 函数具有 3 个参数，第一个参数是用来返回时间差结果的，第二个参数是起始时刻的事件，第三个参数则是结束时刻的事件。用这个函数计算出时间后，我们在下一行代码从控制台上显示出来它。我们将性能测量代码添加到上一章那个使用多个线程和块的向量加法例子上。添加了这些代码后，显示结果如图 4-1 所示。

GPU 用来累加 50 000 个元素的程序耗时 0.9ms。这个输出和你的系统配置有关，你可能会得到和红框内的结果不同的时间。现在，你可以

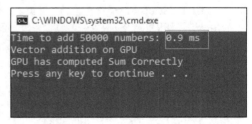

图　4-1

将这个时间测量代码包含本书之前我们提供的所有示例代码量化出来，我们之前的那个使用了常量内存和纹理内存后的程序的提速效果。

4.2.2　NVIDIA Visual Profiler

我们已经知道，通过使用 CUDA 可以高效地对应用程序并行化，从而提升性能。但有的时候，可能即使你在程序里面使用了 CUDA，代码的性能并未提升。在这种情形下，能可视化地查看到代码的哪些部分花费了最长的时间来完成将非常有用。这叫**剖析内核执行代码**。英伟达提供了此用途的工具，就在标准的 CUDA 安装包里。该工具叫作 **NVIDIA Visual Profiler**。在 Windows 10 操作系统上的标准 CUDA 9.0 的安装路径中，该工具可以在如下路径被找到：C:\Program Files\NVIDIA GPU Computing Toolkit\CUDA\v9.0\libnvvp。你可以从这个路径中找到并运行 nvvp，将会打开一个类似图 4-2 这样的 Visual Profiler 窗口（Windows 10 操作系统直接从开始菜单打开即可）。

图　4-2

此工具将会分析你的代码执行过程，采集 GPU 上的性能数据。运行结束后会给你一个详细的报告，包括每个内核的执行时间，代码中的每个操作的详细时间戳，你代码中的存储器使用情况。想要得到你的应用程序的详细的分析报告，并看到可视化的结果，你可以通过 File 菜单，选择 New Session 菜单项，然后在弹出的对话框中选择程序的 .exe 文件。我们这里选择了之前的向量加法示例程序，结果如图 4-3 所示。

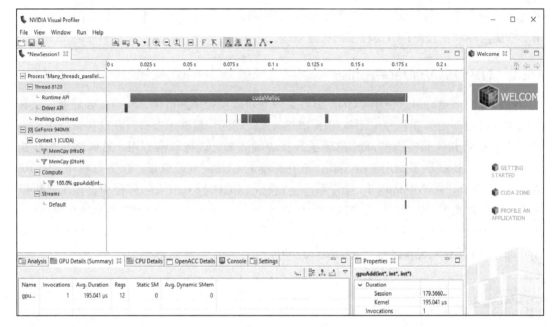

图   4-3

绝大部分第一次的 Runtime API 调用，都会触发隐式的
Runtime 自动初始化过程。本示例中的 cudaMalloc 耗费的时
间，并非 cudaMalloc 本身的耗时。它会在（时间轴）上显示
出你的代码进行所有操作的前后顺序。它显示了向量加法的
内核只被调用了一次，需要 192.041us 来执行。存储器复制传
输操作的详情也可以被可视化被看到。从主机到设备的传输
过程的属性显示如图 4-4 所示。

可以从图中看出，我们从主机向设备传输了两个数组。
cudaMemcpy 函数被调用了两次，总共传输了 400KB，吞吐

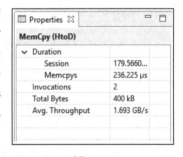

图   4-4

率是 1.693GB/s。Profiler 是分析内核执行情况的重要工具，它也可以用来比较两个内核的
性能。它会告诉你究竟是代码里的何种操作拉低了性能。

总结一下，本小节我们了解了两种衡量和分析 CUDA 代码的方法。CUDA 事件是一种
有效的 API，能够用来衡量 GPU 代码的执行时间。而 NVIDIA Visual Profiler 则给出了详细
的 CUDA 代码的分析，对于性能的分析来说很有用。在下一小节中，我们将会看到如何处
理 CUDA 代码中的错误返回值。

4.3　CUDA 中的错误处理

在之前的代码中，我们从未检查是否有可用的 GPU 设备，也没有检查是否有足够的显

存。可能会碰巧发生这样的情况：当你运行你的 CUDA 程序时，系统里没有可用的 GPU 设备，或者显存不足。这种情况下，你会很难理解为何程序突然结束执行。因此，学会在 CUDA 程序里面添加上错误处理代码很有好处。在本小节中，我们会尝试理解如何给 CUDA（API）函数添加这种错误处理代码。当返回的代码不是你想要的结果时，可以逐行的检查代码是否工作正常，或者添加断点来查看。这就是**调试**。CUDA 开发包提供了有用的调试工具。所以，在下面的小节中，我们会看到英伟达的 CUDA 开发包提供的调试工具。

4.3.1　从代码中进行错误处理

当我们在第 2 章中讨论 CUDA API 函数的时候，能看到这些函数也会返回一个指示操作完成成功与否的标志。通过它们可以处理 CUDA 程序中返回的错误，有助于解决问题。一种很常见的做法是用错误处理（宏）代码将 CUDA API 函数调用包裹起来。cudaMalloc 函数的错误处理示例代码如下：

```
cudaError_t cudaStatus;
cudaStatus = cudaMalloc((void**)&d_a, sizeof(int));
if (cudaStatus != cudaSuccess) {
        fprintf(stderr, "cudaMalloc failed!");
        goto Error;
}
```

我们定义一个 cudaError_t 类型的变量用来保存 CUDA 函数的返回值。例如这里的代码就用 cudaStatus=cudaMalloc() 来保存它的返回值。如果该返回值不等于 cudaSuccess，则说明设备上的显存分配出错了。然后我们用 if 语句处理错误情况。具体这里将错误信息显示到控制台上，并且跳转到程序结尾的 Error 标号处。对于 cudaMemcpy 过程的错误处理代码显示如下：

```
cudaStatus = cudaMemcpy(d_a,&h_a, sizeof(int), cudaMemcpyHostToDevice);
if (cudaStatus != cudaSuccess) {
  fprintf(stderr, "cudaMemcpy failed!");
  goto Error;
  }
```

cudaMemcpy 也同样具有类似 cudaMalloc 的错误处理代码。而处理内核调用的代码则如下：

```
gpuAdd<<<1, 1>>>(d_a, d_b, d_c);
// Check for any errors launching the kernel
cudaStatus = cudaGetLastError();
if (cudaStatus != cudaSuccess) {
  fprintf(stderr, "addKernel launch failed: %s\n",
cudaGetErrorString(cudaStatus));
  goto Error;
}
```

将它的返回值赋值给 cudaStatus 变量，然后判断它是否不等于 cudaSuccess。如果不等于，在控制台上输出错误代码，并跳转到 Error 标号所代表的代码位置（Code Section）。Error 标号处的代码如下：

```
Error:
    cudaFree(d_a);
```

无论在（上述检测位置的）何处侦测到错误发生，我们都会跳转到（Error 标号）这里。在这里，我们释放设备上的显存分配，并退出 main 函数。这是一种非常高效的编写 CUDA 代码的方式，我们建议你用这种方式来编写你的 CUDA 代码。虽然在我们之前的代码例子中说过要避免不必要的复杂性，而在 CUDA 程序中加上错误处理代码会让程序变得（很）长，但这样做能够指出代码里是什么操作造成了问题。

4.3.2　调试工具

在编程中，我们会遭遇两种类型的错误：**语法错误**和**语义**（逻辑）**错误**。语法错误能够被编译器检测到，但是语义错误很难被发现和调试。语义错误会让程序不能像期望的那样正常工作。当你的 CUDA 程序不像预料的那样工作时，你需要逐行执行代码，观察每行的执行结果。这就是**调试**。对于任何类型的编程，它都是一个非常重要的操作。CUDA 提供了调试工具来帮助解决这种语义错误类型的问题。

对基于 Linux 的系统来说，英伟达提供了 CUDA-GDB，一种很有用的调试器。它的界面类似调试普通 C 代码的常规 GDB 调试器。它通过 GPU 设定断点，观察 GPU 上的存储器，观察当前的块和线程等特性，帮助你直接在 GPU 上调试你的内核。它还提供了访存检查器来检查非法的存储器访问。

对基于 Windows 的系统来说，英伟达则提供了集成在微软 Visual Studio 中的 NSight 调试器。同样 NSight 调试器也有对该程序设定断点，观察块和线程的执行状态等特性，并扩展了 Visual Studio 本身的存储器查看功能，使得它能够观察设备上的全局内存。

总结一下，在本小节中，我们了解了两种 CUDA 上的错误处理方式，一种是在程序里面通过代码来辅助解决 GPU 硬件相关的错误，例如设备和显存不可用。另外一种则是进行调试，解决程序未能按照预想方式工作的问题。在下一小节中，我们会看到一些高级概念，有助于提升 CUDA 程序的性能。

4.4　CUDA 程序性能的提升

在本小节中，我们会看到用来遵循的基本的一些性能提升准则，我们会逐一解说它们。

4.4.1　使用适当的块数量和线程数量

我们启动内核的时候，需要指定两个参数：（Grid 里）的块数量，和块里的线程数量。

在内核执行期间，GPU 资源不应当存在空闲，只有这样才能给出较优性能。如果存在空闲的资源，则可能会降低应用程序的性能。合适的块和线程数量有助于让 GPU 资源保持充分忙碌。研究表明：如果块数量是 GPU 的流多处理器数量的两倍，则会给出最佳性能，不过，块和线程的数量和具体的算法实现有关。GPU 的流多处理器数量则可以通过第 2 章中获取设备属性的方法取得。有人认为块中的线程数量应当被设定等于设备属性中每个块所能支持的最大线程数量，但实际上这些数值只是作为一种基本的准则来说的。你可以适当微调这些数值，来取得你的程序的优化性能。需要反复实现，试探可能的形状组合。

4.4.2　最大化数学运算效率

数学运算效率的定义是，数学运算操作和访存操作的比率。但我们不能认为直接通过最大化每个线程的运算量和最小化访存时间就可以取得最好的数学运算效率，就可以提升性能。常见的内核执行有 3 个瓶颈：卡在计算瓶颈上，卡在访存上和卡在延迟掩盖上。对于特定的内核，如果卡在计算上，则应当考虑将一些计算等效地转换成访存，例如一些运算可以尝试转换成存储器查表；而卡在访存上，则可以将一些访存转换成对应的计算，例如一些数据不是重新载入，而是直接计算出来。这需要检查具体代码，在具体显卡上通过Profiler 分析。哪种资源先达到瓶颈，就减少这种资源的使用（计算或者访存），而增加另外一种，并非一味地增加计算，或者减少访存。

缓存的使用也有助于减少存储器访问时间，最终一定程度地辅助达成减少（内核的）全局内存的带宽需求就能减少花费在访存上的时间的目的。高效地使用存储器对提升 CUDA程序性能非常重要，当显存带宽是瓶颈的时候，减少带宽需求有助于提升性能。

4.4.3　使用合并的或跨步式的访存

合并访存大致上意味着线程束（warp）整体读取或者写入连续的存储器区域。这种对存储器的访问对 GPU 来说是最高效的。如果 warp 中的线程固定步长地离散式访问某段存储器区域，则这叫**跨步式访存**。跨步式访存的效果不如合并访存好，但依然比随机访问要好。所以，如果你尝试在程序中使用合并访存的话，它有时会对提升性能有帮助。下面是这些不同的访存方式的例子：

```
Coalesce Memory Access: d_a[i] = a
Strided Memory Access: d_a[i*2] = a
```

4.4.4　避免 warp 内分支

当 warp 内的线程发生了分别转向执行不同的代码路径的时候，我们叫它 warp 内分支。它可能发生在下面的内核代码场景中：

```
Thread divergence by way of branching
tid = ThreadId
if (tid%2 == 0)
{
  Some Branch code;
}
else
{
  Some other code;
}

Thread divergence by way of looping
Pre-loop code
for (i=0; i<tid;i++)
{
  Some loop code;
}
Post loop code;
```

在第一个代码片段中，因为 if 语句的判断，奇数和偶数 ID 的线程将会分别执行不同的代码。在 GPU 上，特别是计算能力小于 7.0 的卡上，一个 warp 中的 32 个线程总是同步伐的执行，所有的同一个 warp 内的线程，都必须执行相同的指令。所以对于这个例子来说，偶数线程的路径和奇数线程的路径都会被 warp 分别执行一遍，这就造成了性能损失。

在第二个代码片段中，使用 for 循环，每个线程都以不同的迭代次数运行 for 循环，因此所有线程将花费不同的时间完成。因为 warp 的同步执行机制，对于同一个 warp 中的线程来说，整体执行时间以最长的那个线程为准，所以 warp 内其他线程造成了时间浪费，影响性能。

4.4.5　使用锁定页面的内存

在之前的所有例子中，我们都是用 malloc 函数在 CPU 上分配内存，该函数分配的是可换页的标准内存。CUDA 提供了另外一个叫作 cudaHostAlloc 的 API 函数，该函数分配的是锁定页面的内存。这种内存也叫 Pinned 内存。操作系统会保证永远不会将这种内存换页到磁盘上，总是在物理内存中。所以，系统内的所有设备都可以直接用该段内存缓冲区的物理地址来访问。此属性帮助 GPU 通过**直接内存访问**（DMA）将数据复制到主机或从主机复制数据，而无需 CPU 干预。但是锁定页面的内存应当正确地使用，不能使用过多，因为这种内存不能被换页到磁盘上，分配的过多，你的系统可能会物理内存不足，从而其他在这个系统上运行的应用程序可能会受到影响。你可以通过该 API 来分配适合（高效）传输的内存。使用该 API 函数的语法如下：

```
Allocate Memory: cudaHostAlloc ( (void **) &h_a, sizeof(*h_a),
cudaHostAllocDefault);
Free Memory: cudaFreeHost(h_a);
```

cudaHostAlloc 函数的语法类似普通的 malloc 函数。注意 cudaHostAlloc 的第三个参数如果不是指定为 cudaHostAllocDefault，则可以用来调节分配到的锁定页面的内存的属性。cudaFreeHost 函数用来释放通过 cudaHostAlloc 分配到的内存。

4.5 CUDA 流

我们已经看到了通过单指令的数据流（Single Instruction Multiple Data，SIMD）的方式进行数据并行，GPU 性能取得了巨大的提升。但我们还没有看到任务并行的效果，后者是指多个互相独立的内核函数同时执行。例如，CPU 上的一个函数可能正在计算像素的值，而另外一个函数则可能正在从 Internet 上下载东西。GPU 也提供这种能力，但不如 CPU 灵活。在 GPU 上是通过使用 CUDA 流来实现任务并行的，具体怎么做我们将在本小节说明。

CUDA 流是 GPU 上的工作队列，队列里的工作将以特定的顺序执行。这些工作可以包括：内核函数的调用，cudaMemcpy 系列传输，以及对 CUDA 事件的操作。它们添加到队列的顺序将决定它们的执行顺序。每个 CUDA 流可以被视为单个任务，因此我们可以启动多个流来并行执行多个任务。（译者注：很多情况下，来自多个流中的工作可能同时执行。因此通过同时使用多个流，就有可能在 GPU 上取得作者说的任务并行的效果。而本书之前的例子，没有使用多个流，或者称之为只使用默认流。因为本小节刚才说过，每个流中的工作只能以前后顺序串行执行，不能并行。）在下一节中，我们将研究多个流如何在 CUDA 中工作。

使用多个 CUDA 流

我们将通过在之前章节写过的向量加法程序中使用多个 CUDA 流来了解 CUDA 流的工作。其内核代码如下：

```
#include "stdio.h"
#include<iostream>
#include <cuda.h>
#include <cuda_runtime.h>
//Defining number of elements in Array
#define N 50000

//Defining Kernel function for vector addition
__global__ void gpuAdd(int *d_a, int *d_b, int *d_c) {
  //Getting block index of current kernel

  int tid = threadIdx.x + blockIdx.x * blockDim.x;
  while (tid < N)
  {
    d_c[tid] = d_a[tid] + d_b[tid];
    tid += blockDim.x * gridDim.x;
  }
}
```

上面的内核函数与我们之前写过的类似，只是这里我们将使用多个流并行执行这个内核的多个副本。支持 deviceOverlap 设备属性的 GPU 可以同时执行内核计算工作和传输工作。该属性可被 CUDA 流用于任务并行。(译者注：除了作者说的来自 2 个流中的不同种类的计算和传输工作能并行外，还存在 2 个流中的特定情况下的计算工作（内核）也会并行的可能，想要深入了解的读者可以阅读 CUDA C Programming Guide 和自带的 concurrent kernels 例子。目前几乎所有的 NVIDIA GPU 卡都支持该属性）我们将会使用 2 个并行的 CUDA 流并行执行该内核，每个流中的内核分别处理一半的数据量，我们将会从在 main 函数中创建 2 个流开始。具体代码如下：

```
int main(void) {
  //Defining host arrays
  int *h_a, *h_b, *h_c;
  //Defining device pointers for stream 0
  int *d_a0, *d_b0, *d_c0;
  //Defining device pointers for stream 1
  int *d_a1, *d_b1, *d_c1;
  cudaStream_t stream0, stream1;
  cudaStreamCreate(&stream0);
  cudaStreamCreate(&stream1);

cudaEvent_t e_start, e_stop;
  cudaEventCreate(&e_start);
  cudaEventCreate(&e_stop);
  cudaEventRecord(e_start, 0);
```

我们定义了两个 cudaStream_t 类型的 CUDA 流对象，stream 0 和 stream 1，然后通过 cudaStreamCreate 函数创建了流。我们也定义了两套相关的主机和设备指针，将分别会在 2 个流中使用。我们定义并创建了 2 个 CUDA 事件对象，用来进行该程序的性能测量。现在我们将给这些指针分配空间，代码如下：

```
//Allocate memory for host pointers
  cudaHostAlloc((void**)&h_a, 2*N* sizeof(int),cudaHostAllocDefault);
cudaHostAlloc((void**)&h_b, 2*N* sizeof(int), cudaHostAllocDefault);
cudaHostAlloc((void**)&h_c, 2*N* sizeof(int), cudaHostAllocDefault);
  //Allocate memory for device pointers
  cudaMalloc((void**)&d_a0, N * sizeof(int));
  cudaMalloc((void**)&d_b0, N * sizeof(int));
  cudaMalloc((void**)&d_c0, N * sizeof(int));
  cudaMalloc((void**)&d_a1, N * sizeof(int));
  cudaMalloc((void**)&d_b1, N * sizeof(int));
  cudaMalloc((void**)&d_c1, N * sizeof(int));
  for (int i = 0; i < N*2; i++) {
    h_a[i] = 2 * i*i;
    h_b[i] = i;
  }
```

CUDA 流（中的传输）需要使用页面锁定内存，所以我们这里使用了 cudaHostAlloc 函数，而不是常规的 malloc 进行内存分配。在上一节，我们已经了解过页面锁定内存的优点。我们用 cudaMalloc 分配了两套设备指针。需要注意的是，主机指针容纳了整体的数据，所以它（的分配大小）是 2 * N * sizeof(int)；而设备指针则因为每次只需要计算一半的数据，所以它（的分配大小）是 N * sizeof(int)。我们还用一些用来做加法的随机值初始化了主机数组，现在我们尝试分别在 2 个流中将传输操作和内核执行操作加入（队列）。具体代码如下：

```
//Asynchrnous Memory Copy Operation for both streams
cudaMemcpyAsync(d_a0, h_a , N * sizeof(int), cudaMemcpyHostToDevice,
stream0);
cudaMemcpyAsync(d_a1, h_a+ N, N * sizeof(int), cudaMemcpyHostToDevice,
stream1);
cudaMemcpyAsync(d_b0, h_b , N * sizeof(int), cudaMemcpyHostToDevice,
stream0);
cudaMemcpyAsync(d_b1, h_b + N, N * sizeof(int), cudaMemcpyHostToDevice,
stream1);
//Kernel Call
gpuAdd << <512, 512, 0, stream0 >> > (d_a0, d_b0, d_c0);
gpuAdd << <512, 512, 0, stream1 >> > (d_a1, d_b1, d_c1);
//Copy result back to host memory from device memory
cudaMemcpyAsync(h_c , d_c0, N * sizeof(int), cudaMemcpyDeviceToHost,
stream0);
cudaMemcpyAsync(h_c + N, d_c1, N * sizeof(int), cudaMemcpyDeviceToHost,
stream0);
```

不同于之前调用简单的 cudaMemcpy 函数，我们现在改用 cudaMemcpyAsync，它用于进行异步传输。它额外可以在函数的最后一个参数中指定一个特定的流，从而在这个特定的流中进行存储器传输操作。当该函数返回的时候，（实际）的存储器传输操作可能尚未完成，甚至尚未开始，所以它叫作异步操作。它只是在特定的流中添加了一个传输工作。具体的我们能看到，stream0 中进行了从 0 到 N 的数据传输工作，而 stream1 中则进行了从 N+1 到 2N 的数据传输工作。

需要说明的是，每个流中的工作是串行的，而流和流之间则默认不保证顺序。因此，当我们想让（一个流中的）传输工作和（另外一个流中的）内核计算操作并行执行的话，需要特别地注重流中操作的顺序问题。你不能将所有的传输工作都放到一个流中，而将所有的计算工作都放到另外一个流中，相反，我们在每个流中都放入了（依次的）传输和计算工作。这将会保证每个流中的工作顺序正确，同时在硬件的辅助下，两个流之间的计算和传输工作并行执行。这样如果传输和计算工作都原本正好占据一半的时间，我们能取得将近 2 倍的性能提升（因为随着系统、卡、问题规模的不同，不一定是精确的时间 2 倍提升）。我们看一下这个流程图（图 4-5 所示）。

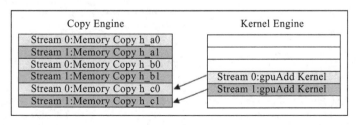

图　4-5

　　时间线是从上往下展开的。我们能够看到两个传输过程和内核计算是在同一个时间段内执行的。这样会加速你的程序。我们也可以看到，调用 cudaMemcpyAsync 进行的几次传输操作是异步的。所以，当一个流（中的传输调用）返回的时候，实质的传输操作可能还没有开始。如果我们想用最后一次回传 cudaMemcpyAsync 操作的结果，必须等待这两个流中的操作完成。这可以通过如下的代码确保：

```
cudaDeviceSynchronize();
cudaStreamSynchronize(stream0);
cudaStreamSynchronize(stream1);
```

　　（译者注：注意，常见的 CUDA 代码编写中，往往只需要使用 cudaStreamSynchronize() 即可，作者额外添加了 cudaDeviceSynchronize() 不算一个错误，但是在常见的单线程主机应用多流和多线程主机 1：1 应用多流的代码中，我们不应当添加它。）

　　cudaStreamSynchronize() 确保了流中的所有操作都结束后才返回控制权给主机。继续执行下一行代码：

```
cudaEventRecord(e_stop, 0);
cudaEventSynchronize(e_stop);
float elapsedTime;
cudaEventElapsedTime(&elapsedTime, e_start, e_stop);
printf("Time to add %d numbers: %3.1f ms\n",2* N, elapsedTime);
```

　　这将记录结束时刻，这样，基于结束时刻和开始时刻的时间差值，能计算出程序的整体执行时间，并在控制台上输出。为了检查程序是否正确地执行了计算，我们插入如下代码来进行验证：

```
int Correct = 1;
printf("Vector addition on GPU \n");
//Printing result on console
for (int i = 0; i < 2*N; i++)
{
  if ((h_a[i] + h_b[i] != h_c[i]))
  {
    Correct = 0;
  }
}
if (Correct == 1)
{
  printf("GPU has computed Sum Correctly\n");
}
else
{
  printf("There is an Error in GPU Computation\n");
}
//Free up memory
cudaFree(d_a0);
cudaFree(d_b0);
cudaFree(d_c0);
cudaFree(d_a0);
```

```
cudaFree(d_b0);
cudaFree(d_c0);
cudaFreeHost(h_a);
cudaFreeHost(h_b);
cudaFreeHost(h_c);
return 0;
}
```

该代码类似我们以前看到过的验证代码。在程序的最后，通过使用 cudaFree 释放掉了设备上分配的显存，并通过 cudaFreeHost 释放掉了 cudaHostAlloc 分配的（页面锁定）内存。必须要这样做！否则你的系统很快就会用光所有的内存和显存。该程序的结果输出如图 4-6 所示。

从图 4-6 可以看出，相加 100 000 个元素正好用了 0.9ms。而相比之前没有使用两个流的代码，性能增加了一倍，之前是相加 50 000 个元素，正好 0.9ms，如同你在本章开头看到的那样。

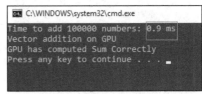

图 4-6

总结，我们在本节熟悉了 CUDA 流，它有助于在 GPU 上实现任务并行。往流中加入工作命令的次序对于逻辑上的正确性和对使用多流时候的性能提升非常重要。（译者注：目前常见的卡都是 Maxwell+ 了，Hyper-Q（硬件多任务队列处理）已经成为标配。一些古老的书和材料，推荐深度优先或者广度优先的添加任务的方式已经没有必要。）

4.6 使用 CUDA 加速排序算法

排序算法被广泛用在计算应用中。有很多种排序算法，像是枚举排序或者说秩排序，冒泡排序和归并排序。这些排序算法具有不同的（时间和空间）复杂度，因此对同一个数组也有不同的排序时间。对于很大的数组来说，所有的算法都需要很长的时间来完成。如果排序能用 CUDA 来加速，则会对很多计算应用产生很大帮助。

为了演示 CUDA 如何能加速不同种类的排序算法，我们将通过 CUDA 实现一个秩排序算法。

枚举 / 秩排序算法

该算法对于数组中的每个元素，通过统计小于它的数组中的其他元素的数量，从而确定该元素在结果数组中的位置。然后，我们根据位置将元素放入结果数组即可。对于（需要排序的）数组中的每个元素都重复进行一次该过程，则我们得到了一个排序后的数组。具体算法实现为如下内核函数代码：

```
#include "device_launch_parameters.h"
#include <stdio.h>

#define arraySize 5
#define threadPerBlock 5
```

```
//Kernel Function for Rank sort
__global__ void addKernel(int *d_a, int *d_b)
{
  int count = 0;
  int tid = threadIdx.x;
  int ttid = blockIdx.x * threadPerBlock + tid;
  int val = d_a[ttid];
  __shared__ int cache[threadPerBlock];
  for (int i = tid; i < arraySize; i += threadPerBlock) {
    cache[tid] = d_a[i];
    __syncthreads();
    for (int j = 0; j < threadPerBlock; ++j)
      if (val > cache[j])
        count++;
        __syncthreads();
  }
  d_b[count] = val;
}
```

内核函数使用两个数组作为参数，d_a 是输入数组，而 d_b 则是结果输出数组。用 count 变量保存当前元素在排序后的结果数组中的位置。用 tid 变量保存块中的当前线程索引。而 ttid 变量则用来表示所有的块中的当前线程的唯一索引，或者说整个 Grid 中的当前线程的索引。使用共享内存来减少直接访问全局内存的时间。而内核中使用的共享内存中数组的元素数量等于块中的线程数，如同我们之前讨论过的那样。val 变量保存了每个线程的当前元素。从全局内存中读取数据，填充到共享内存中。填充的这些数据用来和每个线程的当前 val 变量做比较。最终用 count 变量统计出来这些数据中小于当前 val 变量的数据的个数。因为共享内存中的元素数量有限，所以外层多次循环直到所有的数据都分阶段地填充到共享内存，并和 val 做比较，统计到 count 中。当最终的循环完成后，count 变量中保存了最终排序数组中的位置，我们则在 d_b 数组按照这个位置保存当前元素。d_b 就是最终的排序后的结果输出数组。

main 函数代码如下：

```
int main()
{
    //Define Host and Device Array
  int h_a[arraySize] = { 5, 9, 3, 4, 8 };
  int h_b[arraySize];
  int *d_a, *d_b;
    //Allocate Memory on the device
  cudaMalloc((void**)&d_b, arraySize * sizeof(int));
  cudaMalloc((void**)&d_a, arraySize * sizeof(int));
    // Copy input vector from host memory to device memory.
  cudaMemcpy(d_a, h_a, arraySize * sizeof(int), cudaMemcpyHostToDevice);
    // Launch a kernel on the GPU with one thread for each element.
  addKernel<<<arraySize/threadPerBlock, threadPerBlock>>>(d_a, d_b);

    //Wait for device to finish operations
  cudaDeviceSynchronize();
    // Copy output vector from GPU buffer to host memory.
  cudaMemcpy(h_b, d_b, arraySize * sizeof(int), cudaMemcpyDeviceToHost);
```

```
printf("The Enumeration sorted Array is: \n");
for (int i = 0; i < arraySize; i++)
{
    printf("%d\n", h_b[i]);
}
    //Free up device memory
cudaFree(d_a);
cudaFree(d_b);
return 0;
}
```

到目前为止，你应该对 main 函数非常熟悉了。我们定义主机和设备上的数组，给主机数组分配空间。然后用一些随意的数组初始化主机数组，再将它传输到显存，然后传递两个设备指针作为参数来启动内核。内核根据秩排序计算保存后的数组并返回给主机。排序后的数组在控制台上显示如图 4-7 所示。

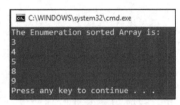

图　4-7

这是个非常简单的例子，你可能看不到任何 GPU 对比 CPU 的性能提升，如果你提升 arraySize 值的大小，那么该算法的 GPU 实现性能就会剧烈上升，当数组大小被提升到 15 000 的时候，性能大约有百倍的提升。

4.7　利用 CUDA 进行图像处理

我们现在都生活在高清摄像头的时代。这种摄像头能捕获高达 1 920×1 920 像素的高解析度画幅。而想要实时地处理这么多的数据，往往需要几个 TFlops 的浮点处理性能，这么高的处理性能要求就算是目前最快的 CPU 也无法满足，此时，GPU 则有助于处理这种情形，通过在你的代码里使用 CUDA，可以充分利用 GPU 所提供的巨大计算能力。

如同我们之前了解过的，CUDA 支持多维的 Grid 和块，所以，我们可以通过启动多维的 Grid 和块来处理图像，根据图像的大小不同，所需要启动的 Grid 的规模和块的规模也不相同。此外，这些规模也受限于你的显卡规格。如果你的卡支持 1 024 个线程规模的块，则你可以启动 32×32 个线程的块。而总体所需要的块数量，则根据图像大小，除以块每个维度上的线程数量而确定。如同之前多次讨论过的那样，具体的 Grid 和块的形状参数可能会影响你的代码的执行性能。所以，应当仔细选择这些参数。

某些情况下，从 C 或 C++ 代码的简单图像处理过程转换成 CUDA 实现是非常容易的。只要遵循某种特定的编程模式，即使是新手程序员，也能做到这点。这种特定编程模式演示如下：

```
for (int i=0; i < image_height; i++)
{
    for (int j=0; j < image_width; j++)
    {
```

```
    //Pixel Processing code for pixel located at (i,j)
  }
}
```

图像在计算机里有时候可以被看成是被存储的多维数组，所以要处理图像的特定像素值，往往可以使用两层嵌套的双重 for 循环来串行遍历处理。此时最简单的情况下，可以直接将双重 for 循环展开，将像素的处理映射到 CUDA 的一批线程上。但这个例子里这种能直接 1 个 CUDA 线程映射处理 1 个像素的情况只是图像处理中最简单的情形。这种情形在实际中应用并不多。这里只是让大家对双重循环展开具体地并行映射的方式有个基本的概念。

```
int i = blockIdx.y * blockDim.y + threadIdx.y;
int j = blockIdx.x * blockDim.x + threadIdx.x;
```

上面的 i 和 j 的值，就是计算在图像数组中的索引，用来访问特定的像素值。所以，就像你刚才看到的那样，只要用两行非常简单的转换处理代码，就可以将双重 for 循环展开，映射两层循环控制变量到具体线程中的索引值，这样就可以写出 CUDA 程序中的设备代码。从下一小节起，我们准备用 OpenCV 开发很多图像处理的应用。所以本章中我们不会涉及具体的图像处理过程。我们写一个名为直方图统计的重要操作的 CUDA 应用结束本节。直方图统计在图像处理中也非常重要。

在 GPU 上通过 CUDA 进行直方图统计

直方图是非常重要的统计学概念，在深度学习、计算机视觉、数据科学和图像处理等领域中都有广泛应用。它代表了在给定的数据集中每个元素出现的频次。能展现哪些数据项出现的最频繁，哪些出现的最少。通过查看直方图数据，你能一眼就了解出数据的分布情况。本小节中，我们将实现对指定数据集（中的元素分布）进行直方图统计的算法。

我们先从开发 CPU 版本的直方图统计开始，以便你能大致了解如何计算它。假设我们有 1 000 个元素，每个元素的值都在 0 和 15 之间，我们想计算具体的直方图分布情况，示例代码演示如下：

```
int h_a[1000] = Random values between 0 and 15

int histogram[16];
for (int i = 0; i<16; i++)
{
   histogram[i] = 0;
}
for (i=0; i < 1000; i++)
{
   histogram[h_a[i]] +=1;
}
```

　　h_a 数组中有 1 000 个元素，每个元素是值在 0 到 15 之间的整数，这样一共有 16 种不同的值。所以直方图的统计项也是 16 个。这 16 个统计项分别代表了要这 16 种要计算的值的分布直方图。然后我们就（在程序里）定义了和实际直方图的统计项个数相同的（16 个元素）的数组，用来容纳最后的直方图统计结果。该数组需要初始化清空，因为每统计一个值，对应的元素位置就要增加 1。具体操作是通过第一个 for 循环，遍历 0 到统计项数次，每次清除一个元素来完成的。然后为了统计这个直方图，我们需要遍历 h_a 中的所有 1 000 个元素，为 h_a 中的每一个特定元素值，将对应的特定直方图数组索引处的结果值增加 1。具体是通过第二个循环来完成的，遍历 0 到 1 000 个该数组中的元素，为这 1 000 个元素中的每个值，计算对应的直方图索引处的结果值。当第二个 for 循环结束后，直方图数组中就包含了每个值在 0～15 之间的这些元素各个值上出现的频次。然后我们将写一个同样功能的 GPU 代码，我们将尝试使用 3 种不同的方法写出这个代码。前两种方法的内核代码如下：

```
#include <stdio.h>
#include <cuda_runtime.h>

#define SIZE 1000
#define NUM_BIN 16

__global__ void histogram_without_atomic(int *d_b, int *d_a)
{
  int tid = threadIdx.x + blockDim.x * blockIdx.x;
  int item = d_a[tid];
  if (tid < SIZE)
  {
    d_b[item]++;
  }
}

__global__ void histogram_atomic(int *d_b, int *d_a)
{
  int tid = threadIdx.x + blockDim.x * blockIdx.x;
  int item = d_a[tid];
  if (tid < SIZE)
  {
    atomicAdd(&(d_b[item]), 1);
  }
}
```

　　第一个函数是用最简单方式实现的直方图统计。每个线程读取 1 个元素值。使用线程 ID 作为输入数组的索引获取该元素的值。然后此值再将对应的 d_b 结果数组中的索引位置处进行 +1 操作。最后 d_b 数组应该包含输入数据中 0 到 15 之间每个值的频次。如果你回忆一下第 3 章中的内容，你会知道这不能给出正确结果，因为对相同的存储器位置将有大量的线程试图同时进行不安全地修改。在本例中，1 000 个线程试图同时在 16 个存储器位置上同时修改，这种场景我们就必须使用原子操作了。

第二个内核函数用原子操作写的。为了完成所有代码，我们还写了 main 函数如下：

```
int main()
{
  int h_a[SIZE];
  for (int i = 0; i < SIZE; i++) {
  h_a[i] = i % NUM_BIN;
  }
  int h_b[NUM_BIN];
  for (int i = 0; i < NUM_BIN; i++) {
    h_b[i] = 0;
  }

  // declare GPU memory pointers
  int * d_a;
  int * d_b;

  // allocate GPU memory
  cudaMalloc((void **)&d_a, SIZE * sizeof(int));
  cudaMalloc((void **)&d_b, NUM_BIN * sizeof(int));

  // transfer the arrays to the GPU
  cudaMemcpy(d_a, h_a, SIZE * sizeof(int), cudaMemcpyHostToDevice);
  cudaMemcpy(d_b, h_b, NUM_BIN * sizeof(int), cudaMemcpyHostToDevice);

  // launch the kernel
  //histogram_without_atomic << <((SIZE+NUM_BIN-1) / NUM_BIN), NUM_BIN >>
>(d_b, d_a);
  histogram_atomic << <((SIZE+NUM_BIN-1) / NUM_BIN), NUM_BIN >> >(d_b,
d_a);
  // copy back the sum from GPU
  cudaMemcpy(h_b, d_b, NUM_BIN * sizeof(int), cudaMemcpyDeviceToHost);
  printf("Histogram using 16 bin without shared Memory is: \n");
  for (int i = 0; i < NUM_BIN; i++) {
    printf("bin %d: count %d\n", i, h_b[i]);
  }

  // free GPU memory allocation
  cudaFree(d_a);
  cudaFree(d_b);
  return 0;
}
```

在 main 函数的开头，我们分别定义了主机和设备上的数组，并给它们分配了内存和显存。在第一个 for 循环中，h_a 数组用 0 到 15 之间的值进行初始化填充。我们这里用了取模运算，于是这 1 000 个元素将被（基本）均匀地划分在 0～15 之间。然后我们将第二个存储直方图结果的数组，初始化清空。我们将这两个数组传输到显存，接着我们运行内核计算直方图，并将结果返回到主机上。我们将该直方图结果在控制台上打印出来。输出结果如图 4-8 所示。

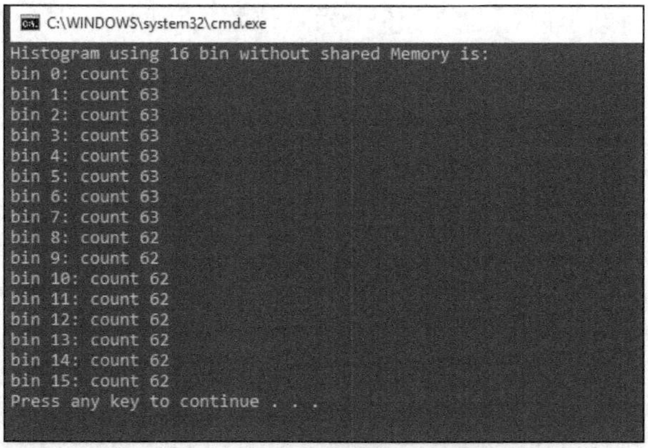

图　4-8

当我们试图测量使用了原子操作的该代码的性能的时候，你会发现相比 CPU 的性能，对于很大规模的数组，GPU 的实现更慢。这就引入了一个问题：我们真的应当使用 CUDA 进行直方图统计么？如果必须能否将这个计算结果更快一些？

这两个问题的答案都是：Yes。如果我们在一个块中用共享内存进行直方图统计，最后再将每个块的部分统计结果叠加到全局内存上的最终结果上去。这样就能加速该操作。这是因为整数加法满足交换律。我需要补充的是：只有当原始数据就在 GPU 的显存上的时候，才应当考虑使用 GPU 计算，否则完全不应当 cudaMemcpy 过来再计算，因为仅 cudaMemcpy 的时间就将等于或者大于 CPU 计算的时间。用共享内存进行直方图统计的内核函数代码如下：

```
#include <stdio.h>
#include <cuda_runtime.h>
#define SIZE 1000
#define NUM_BIN 256
__global__ void histogram_shared_memory(int *d_b, int *d_a)
{
  int tid = threadIdx.x + blockDim.x * blockIdx.x;
  int offset = blockDim.x * gridDim.x;
  __shared__ int cache[256];
  cache[threadIdx.x] = 0;
  __syncthreads();
  while (tid < SIZE)
  {
    atomicAdd(&(cache[d_a[tid]]), 1);
    tid += offset;
  }
  __syncthreads();
  atomicAdd(&(d_b[threadIdx.x]), cache[threadIdx.x]);
}
```

我们要为当前的每个块都统计一次局部结果，所以需要先将共享内存清空，然后用类似之前的方式在共享内存中进行直方图统计。这种情况下，每个块中只会统计部分结果存储在各自的共享内存中，并非像以前那样直接统计为在全局内存上的总体结果。本例中，块中的 256 个线程进行共享内存上的 256 个元素位置的访问，而原本的代码则在全局内存上的 16 个元素位置上进行访问。因为共享内存本身要比全局内存具有更高效的并行访问性能，同时将 16 个统一的竞争访问的位置放宽到了每个共享内存上的 256 个竞争位置，这两个因素共同缩小了原子操作累计统计的时间。最终还需要进行一次原子操作，将每个块的共享内存上的部分统计结果累加到全局内存上的最终统计结果。因为整数加法满足交换律，我们不需要担心具体每个块执行的顺序。main 函数与前一个类似。

这个内核函数的输出结果如图 4-9 所示。

```
C:\WINDOWS\system32\cmd.exe                                         —    □    ×
bin 227: count 4
bin 228: count 4
bin 229: count 4
bin 230: count 4
bin 231: count 4
bin 232: count 3
bin 233: count 3
bin 234: count 3
bin 235: count 3
bin 236: count 3
bin 237: count 3
bin 238: count 3
bin 239: count 3
bin 240: count 3
bin 241: count 3
bin 242: count 3
bin 243: count 3
bin 244: count 3
bin 245: count 3
bin 246: count 3
bin 247: count 3
bin 248: count 3
bin 249: count 3
bin 250: count 3
bin 251: count 3
bin 252: count 3
bin 253: count 3
bin 254: count 3
bin 255: count 3
Press any key to continue . . .
```

图   4-9

如果你测试这段代码的性能，会发现大矩阵比更早的两个没有共享内存的代码和 CPU 版本的性能都要好。你可以通过和 CPU 上的计算结果进行比较来检查该 GPU 代码计算出来的直方图统计结果正确与否。

本小节演示了 GPU 上对直方图统计的实现。同时也再次强调了 CUDA 应用中使用共享内存和原子操作的重要性。此外，本小节还演示了 CUDA 在图像处理应用中的用处，以及将 CPU 代码转换为 CUDA 代码是多么容易！

4.8 总结

本章中，我们看到了 CUDA 中的一些高级概念，有助于我们开发复杂的 CUDA 应用。我们看到了如何测试设备上代码的性能，如何用英伟达的 Visual Profiler 工具进行详细的内核函数剖析。这有助于我们找到影响程序性能的瓶颈。此外，本章中我们还看到了如何从

CUDA 代码自身中处理硬件操作的错误，以及如何用特定工具调试代码的方法。

然后本章我们还看到了如何加速一个排序算法，这对于构建复杂的计算应用程序来说是一个需要理解的重要概念。图像处理是一个计算密集型的任务，需要实时执行。几乎所有的图像处理算法都可以利用 GPU 和 CUDA 的并行性。所以，在最后的小节中，我们看到了如何用 CUDA 来加速图像处理应用，也了解到了如何将现在的 C++ 代码转换为 CUDA 代码。我们还开发了直方图统计这个重要的图像处理应用。

本章也标志着本书对 CUDA 编程的相关概念的讲解完成。从下一章起，我们将使用 OpenCV 库进行激动人心的计算机视觉应用开发，而 OpenCV 则使用了我们到目前为止讲解过的 CUDA 加速概念。从下一章开始，我们将开始处理真正的图像，而不仅是矩阵。

4.9　测验题

1. 为什么不使用 CPU 计时器来测量内核函数的性能？
2. 尝试使用 Nvidia Visual Profiler 工具可视化上一章中实现的矩阵乘法代码的性能。
3. 给出程序中遇到的语义错误的不同例子。
4. 内核函数中线程发散的缺点是什么？举例说明。
5. 使用 cudaHostAlloc 函数在主机上分配内存有什么缺点？
6. 证明以下陈述：CUDA 流中的操作顺序对于提高程序性能非常重要。
7. 为了使用 CUDA 获得良好的性能，应该为 1 024×1 024 的图像启动多少个块和线程？

第 5 章

支持 CUDA 的 OpenCV 入门

到目前为止，我们已经看到了与使用 CUDA 进行并行编程相关的所有概念，以及如何利用 GPU 进行加速。从本章开始，我们将尝试在 CUDA 中使用并行编程的概念来实现计算机视觉应用。虽然我们已经研究过矩阵，但我们还没有研究过实际的图像。基本上，处理图像与操纵二维矩阵是相类似的，我们不会用 CUDA 来开发整套计算机视觉应用的代码，我们使用名为 OpenCV 的通用的计算机视觉库。本书假定读者对使用 OpenCV 有一定程度的了解，本章修正了 C++ 调用 OpenCV 的概念。本章介绍在 Windows 和 Ubuntu 上安装支持 CUDA 的 OpenCV 库，然后介绍如何运行一个简单的程序来测试这个安装。本章通过针对图像和视频所开发的简单代码，来介绍 OpenCV 在处理图像和视频中的用法。本章还提供测试程序，对照启动 CUDA 支持与取消后的性能比较。

本章涵盖以下主题：

❑ 图像处理和计算机视觉简介

❑ 支持 CUDA 的 OpenCV 简介

❑ 在 Windows 和 Ubuntu 上安装支持 CUDA 的 OpenCV 的流程

❑ 使用 OpenCV 处理图像

❑ 使用 OpenCV 处理视频

❑ 对图像的数学和逻辑运算

❑ 颜色空间转换和图像阈值处理

❑ OpenCV 程序在 CPU 和 GPU 之间的性能比较

5.1 技术要求

本章要求对图像处理和计算机视觉有基本的了解，也需要熟悉基本的 C 或 C++ 编程语

言以及对前面章节中解释的所有代码示例。本章所有代码可以从以下 GitHub 链接 https://
github.com/PacktPublishing/Hands-On-GPU-Accelerated-Computer-Vision-with-OpenCV-
and-CUDA 下载。尽管代码目前只在 Ubuntu 16.04 上测试过，但可以在任何操作系统上
执行。

5.2　图像处理和计算机视觉简介

全世界每天增加大量可用的图像和视频数据，激增使用量的移动设备不断捕捉图像并
在互联网上发布，每天都能产生海量的视频和图像数据，因此图像处理和计算机视觉在跨
领域各行各业中被广泛地使用。医生使用 MRI 和 X- 射线图像进行医学诊断，太空科学家
和化学工程师使用图像进行空间探索和分子水平的各种基因分析，图像也可用于开发自动
驾驶车辆和视频监控应用，还可用于农业领域去识别制造过程中有缺陷的产品，所有这些
应用程序都需要在计算机上高速地处理图像。我们并不关心如何通过相机传感器去捕获图
像，以及将其转换可存储于计算机的数字图像。本书中，假设这些图像数据已经存储在计
算机上，我们将专注在计算机上的图像处理。

许多人会将**图像处理**和**计算机视觉**这两个术语互通使用，实际上这两个领域是有差异
的。图像处理的重点在于通过调整像素值来改善图像的视觉质量，而计算机视觉的重点则
在于从图像中提取重要信息。因此在图像处理中，输入和输出都是图像；而在计算机视觉
中，输入是图像，输出是从图像中提取的信息。两者都有各种各样的应用，但图像处理主
要用于计算机视觉应用的预处理阶段。

图像数据是以多维矩阵形式存储的，因此在计算机上处理图像，其实就是操纵这个矩
阵。我们在前面的章节中看到了如何使用 CUDA 处理矩阵，但在 CUDA 中读取、操作和显
示图像，可能会使代码变得冗长、乏味且难以调试。因此，我们将使用包含所有这些处理
功能，并且能利用 CUDA-GPU 加速优势来处理图像的 API 库，这个库就叫作 OpenCV，是
Open Computer Vision 的首字母缩写。在下一节中，将详细介绍此库。

5.3　OpenCV 简介

OpenCV 是一套计算机视觉库，最开始发展时就考虑到计算效率，并将焦点集中在实
时性能上，用 C/C++ 编写，包含一百多个有助于计算机视觉应用的功能。OpenCV 的主要
优点在于开源，并在 Berkley 软件分发（BSD）许可下发布，允许在研究和商业应用中免费
使用 OpenCV。这个库提供 C、C++、Java 和 Python 等语言接口，无须修改任何代码，就
能在所有操作系统中使用，包括 Windows、Linux、macOS 和 Android。

这个库还可以利用多核处理、OpenGL 和 CUDA 进行并行处理。由于 OpenCV 是轻量
级的，也可以在 Raspberry Pi 这类嵌入式平台上使用，如果要在现实场景中的嵌入式系统上

部署计算机视觉应用程序的话，这是个理想的选择。我们将在接下来的几章中探讨这一点，这些特性使得 OpenCV 成为计算机视觉开发人员的首选，不仅拥有庞大的开发人群和用户社区等基础，在协助持续改善这个库，而 OpenCV 的下载量已达百万级别，并且日益增加。MATLAB 是另一个较流行的计算机视觉和图像处理工具，或许你会好奇 OpenCV 相较于 MATLAB 的优势有哪些。下表显示了这两个工具之间的比较。

参　数	OpenCV	MATLAB
程序速度	更高，因为它是使用 C/C++ 开发	低于 OpenCV
资源需求	OpenCV 是一个轻量级的库，只需要消耗非常少的存储空间，包括硬盘空间和内存。一个正常的 OpenCV 程序只需要 100MB 以内的内存	MATLAB 是非常庞大的，最新版本的 MATLAB 安装就需要消耗 15GB 的硬盘空间，执行时也需要很大的内存（超过 1GB）
可移植性	OpenCV 可以在所有能运行 C 语言的操作系统上执行	MATLAB 只能在 Windows、Linux 和 MAC 上运行
成本	OpenCV 在商业用途还是学术研究上，都是完全免费的	MATLAB 是一个授权软件，不管在商业用途还是学术研究上，都必须支付大笔费用
使用便利性	OpenCV 由于文档比较少，使用上相对困难些，并且语法也比较难记忆。此外，缺乏自有的开发环境	MATLAB 有自己专属的集成开发环境、内置的帮助资源，对新手程序员来说使用比较容易

MATLAB 和 OpenCV 都有各自的优缺点，但如果我们想在嵌入式应用中使用计算机视觉，并且发挥并行处理优势时，OpenCV 是理想的选择。因此本书中，OpenCV 会用 GPU 和 CUDA 的加速计算机视觉应用程序来描述，OpenCV 提供的 C、C++、Python 和 Java 的 API 都是用 C/C++ 所编写，性能也是几种编程语言中最好的。此外，CUDA 加速功能也提供 C/C++ API，因此在本书中，我们使用 OpenCV 的 C/C++ API。在下一节中，我们将介绍如何在各种操作系统上安装 OpenCV。

5.4　安装支持 CUDA 的 OpenCV

要安装支持 CUDA 的 OpenCV 并不如你想象的那么简单，它涉及非常多的步骤。本节中，将使用屏幕截图来解释在 Windows 和 Ubuntu 上安装 OpenCV 的每一个步骤，务求让你轻松设置环境。

5.4.1　在 Windows 上安装 OpenCV

本节介绍在 Windows 操作系统上安装支持 CUDA 的 OpenCV 的步骤，这些步骤在 Windows 10 操作系统上执行，但也可以在任何版本的 Windows 操作系统上运行。

1. 使用预编译好的二进制文件

虽然你可以下载预编译好的 OpenCV 二进制文件，并在程序中直接使用，但这种方式没有充分利用 CUDA 的优势，因此本书中并不推荐。以下步骤描述了在 Windows 上安装未支持 CUDA 的 OpenCV 的步骤：

1）认已经安装好能执行 C 编译程式的 Microsoft Visual Studio。

2）从 https://sourceforge.net/projects/opencvlibrary/files/opencv-win/ 下载最新版本的 OpenCV。

3）双击下载的 .exe 文件，并将其解压缩到你选择的文件夹中。这里我们将它解压缩到 C://opencv 文件夹。

4）设置 OPENCV_DIR 环境变量：右键单击**我的电脑**（My Computer）|**高级设置**（Advanced Setting）|**环境变量设置**（Environment Variables）|**新建**（New），将其值设置为 C:\opencv\build\x64\vc14，如图 5-1 所示。这里 vc14 将取决于 Microsoft Visual Studio 的版本。

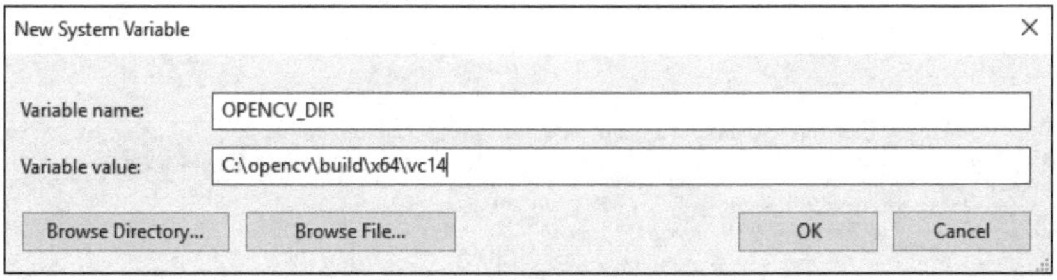

图　5-1

现在，这个安装就可以让你使用 C/C++ 调用 OpenCV 应用程序。

2. 用源代码来构建库

如果你要编译支持 CUDA 的 OpenCV 库，请按照以下步骤进行安装：

1）要编译支持 CUDA 的 OpenCV，需要 C 编译器和 GPU 编译器，这就得先安装 Microsoft Visual Studio 以及最新版本的 CUDA 工具包，这些安装步骤在第 1 章中已经介绍过。因此，请先检查它们已经正确地安装，然后再继续往下进行。

2）请至 https://github.com/opencv/opencv/ 下载最新版 OpenCV 的源代码。

3）OpenCV 源代码缺少一些额外的功能模块，这些额外的模块存放在 opencv_contrib 模组里面，可以与 OpenCV 一起安装。这个模组中可用的功能不一定全都稳定，一旦某个功能模块确认是稳定之后，就会把该功能模块转移到实际的 OpenCV 源代码包里。如果要安装这个额外模组，请至 https://github.com/opencv/opencv_contrib 下载。

4）编译 OpenCV 库需要用到 CMake，可从 https://cmake.org/download/ 下载安装。

5）将下载的 opencv 和 opencv_contrib 的 ZIP 文件解压缩到任何一个你指定的目录。本书中分别解压缩到 C://opencv 和 C://opencv_contrib 文件夹中。

6）打开 CMake 准备编译 OpenCV。在此，你需要选择 OpenCV 源的路径，以及选择准备构建该源的目标文件夹路径，如图 5-2 所示。

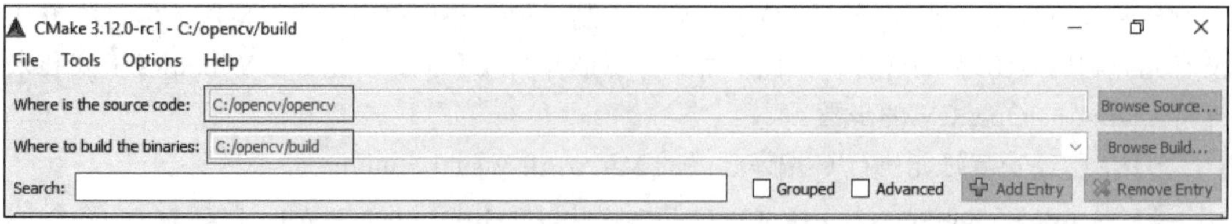

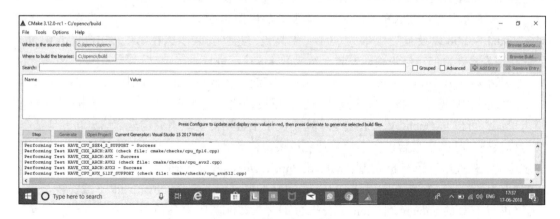

图 5-2

7）然后单击**配置**（Configure）就会开始执行配置，CMake 会根据系统变量中的路径设置，尽其所能地找到可安装包。配置过程如图 5-3 所示。

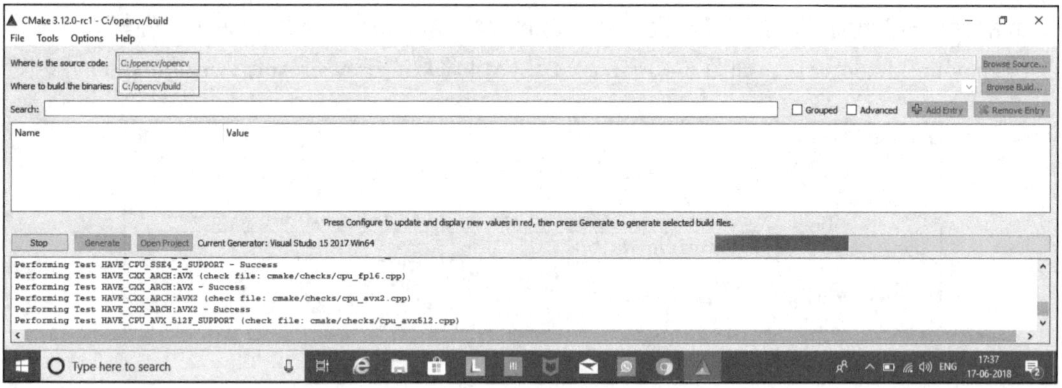

图 5-3

8）如果遇到没能自动寻到的安装包，可用手动方式寻找。要进行支持 CUDA 的安装，则配置 OpenCV 时必须检查 WITH_CUDA 变量，如图 5-4 所示。然后再次单击**配置**（Configure）。

图 5-4

9）配置完成后就可单击**生成**（Generate），会根据你选择的 Visual Studio 版本创建

Visual Studio 项目文件，生成完成后窗口应如图 5-5 所示。

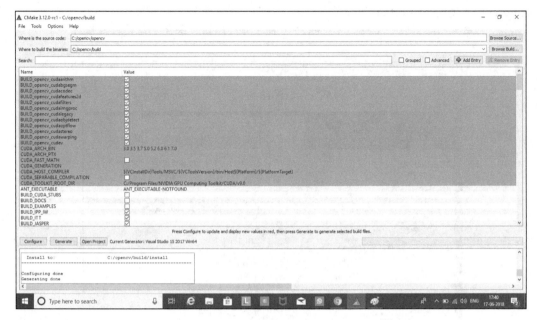

图　5-5

10）接着到 opencv 文件夹的 build 目录找到 OpenCV.sln 这个 Visual Studio 项目，如图 5-6 所示。

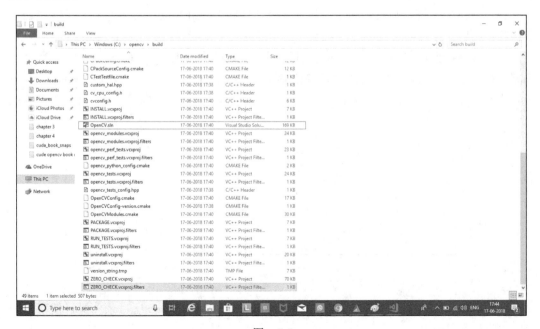

图　5-6

11）在 Microsoft Visual Studio 中打开这个项目，在**解决方案资源管理器**（Solution Explorer）中找到 ALL_BUILD 这个项目，右键单击并构建，在 Visual Studio 中切换调试（debug）和发布（release）选项，并且两种选项都进行构建。图 5-7 显示这些操作。

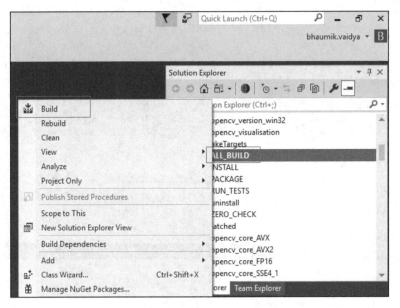

图　5-7

12）项目构建需要很长时间，这与你的处理器和 Visual Studio 版本息息相关。成功完成构建操作后，你就可以在 C/C++ 项目中使用 OpenCV 库了。

13）接着设置 OEPNCV_DIR 环境变量：右键单击**我的电脑**（My Computer）|**高级系统设置**（Advanced System Settings）|**环境变量**（Environment Variables）|**新建**（New），其值设置为 C:\opencv\build\x64\vc14\bin。此处的 vc14 将取决于你的 Microsoft Visual Studio 版本（图 5-8）。

要检查整个安装是否完整，你可以到 C://opencv/build/bin/Debug 目录，执行任何一个 .exe 应用程序看看。

5.4.2　在 Linux 上安装 OpenCV

本节介绍在 Linux 操作系统上安装支持 CUDA 的 OpenCV 的步骤，这些步骤在 Ubuntu 16.04 上进行测试，但应该也适用于任何 Unix 发行版：

1）安装支持 CUDA 的 OpenCV 库需要安装最新版本的 CUDA 工具包，这在第 1 章里已经涵盖了。在继续往下进行之前，请先检查其安装的正确性。你可以通过执行 nvidia-smi 命令来检查 CUDA 工具包的安装以及 NVIDIA 设备驱动程序，如果安装正常，你应该看到类似于如图 5-9 所示的输出。

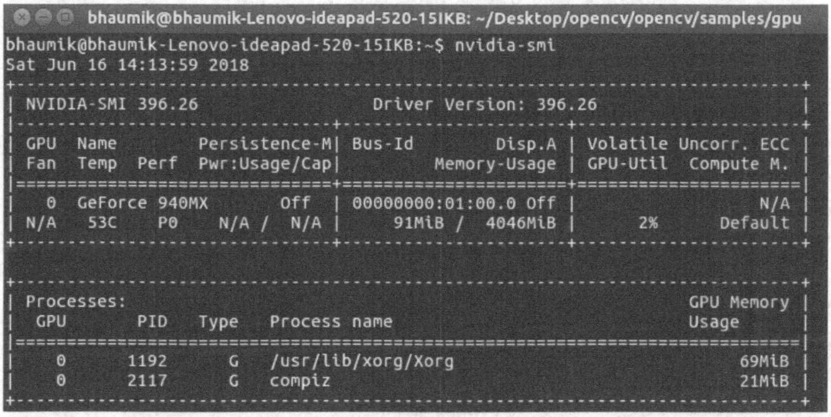

图　5-9

2）到 https://github.com/opencv/opencv/ 下载最新版 OpenCV 源代码，并解压缩到 opencv 目录。

3）OpenCV 源代码缺少一些额外的功能模块，这些额外的模块存放在 opencv_contrib 模组里面，可以与 OpenCV 一起安装。这个模组中可用的功能不一定全都稳定，一旦某个功能模块确认是稳定之后，就会把该功能模块转移到实际的 OpenCV 源代码包里。如果要安装这个额外模组，请至 https://github.com/opencv/opencv_contrib 下载，并将其解压缩到与 opencv 同一层目录的 opencv_contrib 文件夹。

4）进入 opencv 目录并创建一个构建（build）目录，然后进入这个新创建的 build 目录。在命令窗口里执行以下指令，来完成上述步骤：

```
$ cd opencv
$ mkdir build
$ cd build
```

5）用 cmake 命令来编译支持 CUDA 的 opencv 库，确认命令中的 WITH_CUDA 标志设置为 ON，以及那个存放额外功能模块的 opencv_contrib 目录的正确路径。完整的 cmake 命令如下所示：

```
cmake -D CMAKE_BUILD_TYPE=RELEASE CMAKE_INSTALL_PREFIX=/usr/local
WITH_CUDA=ON  ENABLE_FAST_MATH=1 CUDA_FAST_MATH=1 -D WITH_CUBLAS=1
OPENCV_EXTRA_MODULES_PATH=../../opencv_contrib/modules
BUILD_EXAMPLES=ON ..
```

然后会根据系统路径中的值找到所有额外的模块，执行 makefile 的配置和创建。
图 5-10 显示带有 CUDA 安装选项的 cmake 命令输出。

图   5-10

6）成功配置后，CMake 会在构建目录中创建一个 makefile 文档，然后用这个 makefile
执行 OpenCV 的编译工作。请从命令窗口执行 make -j8 命令，如图 5-11 所示。

7）编译成功后再执行 OpenCV 的安装。从命令行执行 sudo make install 指令，输出如
图 5-12 所示。

8）运行 sudo ldconfig 命令完成整个安装，这个步骤会为 opencv 库创造所有必要的链
接和缓存。

9）你可以运行 opencv/samples/gpu 目录下任一示例来检查安装是否完整。

要在程序中使用 OpenCV，你必须将 opencv2/opencv.hpp 这个头文件加到代码里，这个
头文件包含程序所需的其他全部头文件，因此所有使用 OpenCV 的程序都必须在顶部包含
此头文件。

图　5-11

图　5-12

5.5 使用 OpenCV 处理图像

现在 OpenCV 已安装在系统上，我们可以开始使用它来处理图像。本节中我们将学习如何在 OpenCV 里面去体现图像，开发图像的读取、显示以及保存到磁盘的代码，我们还将看到在 OpenCV 中创建合成图像的方法，以及 OpenCV 在图像上绘制不同的形状。除此之外，还将解释 OpenCV 的重要语法和功能。

5.5.1 OpenCV 中的图像表示

如前所述，图像就是个二维数组，因此也是以数组形式存储在计算机内进行处理。OpenCV 提供一个 Mat 类，其功能仅限于作为存储图像的图像容器。我们可以用下面两行指令来创建 Mat 对象，并指派一个图像给它：

```
Mat img;
img= imread("cameraman.tif");
```

在创建对象时，也可以定义图像的数据类型和二维数组大小。图像的数据类型非常重要，因为这表示了图像的通道数量，以及指定了单个像素值的位数。灰度图像具有单个通道，而彩色图像则由红色、绿色和蓝色三个独立通道所组成。

单像素的位数可指定灰度值的离散数量，一个 8 位的图像具有 0 到 255 的灰度级，而 16 位图像则具有 0 到 65 535 之间的灰度级。OpenCV 支持许多数据类型，默认情况下为 CV_8U，表示具有单通道的 8 位无符号图像，相当于 CV_8UC1；彩色图像可以指定为 CV_8UC3，表示具有三个通道的 8 位无符号图像。OpenCV 最多支持 512 个通道。如果数据类型超过 5 个或以上通道数量，就必须在圆括号中定义，例如 CV_8UC(5)，表示具有五个通道的 8 位图像。OpenCV 也支持带符号的数字，因此数据类型也可以是 CV_16SC3，表示带有三个通道的 16 位带符号图像。

Mat 对象可用于定义图像的大小，也称为图像的分辨率，表示水平和竖直方向上的像素数。通常，图像的分辨率用水平像素数（宽）× 竖直像素数（高）来表示，而 Mat 对象中则会用数组的行数 × 列数来定义。下面提供一些使用 Mat 来定义图像容器的示例：

```
Mat img1(6,6,CV_8UC1);
//This defines img1 object with size of 6x6, unsigned 8-bit integers and
single channel.

Mat img2(256,256, CV_32FC1)
//This defines img2 object with size of 256x256, 32 bit floating point
numbers and single channel.

Mat img3(1960,1024, CV_64FC3)
//This defines img3 object with size of 1960x1024, 64 bit floating point
numbers and three channels.
```

图像的分辨率和大小将决定该图像保存到磁盘上所需的空间，假设有个三个通道、大小为 1 024×1 024 的彩色图像，则需要 3×1 024×1 024bytes = 3MB 空间来存放这个图像。在下节中，我们将看到如何使用这个 Mat 对象，以及 OpenCV 如何读取并显示图像。

5.5.2 图像的读取和显示

本节中，我们提供一段 C++ 与 OpenCV 开发的图像读取与显示的代码，然后逐行解释：

```
#include <opencv2/opencv.hpp>
#include <iostream>

using namespace cv;
using namespace std;

int main(int argc, char** argv)
{
  // Read the image
  Mat img = imread("images/cameraman.tif",0);

  // Check for failure in reading an Image
  if (img.empty())
  {
    cout << "Could not open an image" << endl;
    return -1;
  }
  //Name of the window
  String win_name = "My First Opencv Program";

  // Create a window
  namedWindow(win_name);

  // Show our image inside the created window.
  imshow(win_name, img);

  // Wait for any keystroke in the window
  waitKey(0);

  //destroy the created window
  destroyWindow(win_name);

  return 0;
}
```

这段代码从包含标准输入输出与图像处理的头文件开始。

代码中调用 std 命名空间的 cout 和 endl 函数，因此要添加 std namespace。所有 OpenCV 的类和函数都用 cv 命名空间来定义，因此使用 cv 命名空间中定义的函数，就得指定 using namespace cv 这一行，如果省略该行，则必须以下面方式来调用 cv namespace 中所有函数：

```
Mat img = cv::imread("cameraman.tif")
```

main 函数包含了读取和显示图像的代码，在 OpenCV 中用 imread 命令来读取图像，然后返回一个 Mat 对象。imread 命令有两个参数，第一个参数是图像的名称及路径，路径部分有两种指定方式，你可以指定图像在 PC 中的完整路径，也可以指定图像与本代码文件的相对路径。前面的示例中使用的是相对路径，这个图像存放在与代码文件同一目录中下的 images 文件夹中。

第二个参数是可选的，指定以灰度还是彩色方式来读取图像。如果要将图像读取方式设定为彩色，则给定 IMREAD_COLOR 或 1；如果要读取为灰度图像，则给定 IMREAD_GRAYSCALE 或 0；如果要以储存的形式来读取图像，则给定 IMREAD_UNCHANGED 或 –1 作为第二个参数。如果图像以彩色形式读取，则 imread 命令将返回以蓝色、绿色和红色（BGR 格式）开头的三个通道。如果未给定第二个参数，则默认值为 IMREAD_COLOR，其将图像读取为彩色图像。

假如该图像无法读取或者不在磁盘上，则 imread 命令将返回 Null Mat 对象。一旦发生这种情况，就无须继续执行其他图像处理代码，我们可以向用户发送错误通知，并且在这里直接退出。这部分任务由 if 循环中的代码处理。

接着创建一个负责显示图像的窗口。OpenCV 提供 namedWindow 函数来执行这个任务，需要给定两个参数：第一个参数是窗口的名称，它必须是一个字符串；第二个参数指定要创建窗口的大小，可以在 WINDOW_AUTOSIZE 或 WINDOW_NORMAL 中选择一个。如果选择 WINDOW_AUTOSIZE，则用户将无法调整窗口大小，图像将以原始大小显示；如果选择 WINDOW_NORMAL，则用户将能够调整窗口大小。此参数是可选的，如果未指定，则其默认值为 WINDOW_AUTOSIZE。

要在创建的窗口中显示图像，请使用 imshow 命令。此命令需要两个参数：第一个参数是使用 namedWindow 命令创建的窗口的名称，第二个参数是要显示的图像变量，这个变量必须是 Mat 对象。如果要显示多个图像，必须为每个图像创建唯一名称的独立窗口，窗口名称会显示在图像窗口的标题位置。

在每个创建的窗口中，需要给 imshow 函数足够时间来显示图像，我们通过 waitKey 函数来完成这个任务。因此在所有 OpenCV 程序中，imshow 函数后面都应该伴随 waitKey 函数，否则图像可能来不及显示。waitKey 是一个键盘绑定的函数，只需要一个以 ms 为单位的时间参数，它会在指定时间内等待击键，然后再往下一行执行代码。如果未指定参数或指定为 0，则它将无限期地等待击键，只有当键盘上按键之后，它才会去执行下一行命令。我们还可以检测是否按下了特定键，并且根据所按下的键去执行某些决策。本章后面的代码中都会使用这个功能。

在整个程序结束之前，需要将过程中创建用来显示的所有窗口都关闭掉，可以用 destroyAllWindows 函数来完成。它会关闭本程序中所有经由 namedWindow 函数所创建用来显示图像的窗口。另外有一个 destroyWindow 的函数，是用来关闭特定窗口的，需要将窗口名称作为参数提供给 destroyWindow 函数。

对于程序的执行，只需复制代码并将其粘贴到 Visual Studio 中（如果在 Windows 上使用），或者在 Ubuntu 中创建一个 cpp 文件。构建方法类似于 Visual Studio 中的普通 cpp 应用程序，因此这里不再重复。要在 Ubuntu 上执行，请在命令提示符下从已保存的 cpp 文件的文件夹中执行以下命令：

编译时：

```
$ g++ -std=c++11 image_read.cpp 'pkg-config --libs --cflags opencv' -o image_read
```

执行时：

```
$./image_read
```

执行先前代码的输出结果如图 5-13 所示。

彩色图像的读取和显示

在前面的程序中，imread 的第二个参数指定为 0，这意味着它将图像以灰度格式读取。如果你想要读取彩色图像的话，可以通过以下方式更改 imread 命令：

图　5-13

```
Mat img = imread("images/autumn.tif",1);
```

将第二个参数指定为 1，这意味着它将以 BGR 格式读取图像。值得注意的是，OpenCV 的 imread 和 imshow 使用 BGR 格式的彩色图像，与 MATLAB 和其他图像处理工具使用的 RGB 格式不同。更改 imread 参数后的输出如图 5-14 所示。

如果把第二参数改为 0，即便图像是彩色的，也会以灰度格式进行读取，这隐含着将图像转换为灰度然后执行读取，读取到的图像所显示的结果如图 5-15 所示。

图　5-14

图　5-15

牢记 imread 函数读取图像的使用方式是非常重要的，因为这会影响程序中其他图像处理的代码。

总而言之，本节中我们了解使用 OpenCV 读取图像并显示的方法，过程中我们也学到 OpenCV 中可用的一些重要功能。在下一节，我们将了解如何使用 OpenCV 创建合成图像。

5.5.3 使用 OpenCV 创建图像

有时，我们会遇到需要创建自己的图像或在现有图像上绘制一些形状的需求，也可能想要在检测到的对象周围绘制边界框，或在图像上显示标签。因此在本节中，我们将展示如何创建空白的灰度和彩色图像，以及在图像上绘制线条、矩形、椭圆、圆形和文本的功能。

要创建大小为 256×256 的空白黑色图像，可以使用以下代码：

```cpp
#include <opencv2/opencv.hpp>
#include <iostream>

using namespace cv;
using namespace std;

int main(int argc, char** argv)
{
  //Create blank black grayscale Image with size 256x256
  Mat img(256, 256, CV_8UC1, Scalar(0));
  String win_name = "Blank Image";
  namedWindow(win_name);
  imshow(win_name, img);
  waitKey(0);
  destroyWindow(win_name);
  return 0;
}
```

这段代码与前一段读取并显示图像的代码有些相似，但这里没有用到 imread 命令，而是使用 Mat 类的构造函数来创建图像。如前面提到的，我们可以在创建 Mat 对象时提供尺寸和数据类型，因此在创建 img 对象时我们提供了四个参数：前两个参数指定图像的大小，第一个给定行数（高度），第二个给定列数（宽度）；第三个参数定义图像的数据类型，我们使用了 CV_8UC1，这表示要创建一个具有单通道的 8 位无符号整数图像；最后一个参数指定数组中所有像素的初始化值，这里我们使用的 0 是黑色的值。执行此程序时，将创建一个 256×256 大小的黑色图像，如图 5-16 所示。

图　5-16

类似的代码可用于创建任何颜色的空白图像，如下所示：

```cpp
#include <opencv2/opencv.hpp>
#include <iostream>

using namespace cv;
using namespace std;

int main(int argc, char** argv)
{
```

```
//Create blank blue color Image with size 256x256
Mat img(256, 256, CV_8UC3, Scalar(255,0,0));
String win_name = "Blank Blue Color Image";
namedWindow(win_name);
imshow(win_name, img);
waitKey(0);
destroyWindow(win_name);
return 0;
}
```

这里创建 Mat 对象时，数据类型使用 CV_8UC3 取代先前的 CV_8UC1，这样就指定具有三个通道的 8 位图像，如此一来，每个像素就有 24 位元。第四个参数指定起始像素值，使用标量关键字和三个值的元组指定，这三个值指定所有三个通道中的起始值。在此范例中，蓝色通道初始化为 255、绿色通道初始化为 0、红色通道初始化为 0，这将创建一个 256×256 蓝色的图像。元组中值的不同组合将生成不同颜色。上述代码的输出如图 5-17 所示。

图   5-17

在空白图像上绘制形状

要开始在图像上绘制不同的形状，我们将首先使用以下命令创建任意大小的空白黑色图像：

```
Mat img(512, 512, CV_8UC3, Scalar(0,0,0));
```

这命令创建一个 512×512 大小的黑色图像。现在我们准备在此图像上绘制不同的形状。

（1）绘制线条

一条直线由两点指定：起点和终点。要在图像上绘制线条必须指定这两个点。在图像上绘制线条的功能如下：

```
line(img,Point(0,0),Point(511,511),Scalar(0,255,0),7);
```

line 函数有五个参数：第一个参数指定需要绘制线条的图像；第二、三个参数分别给定起点和终点，这些点是由 Point 类构造函数定义的，以图像的 x 和 y 坐标作为参数；第四个参数指定该线条的颜色，分别给定 B、G 和 R 的元组值，在此给定的（0, 255, 0）值表示绿色；第五个参数指定线条的宽度，本处给定的值代表宽度为 7 像素。本函数还有个可选的 linetype 参数。上述功能将绘制一条从（0, 0）到（511, 511）、宽度为 7 像素的宽的绿色对角线。

（2）绘制矩形

矩形可以用两个极端对角点来指定。OpenCV 提供了在图像上绘制矩形的功能，其语法如下：

```
rectangle(img,Point(384,0),Point(510,128),Scalar(255,255,0),5);
```

rectangle 函数有五个参数：第一个参数指定需要绘制矩形的图像；第二个参数是矩形的左上角；第三个参数是矩形的右下角；第四个参数指定边框的颜色，这里给定的（255，255，0）是蓝色和绿色的混合色，就是青色；第五个参数是边界的宽度，如果第五个参数设为 –1，则这个矩形会被颜色完全填充。于是前面的函数将绘制一个从左上角极点（384，0）到右下角极点（510，128）、颜色为青色、边框宽度为 5 像素的矩形。

（3）绘制圆形

圆形可以由中心点位置及其半径指定。OpenCV 提供了在图像上绘制圆形的函数，其语法如下：

```
circle(img,Point(447,63), 63, Scalar(0,0,255), -1);
```

circle 函数有五个参数：第一个参数指定需要绘制圆形的图像；第二个参数指定该圆的中心点位置；第三个参数指定半径；第四个参数指定圆的颜色，这里给定的（0，0，255）为红色；第五个参数是边界宽度，此处给定 –1 的值，表示圆圈完全填满红色。

（4）绘制椭圆

OpenCV 提供了一个在图像上绘制椭圆的函数，语法如下：

```
ellipse(img,Point(256,256),Point(100,100),0,0,180,255,-1);
```

ellipse 函数有很多参数：第一个参数指定需要绘制椭圆的图像；第二个参数指定椭圆的中心；第三个参数指定绘制椭圆的外框尺寸；第四个参数指定椭圆需要旋转的角度，本例设为 0 度；第五个和第六个参数指定需要绘制椭圆的角度范围，本例设为 0 到 180 度，因此只会绘制一半的椭圆；下一个参数指定椭圆的颜色，本例设定的 255 其实与（255，0，0）相同，为蓝色；最后一个参数指定边框的宽度，本例设为 –1，因此椭圆将全部以蓝色完全填满。

（5）在图像上写入文本

OpenCV 提供的 putText 函数，可以在图像上写入文本，语法如下：

```
putText( img, "OpenCV!", Point(10,500), FONT_HERSHEY_SIMPLEX, 3,Scalar(255,
255, 255), 5, 8 );
```

putText 函数有很多参数：第一个参数是要写入文本的图像；第二个参数是作为 String 数据类型的文本，我们要在图像上写入它；第三个参数指定文本的左下角位置；第四个参数指定字体类型，OpenCV 中有许多可用的字体类型，可查看 OpenCV 文档；第五个参数指定字体大小；第六个参数指定文本颜色，这里设为（255，255，255）会得到白色；第七个参数是文本的宽度，本例设为 5；最后一个参数指定 linetype 设为 8。

我们已经看到了在空白黑色图像上绘制形状的单独功能。以下代码显示了前面讨论的所有函数的组合：

```
#include <opencv2/opencv.hpp>
#include <iostream>

using namespace cv;
using namespace std;

int main(int argc, char** argv)
{
  Mat img(512, 512, CV_8UC3, Scalar(0,0,0));
  line(img,Point(0,0),Point(511,511),Scalar(0,255,0),7);
  rectangle(img,Point(384,0),Point(510,128),Scalar(255,255,0),5);
  circle(img,Point(447,63), 63, Scalar(0,0,255), -1);
  ellipse(img,Point(256,256),Point(100,100),0,0,180,255,-1);
  putText( img, "OpenCV!", Point(10,500), FONT_HERSHEY_SIMPLEX,
3,Scalar(255, 255, 255), 5, 8 );
  String win_name = "Shapes on blank Image";
  namedWindow(win_name);
  imshow(win_name, img);
  waitKey(0);
  destroyWindow(win_name);
  return 0;
}
```

图 5-18

上述代码的输出图像如图 5-18 所示。

5.5.4 将图像保存到文件

OpenCV 也可以将图像保存到磁盘中，如果想要将处理过的图像存储到计算机上的磁盘上时这很有用。OpenCV 提供了 imwrite 函数来执行此操作，语法如下：

```
bool flag = imwrite("images/save_image.jpg", img);
```

imwrite 函数有两个参数：第一个参数是要保存的文件的名称及其路径；第二个参数是要保存的 img 变量。此函数返回一个布尔值，指示文件是否成功保存到磁盘上。

本节中我们使用 OpenCV 处理图像，下节中我们将使用 OpenCV 来处理视频数据，总的来说这些视频就是一连串的图像数据。

5.6 使用 OpenCV 处理视频

本节将介绍使用 OpenCV 从文件和网络摄像机读取视频的过程，也包括将视频保存到文件的处理，这也适用于连接到计算机的 USB 相机，视频只不过是一连串的图像罢了。虽然 OpenCV 并未针对视频处理应用程序进行优化，但功能上是中规中矩的。OpenCV 缺乏捕获音频的功能，需要其他工具来与 OpenCV 协同工作，实现音频和视频的捕获。

5.6.1　处理存储在计算机上的视频

本节介绍如何读取存储在计算机上视频文件的步骤，视频中的每一帧将被逐个读取与操作，并透过所有调用 OpenCV 的视频处理程序，将视频内容显示在屏幕上。

以下代码用于读取和显示视频，并逐行说明：

```cpp
#include <opencv2/opencv.hpp>
#include <iostream>
using namespace cv;
using namespace std;
int main(int argc, char* argv[])
{
  //open the video file from PC
  VideoCapture cap("images/rhinos.avi");
  // if not success, exit program
  if (cap.isOpened() == false)
  {
    cout << "Cannot open the video file" << endl;
    return -1;
  }
  cout<<"Press Q to Quit" << endl;
  String win_name = "First Video";
  namedWindow(win_name);
  while (true)
  {
    Mat frame;
    // read a frame
    bool flag = cap.read(frame);

    //Breaking the while loop at the end of the video
    if (flag == false)
    {
      break;
    }
    //display the frame
    imshow(win_name, frame);
    //Wait for 100 ms and key 'q' for exit
    if (waitKey(100) == 'q')
    {
      break;
    }
  }
  destroyWindow(win_name);
  return 0;
}
```

在包含库之后，处理视频的 main 函数中需要做的第一件事是创建 VideoCapture 对象。VideoCapture 类有许多可用于处理视频的构造函数，当我们想要处理存储在计算机上的视频文件时，需要在创建 VideoCapture 对象时，提供视频的名称及其路径作为构造函数的参数。

此对象提供许多方法和属性作为与视频相关的信息，我们在需要时可查看这些内容。其中有个 isOpened 属性，指示对象创建是否成功、视频是否可用，然后返回一个布尔值。

如果 cap.isOpened 为 false, 则视频不可用, 因此无须在程序中继续操作。这是在 if 循环处理的, 当视频不可用时通知用户后退出程序。

VideoCapture 类提供一种逐帧读取方法, 我们需要启动一个持续循环来处理整个视频, 直到视频结束, 无限的 while 循环可以完成这项工作。在 while 循环内部使用 read 方法读取第一帧, 这个读取方法有一个参数, 就是我们想要存储帧的 Mat 对象, 返回一个布尔值, 指示帧是否已成功读取。当循环处理到视频结尾时, 布尔值将返回 false, 表示没有可用的帧。在循环中连续检查 flag 标志一直到视频结束, 如果检测到 false, 就用 break 语句直接退出 while 循环。

帧数据就是单个图像, 因此显示的处理就与前面用的方法是一样的。在前面的代码中, waitKey 函数在 if 语句中使用, 在每帧之后的 100ms 时间内等待是否有 q 的击键, 如果有, 表示用户想要退出视频, 所以在 if 里面加上 break 语句。

整段代码所执行的结果, 就是当视频文档全部显示, 或者用户在键盘上按下 q 这个键时就终止视频显示。在本书中, 我们处理视频时会使用到这段练习代码。前一程序的输出如图 5-19, 它是视频中的某一帧。

我们在每帧之间使用 100ms 的延迟, 如果将这个值减少到 10ms 时会发生什么事情? 答案是, 每帧的显示都会更快些。这并不意味着视频的帧速率发生变化, 只意味着帧之间的延迟减少。如果要查看视频的实际帧速率, 可以用 cap 对象的 CAP_PROP_FPS 属性。可以使用以下代码显示:

图   5-19

```
double frames_per_second = cap.get(CAP_PROP_FPS);
cout << "Frames per seconds of the video is : " << frames_per_second ;
```

cap 对象还具有其他属性, 例如 CAP_PROP_FRAME_WIDTH 和 CAP_PROP_FRAME_HEIGHT, 分别指示帧的宽度和高度, 这些属性也可以用 get 方法获取, 此外也可用 set 方法设置 cap 对象的这些属性。set 方法有两个参数: 第一个参数是属性的名称 (name), 第二个参数是我们要设置的值 (value)。

本节介绍了从文件中读取视频的方法, 下一节将介绍从网络摄像机或 USB 相机读取视频的过程。

5.6.2   处理从网络摄像机读取的视频

本节介绍从连接到计算机的网络摄像机或 USB 相机中去捕获视频的过程。OpenCV 的优点在于, 相同的代码适用于笔记本电脑和任何可以运行 C/C++ 的嵌入式系统, 这有助于在任何硬件平台上部署计算机视觉应用程序。捕获视频并显示它的代码如下:

```
#include <opencv2/opencv.hpp>
#include <iostream>

using namespace cv;
using namespace std;

int main(int argc, char* argv[])
{
  //open the Webcam
  VideoCapture cap(0);
  // if not success, exit program
  if (cap.isOpened() == false)
  {
    cout << "Cannot open Webcam" << endl;
    return -1;
  }
  //get the frames rate of the video from webcam
  double frames_per_second = cap.get(CAP_PROP_FPS);
  cout << "Frames per seconds : " << frames_per_second << endl;
  cout<<"Press Q to Quit" <<endl;
  String win_name = "Webcam Video";
  namedWindow(win_name); //create a window
  while (true)
  {
    Mat frame;
    bool flag = cap.read(frame); // read a new frame from video
    //show the frame in the created window
    imshow(win_name, frame);
    if (waitKey(1) == 'q')
    {
      break;
    }
  }
  return 0;
}
```

从网络摄像机或 USB 相机捕获视频时，需要将该摄像头的设备 ID 作为参数提供给 VideoCapture 对象的构造函数。连接的主摄像头的设备 ID 为 0，笔记本电脑的网络摄像机或没有网络摄像机的 USB 相机，其设备 ID 为 0，如果有多台摄像机连接到设备，则其设备 ID 将为（0，1），依此类推。在前面的代码中，0 表示代码使用主摄像头来捕获视频。

其他代码或多或少与从文件中读取视频的代码相类似，在这里还提取并显示视频的帧速率，每一帧的数据以 1ms 的时间间隔逐个读取，并显示在创建的窗口上。你必须按 q 才能终止操作。使用网络摄像机捕获的视频输出如图 5-20 所示。

5.6.3 将视频保存到磁盘

要从 OpenCV 程序保存视频，我们需要创建 VideoWriter 类的对象，将视频保存到文件的代码如下：

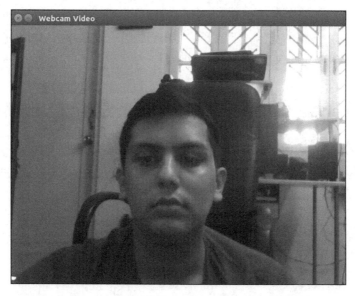

图　5-20

```
Size frame_size(640, 640);
int frames_per_second = 30;

VideoWriter v_writer("images/video.avi", VideoWriter::fourcc('M', 'J', 'P',
'G'), frames_per_second, frame_size, true);

//Inside while loop
v_writer.write(frame);

//After finishing video write
v_writer.release();
```

在创建 VideoWriter 类的对象时，构造函数需要五个参数：第一个参数是要保存的视频文件的名称以及绝对路径或相对路径；第二个参数是用于视频编解码器的四个字符代码，用 VideoWriter::fourcc 函数创建的，这里我们使用的是动态 JPEG 编解码器，所以它的四个字符代码是 'M'，'J'，'P' 和 'G'，根据你的要求和操作系统可以使用其他编解码器代码；第三个参数是每秒帧数，可以指定为先前定义的整数变量或直接在函数中的整数值，在前面的代码中，使用每秒 30 帧；第四个参数是帧的大小，使用 size 关键字定义，带有两个参数：frame_width 和 frame_height，在前面的代码中被设定为 640×640；第五个参数指定要存储的帧是彩色还是灰度，如果为真（true）则将帧保存为彩色帧。

然后使用 VideoWriter 对象开始写入帧数据，这是 OpenCV 提供的一种 write 方法，此方法用于逐帧将数据写入视频，因此这个指令包含在无限 while 循环中。此方法只需要一个参数（即帧变量的名称）。帧数据的大小在创建 VideoWriter 对象时就已经指定。写入完成后刷新和关闭创建的视频文件是非常重要的步骤，这可以通过使用 release 方法来完成，释放所创建的 VideoWriter 对象。

总的来说，本节中我们展示了从文档或连接到设备的相机中读取视频的过程，我们也提供一段将视频写入文件的代码。下节开始，我们将进一步指导大家如何使用具有 CUDA 加速功能的 OpenCV，对图像或视频进行操作。

5.7 使用 OpenCV CUDA 模块的基本计算机视觉应用程序

在前面的章节中，我们看到 CUDA 提供了出色的接口，发挥 GPU 的并行计算能力来加速复杂的计算应用程序。在本节中，我们将了解如何利用 CUDA 和 OpenCV 的功能来实现计算机视觉应用。

5.7.1　OpenCV CUDA 模块简介

OpenCV 有一个 CUDA 模块，里面有数百个能发挥 GPU 能力的功能。因为后台使用的是英伟达的 CUDA 运行库（Runtime），所以仅能支持英伟达的 GPU 架构。要使用 CUDA 模块，就必须在 OpenCV 编译时将 WITH_CUDA 标志设置为 ON。

在 OpenCV 的 CUDA 模块中有个很棒的特性，就是它提供的 API 与 OpenCV 常规 API 很类似，因此也不需要过度深入去学习 CUDA 的编程知识。对 CUDA 和 GPU 架构的了解程度并不会造成任何影响。研究人员已经证明，使用 CUDA 加速功能可以提供比类似 CPU 功能快 5 倍到 100 倍的性能提升。

在下一节中，我们将说明如何在各种计算机视觉和图像处理应用程序中，使用 CUDA 模块来处理 OpenCV 图像中的个别像素。

5.7.2　对图像的算术和逻辑运算

在本节中，我们将学习到如何对图像执行各种算术和逻辑运算，将使用 OpenCV 的 CUDA 模块中定义的函数来执行这些操作。

1. 两个图像加成

只要两个图像具有相同尺寸，就可以执行图像的加成。OpenCV 在 cv::cuda 命名空间内提供一个 add 函数来执行加成操作，在两个图像中执行像素级加成。假设在两个图像中位置（0，0）像素强度值分别为 100 和 150，合成图像该位置的强度值变为 250，这是两个强度值的相加。OpenCV 加成属于饱和操作，这意味着如果加成后的结果超过 255，其饱和值就是 255。执行加成的代码如下：

```
#include <iostream>
#include "opencv2/opencv.hpp"

int main (int argc, char* argv[])
{
```

```
//Read Two Images
cv::Mat h_img1 = cv::imread("images/cameraman.tif");
cv::Mat h_img2 = cv::imread("images/circles.png");
//Create Memory for storing Images on device
cv::cuda::GpuMat d_result1,d_img1, d_img2;
cv::Mat h_result1;
//Upload Images to device
d_img1.upload(h_img1);
d_img2.upload(h_img2);

cv::cuda::add(d_img1,d_img2, d_result1);
//Download Result back to host
d_result1.download(h_result1);
cv::imshow("Image1 ", h_img1);
cv::imshow("Image2 ", h_img2);
cv::imshow("Result addition ", h_result1);
cv::imwrite("images/result_add.png", h_result1);
cv::waitKey();
return 0;
}
```

任何要用到 GPU 的计算机视觉操作，都必须将图像数据先载入到设备的显存上，可使用 gpumat 关键字来先行分配显存，与用于主机内存的 Mat 类型相似。用前面读取图像的相同方式，读取两个要作加成处理的图像，并存放在主机内存中，然后用 upload 方法将图像复制到设备显存，以主机上的图像变量作为参数传递给此方法。

GPU CUDA 模块中的函数都定义在 cv::cuda 命名空间中，将设备上配置给图像数据用的显存块作为其参数。来自 CUDA 模块的 add 功能用于图像加成，它需要三个参数：前两个参数是要加成的两个图像，最后一个参数是存储加成结果的目标。这三个变量都须用 gpumat 定义。

使用 download 方法将设备加成的结果图像回存到主机上。主机的 img 变量作为 download 方法的参数，将图像加成的结果复制过来，然后用上一节中所用的相同功能，显示该图像并存储到磁盘上。这段程序的输出结果如图 5-21 所示。

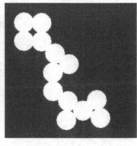

图像 1   图像 2   相减后的图像

图　5-21

2. 两个图像相减

OpenCV 和 CUDA 图像之间还有其他可执行的算术运算，OpenCV 提供 subtract 功能让两个图像执行相减操作，这也是种饱和的运算，这意味着当减法的结果低于 0 时，其饱和值为 0。subtract 命令的语法如下：

```
//d_result1 = d_img1 - d_img2
cv::cuda::subtract(d_img1, d_img2,d_result1);
```

同样，提供两个要减去的图像作为前两个参数，并且提供结果图像作为第三个参数。两幅图像之间相减的结果如图 5-22 所示。

 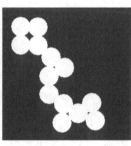 

图像 1   图像 2   相减后的图像

图   5-22

3. 图像合成

有时需要将两个图像以不同比例加以合成，而不是直接加成。可以用下面数学等式来表示图像的合成：

$$result = \alpha * img1 + \beta * img2 + \gamma$$

通过 OpenCV 中的 addWeighted 函数可以轻松完成，该函数的语法如下：

```
cv::cuda::addWeighted(d_img1,0.7,d_img2,0.3,0,d_result1)
```

该函数有六个参数：第一个参数是第一个源图像；第二个参数是第一个用于合成的图像的权重；第三个参数是第二个源图像；第四个参数是用于合成的第二个图像的权重；第五个参数是在合成时添加的伽玛常量；最后一个参数指定需要存储结果的目标。本例给出的函数将 70% 的图像 1 与 30% 的图像 2 加以合成，输出结果如图 5-23 所示。

4. 图像反转

除了算术运算之外，OpenCV 还提供对个别位（individual bit）的布尔运算，包括 AND、OR、NOT 等。AND 和 OR 对于屏蔽操作非常有用，我们稍后会看到。NOT 用于反转图像，将黑色转换为白色、白色转换为黑色，可以用以下等式表示：

$$result\_image = 25 - input\_image$$

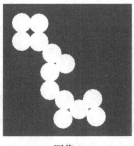

图像 1　　　　　　图像 2　　　　　合成后的图像

图　5-23

在等式中，255 表示 8 位图像的最大强度值，进行图像反转的程序如下：

```cpp
#include <iostream>
#include "opencv2/opencv.hpp"

int main (int argc, char* argv[])
{
  cv::Mat h_img1 = cv::imread("images/circles.png");
  //Create Device variables
  cv::cuda::GpuMat d_result1,d_img1;
  cv::Mat h_result1;
  //Upload Image to device
  d_img1.upload(h_img1);

  cv::cuda::bitwise_not(d_img1,d_result1);
  //Download result back  to host
  d_result1.download(h_result1);
  cv::imshow("Result inversion ", h_result1);
  cv::imwrite("images/result_inversion.png", h_result1);
  cv::waitKey();
  return 0;
}
```

这段程序与算术运算程序类似，bitwise_not 函数用于图像反转，图像应为灰度图像，需要两个参数：第一个参数表示要反转的源图像；第二个参数表示要存储反转图像的目标。bitwise_not 操作的输出如图 5-24 所示。

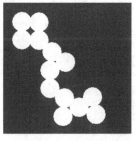

源图像　　　　　　反转图像

图　5-24

可以看出，通过进行反转，白色被转换为黑色，黑色被转换为白色。

总结一下，在本节中我们已经看到使用 OpenCV 和 CUDA 的各种算术和逻辑运算，下一节中我们将看到一些广泛用于计算机视觉应用的计算机视觉操作。

5.7.3   更改图像的颜色空间

如前所述，OpenCV 可以将图像读取为灰度图像或具有绿色、蓝色和红色三个通道的彩色图像（称为 BGR 格式）。其他图像处理软件和算法使用 RGB 图像，其通道顺序为红色、绿色、蓝色。还有许多用于特定软件的颜色格式，例如使用色调（Hue）、饱和度（Saturation）与值（Value）三个通道的 HSV 颜色空间，其中 Hue 表示颜色值，Saturation 表示颜色的灰度级，Value 表示颜色的亮度。另一个是 YCrCb 颜色空间也非常有用，用一个 luma（Y）亮度分量和两个 chroma（Cb 和 Cr）色度分量表示图像中的颜色。

OpenCV 支持许多其他可用的颜色空间，例如 XYZ、HLS、Lab 等。OpenCV 支持 150 多种颜色转换方法，可使用 OpenCV 提供的 cvtColor 函数完成颜色空间互相转化工作。下面范例使用此函数在各种颜色空间之间切换：

```cpp
#include <iostream>
#include "opencv2/opencv.hpp"

int main (int argc, char* argv[])
{
  cv::Mat h_img1 = cv::imread("images/autumn.tif");
  //Define device variables
  cv::cuda::GpuMat d_result1,d_result2,d_result3,d_result4,d_img1;
  //Upload Image to device
  d_img1.upload(h_img1);

  //Convert image to different color spaces
  cv::cuda::cvtColor(d_img1, d_result1,cv::COLOR_BGR2GRAY);
  cv::cuda::cvtColor(d_img1, d_result2,cv::COLOR_BGR2RGB);
  cv::cuda::cvtColor(d_img1, d_result3,cv::COLOR_BGR2HSV);
  cv::cuda::cvtColor(d_img1, d_result4,cv::COLOR_BGR2YCrCb);
  cv::Mat h_result1,h_result2,h_result3,h_result4;
  //Download results back to host
  d_result1.download(h_result1);
  d_result2.download(h_result2);
  d_result3.download(h_result3);
  d_result4.download(h_result4);

  cv::imshow("Result in Gray ", h_result1);
  cv::imshow("Result in RGB", h_result2);
  cv::imshow("Result in HSV ", h_result3);
  cv::imshow("Result in YCrCb ", h_result4);
  cv::waitKey();
  return 0;
}
```

由于 imshow 函数必须使用 BGR 颜色格式的彩色图像，如果用其他颜色格式给 imshow

输出的话，视觉上可能不具有吸引力。以下将同一张图像用不同颜色格式输出，显示不同的效果（图 5-25）。

原始图像   灰度图像   RGB 图像

HSV 图像   YCrCb 图像

图   5-25

5.7.4　图像阈值处理

图像阈值处理是一种非常简单的图像分割技术，基于某个特定强度值，将重要区域从灰度图像中提取出来。在这个技术中，如果像素值大于某个阈值，则为其分配一个值，否则为其分配另一个值。

在 OpenCV 和 CUDA 中用于图像阈值处理的函数是 cv::cuda::threshold，这个函数有很多参数：第一个参数是源图像，应该是灰度图像；第二个参数是存储结果的目标；第三个参数是阈值，用于分割像素值；第四个参数是 maxVal 常量，表示在像素值大于阈值时要给出的值；函数的最后一个参数指定要采用的阈值技术类型。OpenCV 提供不同类型的阈值技术如下。

- ❑ cv::THRESH_BINARY：如果像素的强度值大于阈值，则将该像素强度值设置为 maxVal 常量，否则将像素强度值设置为零。
- ❑ cv::THRESH_BINARY_INV：如果像素的强度值大于阈值，则将像素强度值设置为零，否则将像素强度值设置为 maxVal 常量。
- ❑ cv::THRESH_TRUNC：这基本上是一个截断操作，如果像素的强度值大于阈值，则将该像素强度值设置为阈值，否则保持强度值不变。
- ❑ cv::THRESH_TOZERO：如果像素的强度值大于阈值，保持像素强度不变，否则将像素强度值设置为零。
- ❑ cv::THRESH_TOZERO_INV：如果像素强度值大于阈值，则将像素强度设为零，否则保持像素强度值不变。

使用 OpenCV 和 CUDA 实现所有这些阈值技术的程序如下:

```cpp
#include <iostream>
#include "opencv2/opencv.hpp"

int main (int argc, char* argv[])
{
  cv::Mat h_img1 = cv::imread("images/cameraman.tif", 0);
  //Define device variables
  cv::cuda::GpuMat d_result1,d_result2,d_result3,d_result4,d_result5,
d_img1;
  //Upload image on device
  d_img1.upload(h_img1);

  //Perform different thresholding techniques on device
  cv::cuda::threshold(d_img1, d_result1, 128.0, 255.0, cv::THRESH_BINARY);
  cv::cuda::threshold(d_img1, d_result2, 128.0, 255.0,
cv::THRESH_BINARY_INV);
  cv::cuda::threshold(d_img1, d_result3, 128.0, 255.0, cv::THRESH_TRUNC);
  cv::cuda::threshold(d_img1, d_result4, 128.0, 255.0, cv::THRESH_TOZERO);
  cv::cuda::threshold(d_img1, d_result5, 128.0, 255.0,
cv::THRESH_TOZERO_INV);

  cv::Mat h_result1,h_result2,h_result3,h_result4,h_result5;
  //Copy results back to host
  d_result1.download(h_result1);
  d_result2.download(h_result2);
  d_result3.download(h_result3);
  d_result4.download(h_result4);
  d_result5.download(h_result5);
  cv::imshow("Result Threshhold binary ", h_result1);
  cv::imshow("Result Threshhold binary inverse ", h_result2);
  cv::imshow("Result Threshhold truncated ", h_result3);
  cv::imshow("Result Threshhold truncated to zero ", h_result4);
  cv::imshow("Result Threshhold truncated to zero inverse ", h_result5);
  cv::waitKey();

  return 0;
}
```

在 cv::cuda::threshold 函数调用所有阈值技术的代码中，给定像素强度的阈值为 128，这个值是黑色（0）和白色（255）的中点。maxVal 常量取 255，用于在超过阈值时更新像素强度值。其他的代码则与前面所看到的 OpenCV 代码相类似。

程序的输出如图 5-26，显示了输入图像以及所有五种阈值技术的输出。

5.8 OpenCV 应用程序使用和不使用 CUDA 支持的性能比较

对于图像处理的性能方面，我们可以根据算法处理单个图像所花费的时间来测算。在处理视频时，性能以每秒帧数来衡量，这表示它可以在一秒钟内处理的帧数。当算法每秒能处理 30 帧以上时，就可以被视为是实时工作。我们还可以测量自己用 OpenCV 撰写算法的性能，这会在本节中讨论。

原始图像   二元阀值   反向二元阀值

截断的阈值   截断为零的阈值   截断为零的反向阈值

图   5-26

正如我们前面所讨论的，使用 CUDA 兼容特性去构建 OpenCV 时，可以大大提高算法的性能。CUDA 模块中的 OpenCV 函数经过优化，能发挥 GPU 并行处理能力，OpenCV 本身也提供仅在 CPU 上运行的类似功能。在本节中，我们将用上一节处理一个图像所花费的时间以及每秒帧数的阈值操作为例，比较一下使用与不使用 GPU 的性能差异。在 CPU 上实现阈值处理和测量性能的代码如下：

```cpp
#include <iostream>
#include "opencv2/opencv.hpp"
using namespace cv;
using namespace std;
int main (int argc, char* argv[])
{
  cv::Mat src = cv::imread("images/cameraman.tif", 0);
  cv::Mat result_host1,result_host2,result_host3,result_host4,result_host5;

  //Get initial time in miliseconds
  int64 work_begin = getTickCount();
  cv::threshold(src, result_host1, 128.0, 255.0, cv::THRESH_BINARY);
  cv::threshold(src, result_host2, 128.0, 255.0,   cv::THRESH_BINARY_INV);
  cv::threshold(src, result_host3, 128.0, 255.0, cv::THRESH_TRUNC);
  cv::threshold(src, result_host4, 128.0, 255.0, cv::THRESH_TOZERO);
  cv::threshold(src, result_host5, 128.0, 255.0, cv::THRESH_TOZERO_INV);

  //Get time after work has finished
  int64 delta = getTickCount() - work_begin;
```

```
//Frequency of timer
double freq = getTickFrequency();
double work_fps = freq / delta;
std::cout<<"Performance of Thresholding on CPU: " <<std::endl;
std::cout <<"Time: " << (1/work_fps) <<std::endl;
std::cout <<"FPS: " <<work_fps <<std::endl;
return 0;
}
```

这段代码中，使用 cv 命名空间的阈值函数只调用 CPU 执行，而不使用 cv::cuda 模块，然后使用 gettickcount 和 gettickfrequency 函数测量算法的性能。gettickcount 函数返回启动系统后经过的时间（以毫秒为单位），我们测量图像上运行代码前后的时间刻度，用二者之间的差异来表示执行处理图像期间传递的刻度，以 delta 变量来测量这个时间差。gettick-frequncy 函数返回计时器的频率，处理图像所花费的总时间可以通过将时间刻度除以计时器的频率来测量，此时间的倒数表示**每秒帧数**（FPS），最后将这些在 CPU 上进行阈值处理的性能指标都打印在控制台上。控制台上的输出如图 5-27 所示。

从输出中可以看出，CPU 处理一个图像需要 0.169 766 秒，相当于 5.890 46FPS。接着我们将在 GPU 上实现相同的算法并尝试测量代码的性能。根据前面的讨论，这应该会大大提高算法的性能。GPU 实现的代码如下：

```
Performance of Thresholding on CPU:
Time: 0.169766
FPS: 5.89046
```

图 5-27

```
#include <iostream>
#include "opencv2/opencv.hpp"

int main (int argc, char* argv[])
{
  cv::Mat h_img1 = cv::imread("images/cameraman.tif", 0);
  cv::cuda::GpuMat d_result1,d_result2,d_result3,d_result4,d_result5,
d_img1;
  //Measure initial time ticks
  int64 work_begin = getTickCount();
  d_img1.upload(h_img1);
  cv::cuda::threshold(d_img1, d_result1, 128.0, 255.0,
cv::THRESH_BINARY);
  cv::cuda::threshold(d_img1, d_result2, 128.0, 255.0,
cv::THRESH_BINARY_INV);
  cv::cuda::threshold(d_img1, d_result3, 128.0, 255.0, cv::THRESH_TRUNC);
  cv::cuda::threshold(d_img1, d_result4, 128.0, 255.0, cv::THRESH_TOZERO);
  cv::cuda::threshold(d_img1, d_result5, 128.0, 255.0,
cv::THRESH_TOZERO_INV);

  cv::Mat h_result1,h_result2,h_result3,h_result4,h_result5;
  d_result1.download(h_result1);
  d_result2.download(h_result2);
  d_result3.download(h_result3);
  d_result4.download(h_result4);
  d_result5.download(h_result5);
  //Measure difference in time ticks
  int64 delta = getTickCount() - work_begin;
  double freq = getTickFrequency();
```

```
    //Measure frames per second
    double work_fps = freq / delta;
    std::cout <<"Performance of Thresholding on GPU: " <<std::endl;
    std::cout <<"Time: " << (1/work_fps) <<std::endl;
    std::cout <<"FPS: " <<work_fps <<std::endl;
    return 0;
}
```

这段代码中，使用了针对 GPU 并行处理功能进行优化的 cv::cuda 模块函数。图像被复制到设备显存里，然后在 GPU 上操作，再复制回主机。性能测量以与之前相同的方式计算并在控制台上打印，本程序的输出如图 5-28 所示。

图　5-28

可以看到 GPU 只花费 0.55ms 来处理单个图像，相当于 1 816FPS，比 CPU 的执行有了重大改进。不过必须了解一点，这只是个非常简单的应用程序，并非 CPU 和 GPU 之间性能比较的理想程序，这个应用程序只是为了让你熟悉如何衡量 OpenCV 中所有代码的性能。

要更加真实地比较 CPU 和 GPU 性能的话，可以运行 OpenCV 安装目录中 samples/gpu 里提供的示例代码。其中的 hog.cpp 代码从图像中计算出定向（HoG）特征的直方图，并使用支持向量机（SVM）对其进行分类。虽然算法细节超出本书范围，但它可以让你了解使用 GPU 实现时的性能改进。网络摄像机视频的性能比较如图 5-29 所示。

CPU 性能　　　　　　　　　　CPU 性能

图　5-29

可以看出，只使用 CPU 时代码的性能大约是 13FPS，使用 GPU 时会增加到 24FPS，几乎是 CPU 性能的两倍。这是个比较理想的范例，能让你了解使用 CUDA 对 OpenCV 的重要性。

总结一下，本节中我们研究了 OpenCV 使用 CUDA（GPU）和不使用 CUDA（CPU）时的性能比较，也再次强调使用 CUDA 将大大提高计算机视觉应用性能的观念。

5.9　总结

在本章中，我们首先介绍了计算机视觉和图像处理，描述专门用于计算机视觉应用的 OpenCV 库，以及与其他计算机视觉软件的区别。OpenCV 可以通过使用 CUDA 来利用 GPU 的并行处理能力，我们提供支持 CUDA 的 OpenCV 在所有操作系统中的安装过程。我们讲解从磁盘读取图像、在屏幕上显示并将其保存回磁盘的过程，视频只不过是一系列图像，我们学会了处理磁盘中的视频以及从相机中捕获的视频。我们开发了几种图像处理应用程序，可以对图像执行不同的操作，例如算术运算、逻辑运算、颜色空间转换和阈值处理。在最后一节中，我们根据处理图像和 FPS 所花费的时间来比较 CPU 和 GPU 上相同算法的性能。因此，在本章最后，你了解 OpenCV 与 CUDA 在计算机视觉应用程序的实用性，以及如何使用它们来编写简单的代码。在下一章，我们将基于这些知识尝试使用 OpenCV 开发一些更有用的计算机视觉应用程序，例如滤波、边缘检测和形态学操作。

5.10　测验题

1. 阐述计算机视觉和图像处理这两个术语之间的区别。
2. 为什么 OpenCV 非常适合在嵌入式系统上部署计算机视觉应用程序？
3. 编写一个 OpenCV 命令来初始化 1 960×1 960 红色的彩色图像。
4. 编写程序：从网络摄像机捕获帧并将其保存到磁盘。
5. OpenCV 使用哪种颜色格式来读取和显示彩色图像？
6. 编写程序：从网络摄像机捕获视频并将其转换为灰度显示在屏幕上。
7. 编写一个程序来测量 GPU 上加法和减法运算的性能。
8. 编写一个程序，用于对图像进行按位 AND 和 OR 运算，并解释如何将其用于屏蔽。

第 6 章

使用 OpenCV 和 CUDA 进行基本的计算机视觉操作

上一章讲解了使用 OpenCV 和 CUDA 处理图像和视频的过程，我们也检视一些基本图像和视频处理应用程序的代码，并比较了使用和不使用 CUDA 支持加速的 OpenCV 代码的性能。在本章中，我们将以此知识为基础，尝试使用 OpenCV 和 CUDA 开发更多计算机视觉和图像处理应用程序。本章阐述访问彩色和灰度图像中各个像素强度的方法，直方图（histogram）是图像处理的一个非常有用的概念，本章介绍了计算直方图的方法，以及直方图均衡是如何提高图像的视觉质量。本章还将介绍如何使用 OpenCV 和 CUDA 执行不同的几何变换，图像过滤是一个非常重要的概念，在图像预处理和特征提取中非常有用，这在本章会详细地介绍。本章最后一部分描述了不同的形态学操作，例如图像的侵蚀（erosion）、膨胀（dilation）、开计算（opening）与闭计算（closing）等。

以下主题都是本章所包含的内容：

❑ 用 OpenCV 访问各个像素强度
❑ 直方图计算和直方图均衡
❑ 图像转换
❑ 图像的过滤操作
❑ 图像的形态学操作

6.1 技术要求

本章要求对图像处理和计算机视觉有基本的了解，需要熟悉基本的 C 或 C++ 编程语言、CUDA 以及前面章节中解释的所有代码示例。本章所有代码可以从以下 GitHub 链接 https://github.com/PacktPublishing/Hands-On-GPU-Accelerated-Computer-Vision-with-OpenCV-and-CUDA 下载。虽然这些代码目前只在 Ubuntu 16.04 完成测试，但可以在任何操作系统上执行。

6.2   访问图像的各个像素强度

当我们处理图像时，有时会需要访问特定位置的像素强度值，当我们想要改变一组像素的亮度或对比度或者想执行一些其他像素级操作时，这就非常有用。对于 8 位灰度图像来说，一个点的强度值在 0 到 255 范围内；而对于具有蓝色、绿色和红色三个通道的彩色图像，每个点都具有三组不同的强度值，每一组的值都在 0 到 255 之间。

OpenCV 提供一个 cv::Mat::at<> 方法，可以访问各个通道图像里特定位置的强度值。它需要一个参数，就是要访问强度值的点位置，这里使用带有行列值作为参数的 Point 类来传递该点位置。对于灰度图像，这个方法将返回一个标量对象；对于彩色图像，它将返回三个强度值的矢量。用于访问灰度及彩色图像中特定位置以获得该像素强度的代码如下：

```
#include <iostream>
#include "opencv2/opencv.hpp"
int main ()
{
  //Gray Scale Image
  cv::Mat h_img1 = cv::imread("images/cameraman.tif",0);
  cv::Scalar intensity = h_img1.at<uchar>(cv::Point(100, 50));
  std::cout<<"Pixel Intensity of gray scale Image at (100,50) is:"
<<intensity.val[0]<<std::endl;
  //Color Image
  cv::Mat h_img2 = cv::imread("images/autumn.tif",1);
  cv::Vec3b intensity1 = h_img1.at<cv::Vec3b>(cv::Point(100, 50));
  std::cout<<"Pixel Intensity of color Image at (100,50)
is:"<<intensity1<<std::endl;
  return 0;
}
```

首先读取灰度图像，然后在该图像对象上调用 at 方法，测量点（100，50）的强度值，表示第 100 行和第 50 列处的像素，然后得到一个返回的标量，存储在强度变量中，将这个值显示在控制台上。彩色图像遵循相同的程序，但返回值是三个强度的矢量，存储在 Vec3b 对象中，强度值显示在控制台上。上述程序的输出如图 6-1 所示。

```
bhaumik@bhaumik-Lenovo-ideapad-520-15IKB:~/Desktop/opencv/Chapter 6$ g++ -std=c+
+11 individual_pixel.cpp `pkg-config --libs --cflags opencv` -o pixel
bhaumik@bhaumik-Lenovo-ideapad-520-15IKB:~/Desktop/opencv/Chapter 6$ ./pixel
Pixel Intensity of gray scale Image at (100,50) is:9
Pixel Intensity of color Image at (100,50) is:[175, 179, 177]
```

图   6-1

可以看出点（100，50）处的灰度图像的像素强度是 9，而彩色图像的像素强度是 [175，179，

177]，表示蓝色强度是 175、绿色强度是 179、红色强度是 177。使用相同的方法来修改特定位置处的像素强度，假设你要将（100，50）位置的像素强度更改为 128，那么你可以编写：

```
h_img1.at<uchar>(100, 50) = 128;
```

总结本节，我们已经看到了一种访问和更改特定位置的强度值的方法。在下节中，我们将看到在 OpenCV 中计算直方图的方法。

6.3　OpenCV 中直方图的计算和均衡

直方图是图像的一个非常重要的属性，因为它提供该图像外观的全局描述。可以从直方图获得大量信息，包括表示图像中灰度级出现的相对频率，基本上由是 X 轴上的灰度级与 Y 轴上每个灰度级的像素数量所组成。如果直方图集中在左侧，则图像将非常暗；如果它集中在右侧，则图像将非常亮。通常应该是均匀分布，能得到较好视觉效果。

图 6-2 显示了暗、亮和正常图像的直方图。

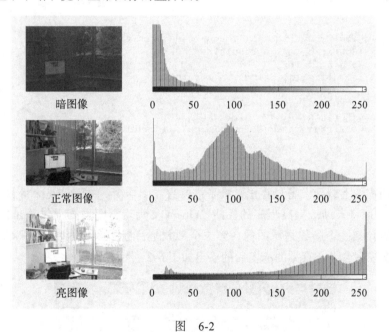

图　6-2

OpenCV 提供了计算图像直方图的函数，其语法如下：

```
void cv::cuda::calcHist ( InputArray src, OutputArray hist)
```

该函数需要两个数组作为参数：第一个数组是要计算直方图的输入图像，第二个参数是存储直方图数据的输出数组，然后就可以绘制如前面屏幕截图中所示的直方图。如前所述，平滑的直方图能改善图像的视觉质量，下一节中将介绍 OpenCV 和 CUDA 提供的平滑直方图的功能。

直方图均衡

完美图像在其所有灰度级中具有等量的像素，因此在整个范围内直方图应在较大的动态范围里有相同数量的像素，这可以通过直方图均衡的技术来实现，这是所有计算机视觉应用中非常重要的预处理步骤。本节中，我们将看到如何使用 OpenCV 和 CUDA 对灰度和彩色图像执行直方图均衡。

1. 灰度图像

一般灰度图像都是具有 256 个灰度级的 8 位单通道图像，如果直方图分布不均匀，图像会变得过暗或过亮，此时就应执行直方图均衡以提高图像的视觉质量。以下代码描述灰度图像上直方图均衡的过程：

```
#include <iostream>
#include "opencv2/opencv.hpp"
int main ()
{
  cv::Mat h_img1 = cv::imread("images/cameraman.tif",0);
  cv::cuda::GpuMat d_img1,d_result1;
  d_img1.upload(h_img1);
  cv::cuda::equalizeHist(d_img1, d_result1);
  cv::Mat h_result1;
  d_result1.download(h_result1);
  cv::imshow("Original Image ", h_img1);
  cv::imshow("Histogram Equalized Image", h_result1);
  cv::waitKey();
  return 0;
}
```

将读取的图像上载到设备显存里，准备进行直方图均衡。由于这是个计算密集的步骤，因此 CUDA 加速将有助于提高程序的性能。OpenCV 为直方图均衡提供 equalizeHist 函数，需要两个参数：第一个参数是源图像，第二个参数是目标图像。然后将目标图像下载回主机，并显示在控制台上。直方图均衡后的输出如图 6-3 所示。

图　6-3

可以看出，经过直方图均衡的图像比原始图像的视觉质量更好。接下来描述对彩色图像的相同操作。

2. 彩色图像

直方图均衡也可以在彩色图像上完成，而且必须在个别通道上进行，因此彩色图像必须分成三个通道，每个通道各自执行直方图均衡，然后合并通道再重建图像。彩色图像上的直方图均衡代码如下：

```
#include <iostream>
#include "opencv2/opencv.hpp"
int main ()
{
  cv::Mat h_img1 = cv::imread("images/autumn.tif");
  cv::Mat h_img2,h_result1;
  cvtColor(h_img1, h_img2, cv::COLOR_BGR2HSV);
  //Split the image into 3 channels; H, S and V channels respectively and
store it in a std::vector
  std::vector< cv::Mat > vec_channels;
  cv::split(h_img2, vec_channels);

  //Equalize the histogram of only the V channel
  cv::equalizeHist(vec_channels[2], vec_channels[2]);
  //Merge 3 channels in the vector to form the color image in HSV color
space.
  cv::merge(vec_channels, h_img2);
  //Convert the histogram equalized image from HSV to BGR color space again
  cv::cvtColor(h_img2,h_result1, cv::COLOR_HSV2BGR);
  cv::imshow("Original Image ", h_img1);
  cv::imshow("Histogram Equalized Image", h_result1);
  cv::waitKey();
  return 0;
}
```

BGR 颜色空间的直方图通常不太均衡，HSV 和 YCrCb 颜色空间可以辅助处理，因此代码中先将 BGR 颜色空间转为 HSV 颜色空间，然后使用 split 函数将其拆分为三个独立的通道。如此一来，色调和饱和度通道包含颜色信息，这两个通道没有需要均衡的地方，直方图只要针对值通道进行均衡就行，然后再使用 merge 函数将三个通道合并，重建彩色图像。最后将 HSV 彩色图像转换回 BGR 颜色空间，用 imshow 显示出来。本段代码执行的输出如图 6-4 所示。

原始图像　　　　　　　　　直方图均衡图像

图　6-4

总的来说，直方图均衡能提高图像的视觉质量，因此对于所有计算机视觉应用来说都是非常重要的预处理步骤。下一节将介绍图像的几何变换。

6.4 图像的几何变换

计算机视觉应用中，调整图像大小、平移和旋转图像都是经常需要的功能。本节将介绍这些几何变换。

6.4.1 图像大小调整

在某些计算机视觉应用中，图像需要符合指定尺寸，因此需要将任意大小的图像转换成指定尺寸。OpenCV 提供调整图像大小的功能。图像大小调整的代码如下：

```
#include <iostream>
#include "opencv2/opencv.hpp"
int main ()
{
  cv::Mat h_img1 = cv::imread("images/cameraman.tif",0);
  cv::cuda::GpuMat d_img1,d_result1,d_result2;
  d_img1.upload(h_img1);
  int width= d_img1.cols;
  int height = d_img1.size().height;
  cv::cuda::resize(d_img1,d_result1,cv::Size(200, 200),   cv::INTER_CUBIC);
  cv::cuda::resize(d_img1,d_result2,cv::Size(0.5*width, 0.5*height),
cv::INTER_LINEAR);
  cv::Mat h_result1,h_result2;
  d_result1.download(h_result1);
  d_result2.download(h_result2);
  cv::imshow("Original Image ", h_img1);
  cv::imshow("Resized Image", h_result1);
  cv::imshow("Resized Image 2", h_result2);
  cv::waitKey();
  return 0;
}
```

如代码所示，这里有两个不同函数可以获取图像的高度和宽度：Mat 对象的 rows 和 cols 属性分别描述图像的 height 和 width；Mat 对象也可以用查找图像大小的 size() 方式来获取 height 和 width 属性。图像以两种方式调整大小：在第一种方式中，图像大小调整为（200, 200）这个特定尺寸；第二种方式，调整为原始尺寸的一半。OpenCV 为此操作提供 resize 函数，需要四个参数。

前两个参数分别是源图像和目标图像，第三个参数是目标图像的大小，是使用 Size 对象定义的。调整图像大小时，必须在源图像中插入像素值以生成目标图像，这里有多种插值方法，诸如双线性插值、双三次插值、区域插值等都可用来作为像素的插值。这些插值方法作为 resize 函数的第四个参数，可以是 cv::INTER_LINEAR（双线性）、cv::INTER_CUBIC（双三次）或 cv::INTER_AREA（区域）。图像大小调整代码的输出如图 6-5 所示。

　　　原始图像　　　　　尺寸（200，200）的图像　　尺寸减半的图像

图　6-5

6.4.2　图像平移与旋转

　　图像平移与旋转在一些计算机视觉应用中是重要的几何变换，OpenCV 提供一个简单的 API 来对图像执行这些变换。执行平移与旋转的代码如下：

```cpp
#include <iostream>
#include "opencv2/opencv.hpp"

int main ()
{
  cv::Mat h_img1 = cv::imread("images/cameraman.tif",0);
  cv::cuda::GpuMat d_img1,d_result1,d_result2;
  d_img1.upload(h_img1);
  int cols= d_img1.cols;
  int rows = d_img1.size().height;
  //Translation
  cv::Mat trans_mat = (cv::Mat_<double>(2,3) << 1, 0, 70, 0, 1, 50);
  cv::cuda::warpAffine(d_img1,d_result1,trans_mat,d_img1.size());
  //Rotation
  cv::Point2f pt(d_img1.cols/2., d_img1.rows/2.);
  cv::Mat rot_mat = cv::getRotationMatrix2D(pt, 45, 1.0);
  cv::cuda::warpAffine(d_img1, d_result2, rot_mat, cv::Size(d_img1.cols,
d_img1.rows));
  cv::Mat h_result1,h_result2;
  d_result1.download(h_result1);
  d_result2.download(h_result2);
  cv::imshow("Original Image ", h_img1);
  cv::imshow("Translated Image", h_result1);
  cv::imshow("Rotated Image", h_result2);
  cv::waitKey();
  return 0;
}
```

　　平移过程需要创建一个平移矩阵，指定水平和竖直方向上的图像转换，它是一个 2×3 矩阵，如下所示：

$$\begin{bmatrix} 1 & 0 & tx \\ 0 & 1 & ty \end{bmatrix}$$

tx 和 *ty* 是 *x* 和 *y* 方向上的平移偏移量。在代码中，使用 Mat 对象创建此矩阵，其中 70 作为 *x* 方向的偏移量、50 作为 *y* 方向的偏移量。此矩阵作为参数传递给 warpAffine 函数以进行图像平移，warpAffine 函数的其他参数分别是源图像、目标图像和输出图像的大小。

旋转过程则需要创建一个旋转矩阵，以特定点为中心，对图像执行特定角度的图像旋转。OpenCV 提供 cv::getRotationMatrix2D 函数来构造这个旋转矩阵，这个函数需要三个参数：第一个参数是旋转点，也就是图像旋转中心；第二个参数是以度为单位的旋转角度，本范例指定为 45 度；最后一个参数是尺度（scale），本范例指定为 1。然后将构造的旋转矩阵作为参数传递给 warpAffine 函数，以进行图像旋转。

图像平移和图像旋转程序的输出如下：

原始图像　　　　　　　　平移后的图像　　　　　　　　旋转后的图像

图　6-6

总的来说，本节描述多种使用 OpenCV 和 CUDA 的图像几何变换，包括大小调整、平移和旋转。

6.5　对图像进行滤波操作

前面所描述的各种方法都只针对单像素强度进行处理，因此也称为"点处理"方法。而更多时候，查看像素的邻域关系比只处理单像素强度有更大的用途，我们称之为"邻域处理"技术。邻域可以是 3×3，5×5，7×7 等以特定像素为中心的矩阵。图像滤波是一种重要的邻域处理技术。

滤波是信号处理中的一个重要概念：拒绝或允许某特定频段通过。如何在图像中测量频率？如果某区域内的灰度级变化缓慢，那么就是低频区域；如果灰度级变化剧烈，这就是高频区域。通常，图像的背景被视为是低频区域，边缘是高频区域。卷积是邻域处理的一个非常重要的数学概念，特别是图像过滤。我们将在下一节中说明。

6.5.1　对图像的卷积运算

卷积的基本思想是从生物学中一个称为感知领域的类似想法发展而来的：对图像中的

某些部分是敏感、对其他部分是不敏感。我们可以用数学语言表示，如下：

$$g(x,y) = f(x,y)*h(x,y) = \Sigma\Sigma f(n,m)h(x-n,y-m)$$

在简化形式中，该等式是以（x,y）点为中心，滤波器 h 和图像 f 的子图像之间的点积，乘积的结果等于图像 g 中的（x,y）点。图 6-7 显示将 3×3 滤波器应用于 6×6 大小图像的示例，用以说明图像上的卷积运算：

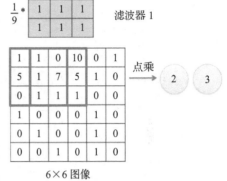

在红色显示的最左边的窗口与滤波器之间取一个点积，以找到目标图像中的一个点，计算结果是 2((1*1+1*1+ 1*0+1*5+1*1+1*7+1*0+1*1+1*1)/9)。将该窗口向右移动 1 个像素，重复相同的操作后得到计算结果为 3，以此类推，对图像中的所有窗口重复该操作以构造目标图像。我们可以通过改变 3×3 滤波器矩阵的值来构造不同的低通和高通滤波器，这在接下来的两节中将会解释清楚。

图   6-7

6.5.2 对图像进行低通滤波操作

低通滤波器可从图像中删除高频内容。噪声通常被视为是高频内容，因此低通滤波器能从图像中消除噪声。这些会影响图像的噪声有多种类型，例如高斯噪声、均匀噪声、指数噪声与椒盐（salt-and-pepper）噪声等，低通滤波器可用于消除这种噪声，目前已经有许多类型的低通滤波器可用：

❑ 平均或盒式滤波器
❑ 高斯滤波器
❑ 中位数滤波器

本节将介绍这些滤波器以及使用 OpenCV 的实现过程。

1. 平均滤波器

顾名思义，平均滤波器对邻域像素执行平均操作。如果图像中存在高斯噪声，则可以使用这种低通平均滤波器来消除噪声，但平均操作会使图像边缘变得模糊。邻域可以是 3×3，5×5，7×7，依此类推。滤波器窗口的尺寸越大，图像的模糊程度就越大。3×3 和 5×5 的平均掩码如下。

$$
\begin{array}{cc}
3\times3\ 平均滤波器 & 5\times5\ 平均滤波器 \\
\end{array}
$$

$$
\frac{1}{9}*\begin{bmatrix}1&1&1\\1&1&1\\1&1&1\end{bmatrix}
\qquad
\frac{1}{25}*\begin{bmatrix}1&1&1&1&1\\1&1&1&1&1\\1&1&1&1&1\\1&1&1&1&1\\1&1&1&1&1\end{bmatrix}
$$

OpenCV 提供了一个简单的界面, 可以在图像上应用多种滤波器。应用具有不同掩码的平均滤波器的代码如下:

```
#include <iostream>
#include "opencv2/opencv.hpp"
int main ()
{
  cv::Mat h_img1 = cv::imread("images/cameraman.tif",0);
  cv::cuda::GpuMat d_img1,d_result3x3,d_result5x5,d_result7x7;
  d_img1.upload(h_img1);
  cv::Ptr<cv::cuda::Filter> filter3x3,filter5x5,filter7x7;
  filter3x3 = cv::cuda::createBoxFilter(CV_8UC1,CV_8UC1,cv::Size(3,3));
  filter3x3->apply(d_img1, d_result3x3);
  filter5x5 = cv::cuda::createBoxFilter(CV_8UC1,CV_8UC1,cv::Size(5,5));
  filter5x5->apply(d_img1, d_result5x5);
  filter7x7 = cv::cuda::createBoxFilter(CV_8UC1,CV_8UC1,cv::Size(7,7));
  filter7x7->apply(d_img1, d_result7x7);

  cv::Mat h_result3x3,h_result5x5,h_result7x7;
  d_result3x3.download(h_result3x3);
  d_result5x5.download(h_result5x5);
  d_result7x7.download(h_result7x7);
  cv::imshow("Original Image ", h_img1);
  cv::imshow("Blurred with kernel size 3x3", h_result3x3);
  cv::imshow("Blurred with kernel size 5x5", h_result5x5);
  cv::imshow("Blurred with kernel size 7x7", h_result7x7);
  cv::waitKey();
  return 0;
}
```

cv::Ptr 是智能指针的模板类, 用于存储 cv::cuda::Filter 类型的滤波器。接着用 create-BoxFilter 函数来创建不同窗口大小的平均滤波器, 这个函数需要三个强制参数和三个可选参数: 第一个和第二个参数是源图像和目标图像的数据类型, 这里设定为 8 位无符号灰度的 CV_8UC1 图像; 第三个参数定义滤波器窗口的大小, 可以是 3×3、5×5、7×7 等; 第四个参数是表示位于内核中心点的锚点, 默认值为 (−1, −1)。最后还有两个关于像素插值方法和边界值的可选参数, 这里省略。

创建出来的滤波器指针有一个 apply 方法, 能将创建的滤波器用在所有图像上, 它需要三个参数: 第一个参数是源图像, 第二个参数是目标图像, 第三个可选参数是 CUDA 流, 用于本书前面所述的多任务处理。代码中, 在图像上应用了三个不同大小的平均滤波器, 执行结果如图 6-8 所示。

从输出的结果可以看出, 虽然大型滤波器可以消除更多噪声, 但是随着滤波器尺寸的增加, 更多的像素被平均处理, 导致图像变得更加模糊。

2. 高斯滤波器

高斯滤波器使用具有高斯分布的掩码来过滤图像, 而不是简单的平均掩码。这个滤波器还在图像上引入平滑模糊, 这个方法已经被广泛用于消除图像中的噪声。如下例, 给定标准差为 1 的 5×5 高斯滤波器。

原始图像

平均滤波器（3×3）

平均滤波器（5×5）

平均滤波器（7×7）

图　6-8

$$\frac{1}{273} * \begin{bmatrix} 1 & 4 & 7 & 4 & 1 \\ 4 & 16 & 26 & 16 & 4 \\ 7 & 26 & 41 & 26 & 7 \\ 4 & 16 & 26 & 16 & 4 \\ 1 & 4 & 7 & 4 & 1 \end{bmatrix}$$

5×5高斯滤波器

OpenCV 提供了实现高斯滤波器的功能。它的代码如下：

```
#include <iostream>
#include "opencv2/opencv.hpp"

int main ()
{
  cv::Mat h_img1 = cv::imread("images/cameraman.tif",0);
  cv::cuda::GpuMat d_img1,d_result3x3,d_result5x5,d_result7x7;
  d_img1.upload(h_img1);
  cv::Ptr<cv::cuda::Filter> filter3x3,filter5x5,filter7x7;
  filter3x3 =
cv::cuda::createGaussianFilter(CV_8UC1,CV_8UC1,cv::Size(3,3),1);
  filter3x3->apply(d_img1, d_result3x3);
  filter5x5 =
cv::cuda::createGaussianFilter(CV_8UC1,CV_8UC1,cv::Size(5,5),1);
  filter5x5->apply(d_img1, d_result5x5);
  filter7x7 =
```

```
cv::cuda::createGaussianFilter(CV_8UC1,CV_8UC1,cv::Size(7,7),1);
  filter7x7->apply(d_img1, d_result7x7);

  cv::Mat h_result3x3,h_result5x5,h_result7x7;
  d_result3x3.download(h_result3x3);
  d_result5x5.download(h_result5x5);
  d_result7x7.download(h_result7x7);
  cv::imshow("Original Image ", h_img1);
  cv::imshow("Blurred with kernel size 3x3", h_result3x3);
  cv::imshow("Blurred with kernel size 5x5", h_result5x5);
  cv::imshow("Blurred with kernel size 7x7", h_result7x7);
  cv::waitKey();
  return 0;
}
```

createGaussianFilter 函数用于为高斯滤波器创建掩码，需要提供源图像 / 目标图像的数据类型、滤波器的大小以及水平方向标准差作为这个函数的参数。我们还可以提供竖直方向标准差作为参数，如果不提供的话，会用水平方向标准差作为其默认值，然后用 apply 方法创建出不同大小的高斯掩码应用于图像处理。本段代码的输出如图 6-9 所示。

原始图像

高斯滤波器（3×3）

高斯滤波器（5×5）

高斯滤波器（7×7）

图   6-9

同样地，随着高斯滤波器尺寸的增加，图像变得更加模糊。高斯滤波器用于消除噪声并在图像上引入平滑模糊。

3. 中值过滤

当图像受到椒盐噪声的影响，那么平均滤波器或高斯滤波器是消除不了的，这时候需要一个非线性的滤波器。用邻域的中值运算去替代平均值的方式可以帮助消除椒盐噪声。在这个滤波器中，邻域中的 9 像素值的中值放置于中心像素处，这将能消除椒盐噪音所产生的过高或过低的极端值。虽然 OpenCV 和 CUDA 提供了中值滤波功能，但它比 OpenCV 的常规函数慢。下面代码可说明该函数用于实现中值滤波器：

```
#include <iostream>
#include "opencv2/opencv.hpp"

int main ()
{
  cv::Mat h_img1 = cv::imread("images/saltpepper.png",0);
  cv::Mat h_result;
  cv::medianBlur(h_img1,h_result,3);
  cv::imshow("Original Image ", h_img1);
  cv::imshow("Median Blur Result", h_result);
  cv::waitKey();
  return 0;
}
```

OpenCV 中的 medianBlur 函数用于实现中值滤波器，它需要三个参数：第一个参数是源图像，第二个参数是目标图像，第三个参数是中值运算的窗口大小。中值滤波的输出如图 6-10 所示。

图　6-10

如图所示，源图像受椒盐噪声的影响。通过 3×3 尺寸的中值滤波器完全消除了这种噪声，而且没有产生极端模糊。因此，当图像应用受椒盐噪声影响时，中值滤波是一个非常重要的预处理步骤。

总的来说，我们已经看到三种已经广泛用于各种计算机视觉应用中的低通滤波器类型：平均滤波器和高斯滤波器用于消除高斯噪声，但也会导致图像边缘的模糊；中值滤波器则用于消除椒盐噪声。

6.5.3 对图像进行高通滤波操作

高通滤波器可去除图像中的低频成分并增强高频成分，因此当高通滤波器应用于图像时，将可去除属于低频范围的背景并增强属于高频成分的边缘，因此高通滤波器也称为边缘检测器。滤波器的系数需要改变，否则就会与上一节中的滤波器相类似。目前有许多高通滤波器可供选择，如下所示：

- ❏ 索贝尔（Sobel）滤波器
- ❏ 沙尔（Scharr）滤波器
- ❏ 拉普拉斯（Laplacian）滤波器

本节中我们将分别介绍这三个滤波器。

1. Sobel 滤波器

Sobel 算子或 Sobel 滤波器是一种广泛用于边缘检测应用的图像处理和计算机视觉算法，是一个 3×3 滤波器，近似于图像强度的梯度函数，针对水平和竖直方向的梯度提供各自独立的滤波器来计算，使用与本章前面所述相类似的图像卷积方法。水平和竖直 3×3 Sobel 滤波器如下：

$$Sx = \begin{bmatrix} 1 & 0 & -1 \\ 2 & 0 & -2 \\ 1 & 0 & -1 \end{bmatrix} \quad Sy = \begin{bmatrix} 1 & 2 & 1 \\ 0 & 0 & 0 \\ -1 & -2 & -1 \end{bmatrix}$$

实现这个 Sobel 滤波器的代码如下：

```
#include <iostream>
#include "opencv2/opencv.hpp"

int main ()
{
 cv::Mat h_img1 = cv::imread("images/blobs.png",0);
 cv::cuda::GpuMat d_img1,d_resultx,d_resulty,d_resultxy;
 d_img1.upload(h_img1);
 cv::Ptr<cv::cuda::Filter> filterx,filtery,filterxy;
 filterx = cv::cuda::createSobelFilter(CV_8UC1,CV_8UC1,1,0);
 filterx->apply(d_img1, d_resultx);
 filtery = cv::cuda::createSobelFilter(CV_8UC1,CV_8UC1,0,1);
 filtery->apply(d_img1, d_resulty);
 cv::cuda::add(d_resultx,d_resulty,d_resultxy);
 cv::Mat h_resultx,h_resulty,h_resultxy;
 d_resultx.download(h_resultx);
 d_resulty.download(h_resulty);
 d_resultxy.download(h_resultxy);
 cv::imshow("Original Image ", h_img1);
 cv::imshow("Sobel-x derivative", h_resultx);
 cv::imshow("Sobel-y derivative", h_resulty);
 cv::imshow("Sobel-xy derivative", h_resultxy);
 cv::waitKey();
 return 0;
}
```

OpenCV 提供了用于实现 Sobel 滤波器的 createSobelFilter 函数，它需要很多参数：前两个参数是源图像和目标图像的数据类型；第三、四个参数分别是 x 和 y 导数的阶（order），给定 1 和 0 去计算 x 导数或竖直边缘，并给定 0 和 1 去计算 y 导数或水平边缘；第五个参数是可选参数，表示内核的大小，默认值为 3；还有个可选参数，作为导数的规模。

为了同时看到水平和竖直边缘，将 x 导数和 y 导数的结果相加，结果如图 6-11 所示。

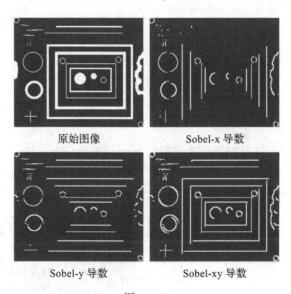

原始图像   Sobel-x 导数

Sobel-y 导数   Sobel-xy 导数

图　6-11

Sobel 算子提供的导数近似值虽然并不准确，但在计算机视觉应用中的边缘检测中依旧非常有用，它缺乏旋转对称性。为了克服这个问题，就需要 Scharr 算子的辅助。

2. Scharr 滤波器

由于 Sobel 不提供旋转对称性，因此使用 Scharr 算子通过不同的滤波器掩码来克服此问题，如下所示：

$$Sx = \begin{bmatrix} 3 & 0 & -3 \\ 10 & 0 & -10 \\ 3 & 0 & -3 \end{bmatrix} \quad Sy = \begin{bmatrix} 3 & 10 & 3 \\ 0 & 0 & 0 \\ -3 & -10 & -3 \end{bmatrix}$$

从上面的掩码中可以看出，Scharr 算子对中心行或中心列赋予更多权重以查找边缘，实现 Scharr 滤波器的程序如下：

```
#include <iostream>
#include "opencv2/opencv.hpp"
int main ()
{
  cv::Mat h_img1 = cv::imread("images/blobs.png",0);
  cv::cuda::GpuMat d_img1,d_resultx,d_resulty,d_resultxy;
```

```
d_img1.upload(h_img1);
cv::Ptr<cv::cuda::Filter> filterx,filtery;
filterx = cv::cuda::createScharrFilter(CV_8UC1,CV_8UC1,1,0);
filterx->apply(d_img1, d_resultx);
filtery = cv::cuda::createScharrFilter(CV_8UC1,CV_8UC1,0,1);
filtery->apply(d_img1, d_resulty);
cv::cuda::add(d_resultx,d_resulty,d_resultxy);
cv::Mat h_resultx,h_resulty,h_resultxy;
d_resultx.download(h_resultx);
d_resulty.download(h_resulty);
d_resultxy.download(h_resultxy);
cv::imshow("Original Image ", h_img1);
cv::imshow("Scharr-x derivative", h_resultx);
cv::imshow("Scharr-y derivative", h_resulty);
cv::imshow("Scharr-xy derivative", h_resultxy);
cv::waitKey();
    return 0;
}
```

OpenCV 提供了用于实现 Scharr 滤波器的 createScharrFilter 函数，它需要很多参数：前两个参数是源图像和目标图像的数据类型，第三、四个参数分别是 x 和 y 导数阶，给定 1，0 去计算 x 导数或竖直边缘，并给定 0，1 去计算 y 导数或水平边缘；第五个参数是可选项，表示内核的大小，默认值为 3。

为了同时看到水平和竖直边缘，将 x 导数和 y 导数的结果相加，结果如图 6-12 所示。

3. 拉普拉斯滤波器

拉普拉斯滤波器也是一种用于找出图像边缘的微分算子，区别于 Sobel 和 Scharr 的一阶微分算子，拉普拉斯是一种二阶微分算子，可以同时在水平和竖直方向上找到边缘，这与 Sobel 和 Scharr 算子不同。拉普拉斯滤波器计算二阶导数，对图像中的噪声是非常敏感的，因此在使用拉普拉斯滤波器之前最好对图像进行模糊处理并去除噪声。实现拉普拉斯滤波器的代码如下：

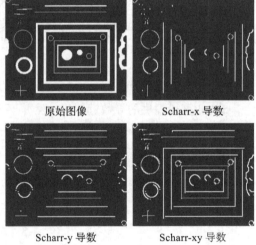

原始图像   Scharr-x 导数

Scharr-y 导数   Scharr-xy 导数

图   6-12

```
#include <iostream>
#include "opencv2/opencv.hpp"

int main ()
{
  cv::Mat h_img1 = cv::imread("images/blobs.png",0);
  cv::cuda::GpuMat d_img1,d_result1,d_result3;
  d_img1.upload(h_img1);
  cv::Ptr<cv::cuda::Filter> filter1,filter3;
  filter1 = cv::cuda::createLaplacianFilter(CV_8UC1,CV_8UC1,1);
  filter1->apply(d_img1, d_result1);
```

```
filter3 = cv::cuda::createLaplacianFilter(CV_8UC1,CV_8UC1,3);
filter3->apply(d_img1, d_result3);
cv::Mat h_result1,h_result3;
d_result1.download(h_result1);
d_result3.download(h_result3);
cv::imshow("Original Image ", h_img1);
cv::imshow("Laplacian filter 1", h_result1);
cv::imshow("Laplacian filter 3", h_result3);
cv::waitKey();
return 0;
}
```

本范例通过 createLaplacianFilter 函数，生成内核大小为 1 和 3 的两种拉普拉斯滤波器来处理图像，除了内核的大小之外，该函数还需要源图像和目标图像的数据类型作为参数。使用 apply 方法来创建拉普拉斯滤波器，并应用于图像处理。拉普拉斯滤波器的输出如图 6-13 所示。

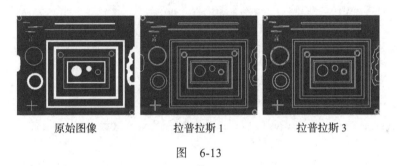

原始图像   拉普拉斯 1   拉普拉斯 3

图   6-13

总结本节，我们描述不同的高通滤波器，包括 Sobel、Scharr 和 Laplacian 三种滤波器。其中 Sobel 和 Scharr 用一阶微分算子去计算边缘，对噪声不太敏感；拉普拉斯算子是用二阶导数算子去计算边缘的，对噪声则是非常敏感的。

6.6   图像的形态学操作

图像形态学与图像的区域和形状有关，用来提取有助于表示形状和区域的图像组件。与前面看到的其他图像处理操作不同，图像形态学将图像视为一堆集合的总和。图像与一种称为结构元素的小模板交互作用，这种小模板定义图像形态学中的感兴趣区域或邻域。本节将逐一解释各种可执行在图像上的形态学操作：

- ❏ **侵蚀**：侵蚀将中心像素设置为邻域中所有像素的最小值，邻域由结构元素所定义，结构元素是 1 和 0 所组成的矩阵。侵蚀用于扩大物体中的孔、缩小边界、消除孤岛区块，并消除可能存在于图像边界上的狭窄半岛。
- ❏ **膨胀**：膨胀将中心像素设置为邻域中所有像素的最大值，膨胀增大了白色块的尺寸并减小了黑色区域的尺寸。它用于填充对象中的孔并扩展对象的边界。
- ❏ **开运算**：图像开运算基本上是侵蚀和膨胀的组合，图像开口被定义为先侵蚀，然后膨胀。两个操作都使用相同的结构元素执行，用于平滑图像的轮廓、分解窄桥并隔离彼此接触的物体。它用于分析发动机油中的磨损颗粒、再生纸中的油墨颗粒等。

❑ **闭运算**：图像闭运算定义为先膨胀，然后侵蚀。两个操作都使用相同的结构元素执行，用于融合狭窄的断裂并消除小孔。

通过应用于仅包含黑色和白色的二值图像，有助于理解形态算子。OpenCV 和 CUDA 提供了一个简单的 API，可以对图像进行形态转换，代码如下：

```
#include <iostream>
#include "opencv2/opencv.hpp"
int main ()
{
  cv::Mat h_img1 = cv::imread("images/blobs.png",0);
  cv::cuda::GpuMat d_img1,d_resulte,d_resultd,d_resulto, d_resultc;
  cv::Mat element =
cv::getStructuringElement(cv::MORPH_RECT,cv::Size(5,5));
  d_img1.upload(h_img1);
  cv::Ptr<cv::cuda::Filter> filtere,filterd,filtero,filterc;
  filtere =
cv::cuda::createMorphologyFilter(cv::MORPH_ERODE,CV_8UC1,element);
  filtere->apply(d_img1, d_resulte);
  filterd =
cv::cuda::createMorphologyFilter(cv::MORPH_DILATE,CV_8UC1,element);
  filterd->apply(d_img1, d_resultd);
  filtero =
cv::cuda::createMorphologyFilter(cv::MORPH_OPEN,CV_8UC1,element);
  filtero->apply(d_img1, d_resulto);
  filterc =
cv::cuda::createMorphologyFilter(cv::MORPH_CLOSE,CV_8UC1,element);
  filterc->apply(d_img1, d_resultc);
  cv::Mat h_resulte,h_resultd,h_resulto,h_resultc;
  d_resulte.download(h_resulte);
  d_resultd.download(h_resultd);
  d_resulto.download(h_resulto);
  d_resultc.download(h_resultc);
  cv::imshow("Original Image ", h_img1);
  cv::imshow("Erosion", h_resulte);
  cv::imshow("Dilation", h_resultd);
  cv::imshow("Opening", h_resulto);
  cv::imshow("closing", h_resultc);
  cv::waitKey();
  return 0;
}
```

需要首先创建定义形态操作的邻域的结构元素，这可以通过在 OpenCV 中使用 getStructuringElement 函数来完成。需要提供结构元素的形状和大小作为此函数的参数，本代码中定义 5×5 大小的矩形结构元素。

使用 createMorphologyFilter 函数创建形态学操作的滤波器，需要三个强制性参数：第一个参数定义要执行的操作——cv::MORPH_ERODE 用于侵蚀、cv::MORPH_DILATE 用于膨胀、cv::MORPH_OPEN 用于开运算、cv::MORPH_CLOSE 用于闭运算；第二个参数是图像的数据类型；第三个参数是先前创建的结构元素。用 apply 方法在图像上调用这些滤波器。

图像上的形态学操作输出如图 6-14 所示。

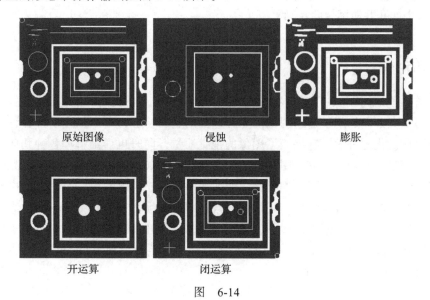

原始图像　　　　　　　　　　　侵蚀　　　　　　　　　　　膨胀

开运算　　　　　　　　　　　闭运算

图　6-14

从输出可以看出，侵蚀减少了物体的边界，而膨胀使其变厚。我们认为白色部分是对象而黑色部分是背景。开运算可以平滑图像的轮廓，闭运算消除图像中的小孔。如果结构化元素的尺寸从 5×5 增加到 7×7，那么边界的侵蚀在侵蚀操作中将更加明显，并且边界将在膨胀操作中变得更厚。用 5×5 结构元素执行侵蚀操作时，左侧仍可见到一个小圆圈，但用 7×7 结构元素执行侵蚀操作时，这个小圆圈被移除了。

使用 7×7 结构元素的形态学操作的输出如图 6-15 所示。

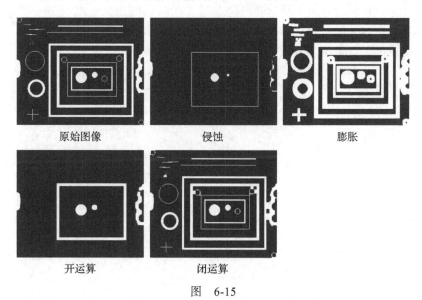

原始图像　　　　　　　　　　　侵蚀　　　　　　　　　　　膨胀

开运算　　　　　　　　　　　闭运算

图　6-15

总而言之，形态学操作对于找出用于定义图像的形状和区域的组件是重要的，它可用于填充图像中的孔并使图像的轮廓平滑。

6.7 总结

本章描述了访问图像中特定位置的像素强度的方法，当我们对图像执行逐点运算时，它非常有用。直方图是用于描述图像的非常重要的全局特征，本章描述了计算直方图的方法和直方图均衡化的过程，它提高了图像的视觉质量，同时也详细解释各种几何变换，例如图像大小调整、旋转和平移。图像滤波是一种有用的邻域处理技术，用于消除噪声、提取图像的边缘特征，并进行了详细描述。低通滤波器用于消除噪声，但它也会模糊图像的边缘；高通滤波器去除被视为低频区域的背景，同时增强被视为高频区域的边缘。本章的最后一部分描述了不同的形态学操作，如侵蚀，膨胀，开运算和闭运算，可用于描述图像的形状和填充图像中的孔。在下一章中，我们将使用这些概念利用 OpenCV 和 CUDA 构建一些有用的计算机视觉应用程序。

6.8 测验题

1. 编写 OpenCV 函数，在控制台上任意彩色图像的位置（200，200）处打印像素强度。
2. 编写 OpenCV 函数，使用双线性插值方法将图像大小调整为（300，200）像素。
3. 编写 OpenCV 函数，使用区域插值方法将图像调整为两倍大。
4. 是非题：随着我们增加平均滤波器的尺寸，模糊度减小。
5. 是非题：中值滤波器可以消除高斯噪声。
6. 可以采取哪些措施来降低拉普拉斯算子的噪声敏感度？
7. 编写一个 OpenCV 函数来实现大礼帽和黑帽的形态学操作。

CHAPTER 7

第 7 章

使用 OpenCV 和 CUDA 进行对象检测和跟踪

上一章描述了使用 OpenCV 和 CUDA 的基本计算机视觉操作。在本章中，我们将了解如何使用这些基本操作以及 OpenCV 和 CUDA 来开发复杂的计算机视觉应用程序，我们将使用对象（object）检测和跟踪的示例来演示此概念。对象检测和跟踪是计算机视觉研究中非常活跃的领域，它涉及识别图像中对象的位置并以帧序列跟踪它。基于颜色、形状和图像的其他显著特征针对该任务提出了许多算法。在本章中，这些算法使用 OpenCV 和 CUDA 实现。我们首先解释基于颜色检测对象，然后描述检测具有特定形状的对象的方法，所有对象都具有可用于检测和跟踪对象的显著特征。本章介绍了不同特征检测算法的实现以及它们如何用于检测对象。本章的最后一部分将演示使用背景减法技术，该技术将前景与背景分开以进行对象检测和跟踪。

本章将介绍以下主题：
- ❏ 对象检测和跟踪简介
- ❏ 基于颜色的对象检测和跟踪
- ❏ 基于形状的对象检测和跟踪
- ❏ 基于特征的对象检测
- ❏ 使用 Haar 级联的对象检测
- ❏ 背景减法方法

7.1 技术要求

本章要求读者对图像处理和计算机视觉有一个很好的理解，还需要一些用于对象检测和跟踪的算法的基本知识，并熟悉基本的 C 或 C++ 编程语言、CUDA 以及前面章节中解释的所有代码。可以从 GitHub 链接 https://github.com/PacktPublishing/Hands-On-GPU-Accelerated-Computer-Vision-with-OpenCV-and-CUDA 下载本章所有代码。

7.2 对象检测和跟踪简介

对象检测和跟踪是计算机视觉领域中一个活跃的研究课题，它致力于通过一系列帧来检测、识别和跟踪对象。事实证明，视频序列中的对象检测和跟踪是一项具有挑战性的任务，也是一个非常耗时的过程。对象检测是构建更大的计算机视觉系统的第一步，可以从检测到的对象中导出大量信息，如下所示：

- ❏ 检测到的对象可以分类为特定类别
- ❏ 可以在图像序列中进行跟踪
- ❏ 可以从检测到的对象中获得有关场景或其他对象推断的更多信息

对象跟踪被定义为检测视频的每个帧中的对象，并建立从一帧到另一帧的检测到的对象之间的对应关系的任务。

7.2.1 对象检测和跟踪的应用

对象检测和跟踪可用于开发视频监控系统，以跟踪可疑活动、事件和人员。它可用于开发智能交通系统，以跟踪车辆并检测交通违法行为。在自动驾驶车辆中，对象检测是必不可少的：可以为他们提供有关周围环境的信息，还可用于自动驾驶辅助系统中的行人检测或车辆检测；也可用于医疗领域，如乳腺癌检测或脑肿瘤检测等应用；还可以用于面部和手势识别；同时在生产线的工业装配和质量控制中也被广泛应用。在从搜索引擎和照片管理中检索图像时，对象检测也是一项至关重要的技术。

7.2.2 对象检测中的挑战

对象检测是一项具有挑战性的任务，因为现实生活中的图像受到噪声、光照变化、动态背景、阴影效果、相机抖动和运动模糊影响。当要检测的对象被旋转、缩放或遮挡时，对象检测是困难的。许多应用程序需要检测多个对象类，如果检测到大量类，同时系统可以处理这些类且不造成精度损失，那么处理速度将成为一个重要问题。

有许多算法可以克服其中的一些挑战，这将在本章中讨论。本章并没有详细描述算法，而是关注如何使用 CUDA 和 OpenCV 来实现应用。

7.3 基于颜色的对象检测和跟踪

对象具有许多全局特征，如颜色和形状，将对象作为一个整体描述。这些特征可用于检测对象并以一系列帧跟踪它。在本节中，我们将使用颜色作为特征来检测具有特定颜色的对象。当要检测的对象具有特定颜色且该颜色与背景颜色不同时此方法很有用。如果对象和背景具有相同的颜色，则此方法将检测失败。本节中，我们将尝试使用 OpenCV 和 CUDA 从网络摄像机流中检测任意蓝色对象。

蓝色对象检测和跟踪

你会想到的第一个问题是：该使用哪个颜色空间来分割蓝色，RGB 颜色空间不会将颜色信息与强度信息分开。能将颜色信息与强度信息分开的颜色空间包括 HSV 和 YCrCb（其中 Y' 是亮度分量，CB 和 CR 是蓝色差异和红色差异色度分量），非常适合这种类型的色彩信息任务。每种颜色在色调通道中都有一个特定的范围，可用于检测该颜色。用于启动网络摄像机，捕获帧以及上载 GPU 操作的设备显存的样板代码如下：

```cpp
#include <iostream>
#include "opencv2/opencv.hpp"

using namespace cv;
using namespace std;

int main()
{
  VideoCapture cap(0); //capture the video from web cam
  // if webcam is not available then exit the program
  if ( !cap.isOpened() )
  {
    cout << "Cannot open the web cam" << endl;
    return -1;
  }
  while (true)
  {
    Mat frame;
    // read a new frame from webcam
    bool flag = cap.read(frame);
    if (!flag)
    {
      cout << "Cannot read a frame from webcam" << endl;
      break;
    }
    cuda::GpuMat d_frame, d_frame_hsv,d_intermediate,d_result;
    cuda::GpuMat d_frame_shsv[3];
    cuda::GpuMat d_thresc[3];
    Mat h_result;
    d_frame.upload(frame);

    d_result.download(h_result);
    imshow("Thresholded Image", h_result);
    imshow("Original", frame);

    if (waitKey(1) == 'q')
    {
      break;
    }
  }
  return 0;
}
}
```

要检测蓝色，我们需要在 HSV 颜色空间中找到蓝色范围。如果范围准确，那么检测将

是准确的。三个通道的蓝色范围、色调、饱和度和值如下所示:

```
lower_range = [110,50,50]
upper_range = [130,255,255]
```

此范围将用于过滤特定通道中的图像,以创建蓝色的掩码。如果此掩码再次与原始帧进行 AND 运算,则结果图像中只剩蓝色对象,代码如下:

```
//Transform image to HSV
cuda::cvtColor(d_frame, d_frame_hsv, COLOR_BGR2HSV);

//Split HSV 3 channels
cuda::split(d_frame_hsv, d_frame_shsv);

//Threshold HSV channels for blue color according to range
cuda::threshold(d_frame_shsv[0], d_thresc[0], 110, 130, THRESH_BINARY);
cuda::threshold(d_frame_shsv[1], d_thresc[1], 50, 255, THRESH_BINARY);
cuda::threshold(d_frame_shsv[2], d_thresc[2], 50, 255, THRESH_BINARY);

//Bitwise AND the channels
cv::cuda::bitwise_and(d_thresc[0], d_thresc[1],d_intermediate);
cv::cuda::bitwise_and(d_intermediate, d_thresc[2], d_result);
```

来自网络摄像机的帧将转换为 HSV 颜色空间,蓝色在三个通道中具有不同的范围,因此每个通道必须单独设置阈值。使用 split 方法分割通道,并使用 threshold 函数进行阈值处理。每个通道的最小和最大范围用作下限和上限,此范围内的通道值将转换为白色,其他值将转换为黑色。这三个阈值通道在逻辑上进行 AND 运算,以获得蓝色的最终掩码。此掩码可用于检测和跟踪视频中具有蓝色的对象。

两个帧的输出分别为:一个没有蓝色对象,另一个有蓝色对象,如图 7-1 所示。

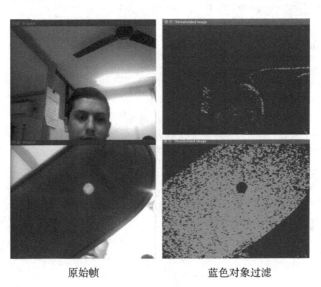

原始帧   蓝色对象过滤

图   7-1

从结果可以看出，当框架不包含任何蓝色物体时，掩码几乎是黑色的。而在下面的框架中，当蓝色物体进入框架时，该部分变为白色。此方法仅在背景不包含对象颜色时才有效。

7.4 基于形状的对象检测和跟踪

对象的形状也可以用作全局特征检测具有不同形状的物体，可以是直线、多边形、圆形或任何其他不规则形状。利用对象边界、边缘和轮廓可以检测具有特定形状的对象。在本节中，我们将使用 Canny 边缘检测算法和 Hough 变换来检测两个规则形状，即线和圆。

7.4.1 Canny 边缘检测

在上一章中，我们看到各种高通滤波器可以用作边缘检测器。在本节中，使用 OpenCV 和 CUDA 实现 Canny 边缘检测算法，该算法结合了高斯滤波、梯度寻找、非最大抑制和滞后阈值处理。如上一章所述，高通滤波器对噪声非常敏感，在 Canny 边缘检测中，检测边缘之前完成高斯平滑，这使得它对噪声不太敏感。在检测到边缘以从结果中移除不必要的边缘之后，它还具有非最大抑制阶段。

Canny 边缘检测是一项计算密集型任务，难以在实时应用程序中使用，CUDA 版本的算法可起到加速作用。实现 Canny 边缘检测算法的代码如下所述：

```
#include <cmath>
#include <iostream>
#include "opencv2/opencv.hpp"

using namespace std;
using namespace cv;
using namespace cv::cuda;

int main()
{
  Mat h_image = imread("images/drawing.JPG",0);
  if (h_image.empty())
  {
    cout << "can not open image"<< endl;
    return -1;
  }
  GpuMat d_edge,d_image;
  Mat h_edge;
  d_image.upload(h_image);
  cv::Ptr<cv::cuda::CannyEdgeDetector> Canny_edge =
cv::cuda::createCannyEdgeDetector(2.0, 100.0, 3, false);
  Canny_edge->detect(d_image, d_edge);
  d_edge.download(h_edge);
  imshow("source", h_image);
  imshow("detected edges", h_edge);
  waitKey(0);

  return 0;
}
```

OpenCV 和 CUDA 为 Canny 边缘检测提供了 createCannyEdgeDetector 类。创建此类的对象时可以传递许多参数：第一个和第二个参数是滞后阈值的低阈值和高阈值，如果某点的强度梯度大于高阈值，则将其归类为边缘点；如果梯度小于低阈值，则该点不是边缘点；如果梯度在两个阈值之间，则基于连接性来确定该点是否为边缘点。第三个参数是边缘检测器的孔径大小，最后一个参数是布尔参数，它指示是否使用 L2_norm 或 L1_norm 进行梯度幅度计算。L2_norm 很消耗计算资源但更准确，true 值表示使用 L2_norm。代码输出如图 7-2 所示。

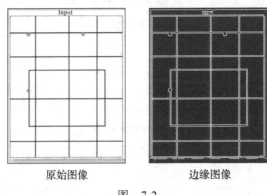

原始图像   边缘图像

图   7-2

你可以使用低阈值和高阈值的值更准确地检测给定图像的边缘。边缘检测是许多计算机视觉应用中一个非常重要的预处理步骤，Canny 边缘检测被广泛用于此。

7.4.2   使用 Hough 变换进行直线检测

直线的检测在许多计算机视觉应用中很重要，例如车道检测。它还可用于检测属于其他常规形状的线条。Hough 变换是一种流行的特征提取技术，用于计算机视觉直线检测。我们不会详细讨论 Hough 变换如何检测直线，但我们将了解如何在 OpenCV 和 CUDA 中实现。实现直线检测的 Hough 变换代码如下：

```
#include <cmath>
#include <iostream>
#include "opencv2/opencv.hpp"

using namespace std;
using namespace cv;
using namespace cv::cuda;


int main()
{
  Mat h_image = imread("images/drawing.JPG",0);
  if (h_image.empty())
  {
    cout << "can not open image"<< endl;
    return -1;
  }
```

```
    Mat h_edge;
    cv::Canny(h_image, h_edge, 100, 200, 3);

    Mat h_imagec;
    cv::cvtColor(h_edge, h_imagec, COLOR_GRAY2BGR);
    Mat h_imageg = h_imagec.clone();
    GpuMat d_edge, d_lines;
    d_edge.upload(h_edge);
    {
      const int64 start = getTickCount();
      Ptr<cuda::HoughSegmentDetector> hough =
cuda::createHoughSegmentDetector(1.0f, (float) (CV_PI / 180.0f), 50, 5);
      hough->detect(d_edge, d_lines);
      const double time_elapsed = (getTickCount() - start) /
getTickFrequency();
      cout << "GPU Time : " << time_elapsed * 1000 << " ms" << endl;
      cout << "GPU FPS : " << (1/time_elapsed) << endl;
    }
    vector<Vec4i> lines_g;
    if (!d_lines.empty())
    {
      lines_g.resize(d_lines.cols);
      Mat h_lines(1, d_lines.cols, CV_32SC4, &lines_g[0]);
      d_lines.download(h_lines);
    }
    for (size_t i = 0; i < lines_g.size(); ++i)
    {
      Vec4i line_point = lines_g[i];
      line(h_imageg, Point(line_point[0], line_point[1]),
Point(line_point[2], line_point[3]), Scalar(0, 0, 255), 2, LINE_AA);
    }

    imshow("source", h_image);
    imshow("detected lines [GPU]", h_imageg);
    waitKey(0);
    return 0;
}
```

  OpenCV 提供了 createHoughSegmentDetector 类来实现 Hough 变换。它需要图像的边缘图作为输入。因此边缘可以被 Canny 边缘检测器从图像中检测。Canny 边缘检测器的输出上传到用于 GPU 计算的设备显存。上一节中已讨论过如何用 GPU 去执行边缘计算。

  当创建 createHoughSegmentDetector 对象时，需要很多参数：第一个参数 r 表示在 Hough 变换中参数的分辨率，通常作为 1 像素；第二个参数是参数 theta 在弧度中的分辨率，取 1 弧度或 pi/180；第三个参数是最小数量形成一条线所需的点数，取 50 像素；最后的参数是两点之间的最大间隙被视为同一条线，这里设为 5 个像素。

  创建的对象检测方法用于检测直线，需要两个参数：第一个参数是要检测边缘的图像，第二个参数是存储检测到的线上点的数组。数组包含检测到的线的起始点和结束点，这个数组使用 for 循环迭代，使用 OpenCV 的线函数在图像上绘制单独线条，最终图像使用 imshow 函数显示。

Hough 变换是一个数学密集型的步骤，为了展示 CUDA 的优势，我们用 CPU 实现相同的算法，并将其性能与 CUDA 代码进行比较。Hough 变换的 CPU 代码如下：

```
Mat h_imagec;
vector<Vec4i> h_lines;
{
  const int64 start = getTickCount();
  HoughLinesP(h_edge, h_lines, 1, CV_PI / 180, 50, 60, 5);
  const double time_elapsed = (getTickCount() - start) /
getTickFrequency();
  cout << "CPU Time : " << time_elapsed * 1000 << " ms" << endl;
  cout << "CPU FPS : " << (1/time_elapsed) << endl;
}

for (size_t i = 0; i < h_lines.size(); ++i)
{
  Vec4i line_point = h_lines[i];
  line(h_imagec, Point(line_point[0], line_point[1]), Point(line_point[2],
line_point[3]), Scalar(0, 0, 255), 2, LINE_AA);
}
imshow("detected lines [CPU]", h_imagec);
```

HoughLinesP 函数使用概率 Hough 变换检测 CPU 上的线路转变，前两个参数是源图像和存储输出线上点的数组；第三和第四个参数是 r 与 theta 的分辨率；第五个参数是表示线的最小交叉点数的阈值；第六个参数表示形成一条线所需的最小点数；最后的参数表示在同一条线上要考虑的点之间的最大间隙。

使用 for 循环对函数返回的数组进行迭代，以在原始图像上显示检测到的线。图 7-3 显示 GPU 与 CPU 功能的输出结果。

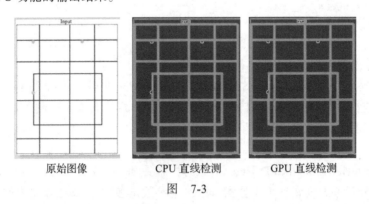

原始图像   CPU 直线检测   GPU 直线检测

图   7-3

图 7-4 显示 Hough 变换的 GPU 和 CPU 代码的性能比较。

```
bhaumik@bhaumik-Lenovo-ideapad-520-15IKB:~/Desktop/opencv/chapter 7$ ./hough_lin
e
CPU Time : 4.01799 ms
CPU FPS : 248.88
GPU Time : 1.5828 ms
GPU FPS : 631.791
```

图   7-4

单张图像在 CPU 上处理需要大约 4ms，在 GPU 上需要 1.5ms，相当于 CPU 上是 248FPS，GPU 上是 632FPS，相差大约 2.5 倍。

7.4.3 对圆形进行检测

Hough 变换也可用于圆形检测，可以用在如球检测和跟踪以及硬币检测等这些圆形对象的很多应用中。OpenCV 和 CUDA 提供了实现这个检测的类，Hough 变换用于硬币检测的代码如下：

```
#include "opencv2/opencv.hpp"
#include <iostream>

using namespace cv;
using namespace std;

int main(int argc, char** argv)
{
  Mat h_image = imread("images/eight.tif", IMREAD_COLOR);
  Mat h_gray;
  cvtColor(h_image, h_gray, COLOR_BGR2GRAY);
  cuda::GpuMat d_gray,d_result;
  std::vector<cv::Vec3f> d_Circles;
cv::Ptr<cv::cuda::HoughCirclesDetector> detector =
cv::cuda::createHoughCirclesDetector(1, 100, 122, 50, 1,
max(h_image.size().width, h_image.size().height));
  d_gray.upload(h_gray);
  detector->detect(d_gray, d_result);
  d_Circles.resize(d_result.size().width);
  if (!d_Circles.empty())
    d_result.row(0).download(cv::Mat(d_Circles).reshape(3, 1));

  cout<<"No of circles: " <<d_Circles.size() <<endl;
  for( size_t i = 0; i < d_Circles.size(); i++ )
  {
    Vec3i cir = d_Circles[i];
    circle( h_image, Point(cir[0], cir[1]), cir[2], Scalar(255,0,0), 2,
LINE_AA);
  }
  imshow("detected circles", h_image);
  waitKey(0);

  return 0;
}
```

这里的 createHoughCirclesDetector 类用于检测循环对象，创建该对象时需提供许多参数：第一个参数是 dp，表示累加器分辨率与图像分辨率的反比，取值通常为 1；第二个参数是检测到的圆中心之间的最小距离；第三个参数是 Canny 阈值；第四个参数是累加器阈值；第五和第六个参数是要检测的圆的最小和最大半径。

圆中心之间的最小距离取为 100 像素，你可以在这个值上下调整：如果调低，在原始图像上就会错误地检测到许多圆；如果增加，可能会遗漏一些真正的圆。最后两个参数，即最小和最大半径，如果不确定尺寸的话，可以取 0。在上面的代码中，它被取为 1 和最大维度图像的一部分，用于检测图像中的所有圆形。这段代码的输出结果如图 7-5 所示。

原始图像　　　　　　　圆形检测

图　7-5

Hough 变换对高斯噪声和椒盐噪声非常敏感，所以有时应用 Hough 变换之前最好使用高斯滤波器和中值滤波器对图像进行预处理转变，这样会得到更准确的结果。

小结：我们使用 Hough 的直线和圆形变换来检测规则形状的对象。虽然轮廓和凸度也可用于形状检测，而且 OpenCV 也都有提供，但这些目前没有提供 CUDA 版本，所以必须自行开发。

7.5　关键点检测器和描述符

到目前为止，我们已经使用了颜色和形状等全局特征来检测对象，这些功能易于计算、速度快，并且仅占用少量内存，但它们只在有关该对象的某些信息已经可用时才能使用。否则就需要使用局部特征，这需要更多的计算和内存，但是结果更加准确。在本节中会介绍找到局部特征的各种算法，也被称为关键点检测器。关键点（key-point）是表征图像的点，可用于准确定义对象。

7.5.1　加速段测试特征功能检测器

FAST 算法用于检测角点作为图像的关键点，通过对每个像素应用分段测试来检测角点（corner），对每个像素以半径 16 像素形成的圆作为分段。如果在半径 16 的圆中有 n 个连续点像素强度大于 $Ip + t$ 或小于 $Ip - t$，那么该像素被认为是一个角点。Ip 是 p 处的像素强度，t 是所选择的阈值。

有时不用检查半径中的所有点，只要检查几个选定的点就能确定角点的强度值，这加速了 FAST 算法的性能。FAST 找出的角点可用作检测对象的关键点，它是旋转不变量（rotation-invariant），即使对象旋转，这些角点也将保持不变。FAST 不是尺度不变量（scale-invariant），因为尺寸的增加可能改变平滑变换后的强度值，角点处不会产生急剧转变。

OpenCV 和 CUDA 提供一种实现 FAST 算法的有效方法，使用 FAST 算法检测关键点的程序如下所示：

```
#include <iostream>
#include "opencv2/opencv.hpp"

using namespace cv;
using namespace std;

int main()
{
  Mat h_image = imread( "images/drawing.JPG", 0 );

  //Detect the key-points using FAST Detector
  cv::Ptr<cv::cuda::FastFeatureDetector> detector =
cv::cuda::FastFeatureDetector::create(100,true,2);
  std::vector<cv::key point> key-points;
  cv::cuda::GpuMat d_image;
  d_image.upload(h_image);
  detector->detect(d_image, key-points);
  cv::drawkey-points(h_image,key-points,h_image);
  //Show detected key-points
  imshow("Final Result", h_image );
  waitKey(0);
  return 0;
}
```

OpenCV 和 CUDA 提供了一个 FastFeatureDetector 类来实现 FAST 算法，使用类的 create 方法创建此类的对象，需要三个参数：第一个参数是用于 FAST 算法的强度阈值；第二个参数指定是否使用非最大抑制，它是一个布尔值，可以指定为 true 或 false；第三个参数表示计算邻域所使用的 FAST 方法，有以下三种可用的方法：

cv2.FAST_FEATURE_DETECTOR_TYPE_5_8、cv2.FAST_FEATURE_DETECTOR_TYPE_7_12 以及 cv2.FAST_FEATURE_DETECTOR_TYPE_9_16，可以指定为标志 0、1 或 2。

创建检测对象关键点的函数需要一个输入图像和存储关键点的矢量作为参数，然后用 drawKeypoints 函数来绘制计算出的关键点原始图像，这需要源图像、关键点矢量和目标图像作为参数。

可以改变强度阈值以检测不同数量的关键点，如果阈值很低，那么更多的关键点将通过分段测试，并将被归类为关键点。随着阈值增加，检测到的关键点的数量将逐渐减少。同样的方式，如果非最大抑制为 false，就会在单个角点上检测出一个以上的关键点。代码输出如图 7-6 所示。

从输出可以看出：随着阈值从 10 增加到 50 和 100，关键点数量减少。这些关键点可用于检测查询图像中的对象。

7.5.2　面向 FAST 和旋转 BRIEF 的特征检测

ORB 是一种非常有效的特征检测和描述算法，结合 FAST 特征检测算法和**二进制鲁棒独立初级特征**（Binary Robust Independent Elementary Features，BRIEF）算法，提供了一种有效替代目前广泛用于对象检测的 SURF 和 SIFT 算法，要使用这两个有专利保护的算法是需要付费的。ORB 是免费的，而且能匹配 SIFT 和 SURF 的性能。

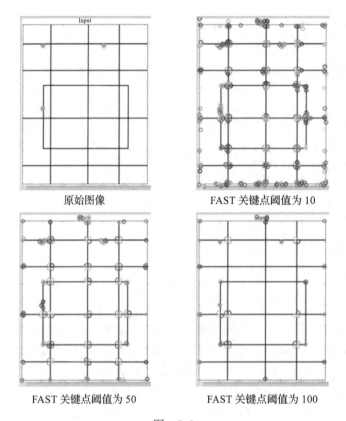

原始图像 FAST 关键点阈值为 10

FAST 关键点阈值为 50 FAST 关键点阈值为 100

图　7-6

OpenCV 和 CUDA 提供了一个简单的 API 来实现 ORB 算法。用于实现 ORB 算法的代码如下：

```cpp
#include <iostream>
#include "opencv2/opencv.hpp"

using namespace cv;
using namespace std;

int main()
{
  Mat h_image = imread( "images/drawing.JPG", 0 );
  cv::Ptr<cv::cuda::ORB> detector = cv::cuda::ORB::create();
  std::vector<cv::key point> key-points;
  cv::cuda::GpuMat d_image;
  d_image.upload(h_image);
  detector->detect(d_image, key-points);
  cv::drawkey-points(h_image,key-points,h_image);
  imshow("Final Result", h_image );
  waitKey(0);
  return 0;
}
```

使用 create 函数创建 ORB 类对象，所有参数都是可选的，这里使用默认值。detect 函数对生成的对象进行检测以找出图像中的关键点，需要输入图像和关键点的矢量，在那里输出将作为参数存储。检测到的关键点用 drawKeypoints 函数绘制点图像。前面代码的输出如图 7-7 所示。

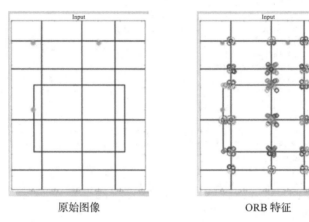

原始图像   ORB 特征

图　7-7

ORB 类还提供一种计算所有关键点的描述符的方法，这些描述符可以准确地描述对象，并可用于从中检测对象图片，这些描述符也可用于对对象进行分类。

7.5.3　加速强特征检测和匹配

SURF 近似于高斯拉普拉斯算子，在上一章已经提过，是基于一个简单二维盒式滤波器。盒式滤波器的卷积可以在积分图像的帮助下轻松计算，从而提高性能算法。SURF 依赖于 Hessian 矩阵的行列式，用于量表和地点。Hessian 的近似行列式可表示为：

$$|H_a| = D_x D_y - (wDxy)^2$$

其中 w 是滤波器响应的相对权重，用于平衡行列式的表达式；Dx 与 Dy 是拉普拉斯算子在 X 和 Y 方向上的分量。SURF 使用积分图像在水平和竖直方向上使用小波响应定向分配方法，足够的高斯权重也适用于它，通过计算 60 度角滑动方向窗口内所有响应的总和来估计主导方向。

对于特征描述，SURF 使用水平和竖直方向的 Haar 小波响应，这是为图像中的所有子区域计算的，从而生成一个总计 64 维的 SURF 特征描述符。尺寸越小，计算和匹配的速度越快。为了提高精度，SURF 特征描述符有一个扩展的 128 维版本。SURF 是旋转不变量（rotation-invariant）和尺度不变量（scale-invariant）。

SURF 具有比 SIFT 更高的处理速度，因为相较于 SIFT 使用 128 维特征向量，它使用 64 方向特征。SURF 很擅长处理图像模糊和旋转，但不善于处理视点变化和照明变化。

OpenCV 和 CUDA 提供了一个 API 来计算 SURF 关键点和描述符，我们还可以看到这些如何用于检测查询图像中的对象。SURF 特征检测和匹配的代码如下：

```cpp
#include <stdio.h>
#include <iostream>
#include "opencv2/opencv.hpp"
#include "opencv2/features2d.hpp"
#include "opencv2/xfeatures2d.hpp"
#include "opencv2/xfeatures2d/nonfree.hpp"
#include "opencv2/xfeatures2d/cuda.hpp"

using namespace cv;
using namespace cv::xfeatures2d;
using namespace std;

int main( int argc, char** argv )
{
  Mat h_object_image = imread( "images/object1.jpg", 0 );
  Mat h_scene_image = imread( "images/scene1.jpg", 0 );
  cuda::GpuMat d_object_image;
  cuda::GpuMat d_scene_image;
  cuda::GpuMat d_key-points_scene, d_key-points_object;
  vector< key point > h_key-points_scene, h_key-points_object;
  cuda::GpuMat d_descriptors_scene, d_descriptors_object;
  d_object_image.upload(h_object_image);
  d_scene_image.upload(h_scene_image);
  cuda::SURF_CUDA surf(150);
  surf( d_object_image, cuda::GpuMat(), d_key-points_object,
d_descriptors_object );

  surf( d_scene_image, cuda::GpuMat(), d_key-points_scene,
  d_descriptors_scene );

  Ptr< cuda::DescriptorMatcher > matcher =
  cuda::DescriptorMatcher::createBFMatcher();
  vector< vector< DMatch> > d_matches;
  matcher->knnMatch(d_descriptors_object, d_descriptors_scene, d_matches, 3);
  surf.downloadkey-points(d_key-points_scene, h_key-points_scene);
  surf.downloadkey-points(d_key-points_object, h_key-points_object);
  std::vector< DMatch > good_matches;
  for (int k = 0; k < std::min(h_key-points_object.size()-1,
  d_matches.size()); k++)
  {
    if ( (d_matches[k][0].distance < 0.75*(d_matches[k][1].distance)) &&
        ((int)d_matches[k].size() <= 2 && (int)d_matches[k].size()>0) )
    {
      good_matches.push_back(d_matches[k][0]);
    }
  }
  std::cout << "size:" <<good_matches.size();
  Mat h_image_result;
  drawMatches( h_object_image, h_key-points_object, h_scene_image, h_key-
  points_scene,
        good_matches, h_image_result, Scalar::all(-1), Scalar::all(-1),
        vector<char>(), DrawMatchesFlags::DEFAULT );
  imshow("Good Matches & Object detection", h_image_result);
  waitKey(0);
  return 0;
  }
```

　　从磁盘读取两个图像，第一个图像包含要检测的对象，第二图像是要在其中搜索对象的查询图像。我们将从两个图像中计算 SURF 特征，然后将这些特征进行匹配，以便从查询图像中检测对象。

　　OpenCV 提供 SURF_CUDA 类来计算 SURF 特征。创建这个对象类时，需要 Hessian 阈值作为参数，这里给定值为 150。这个阈值决定 Hessian 行列式计算的输出必须有多大，才能将某个点视为关键点。阈值越大，兴趣点越少，但越明显；值越小，兴趣点越多，但越不明显。可根据应用调整。

　　surf 对象用于从对象和查询图像中计算关键点和描述符，图像、图像的数据类型、存储关键点的矢量和描述符作为参数传递。要匹配查询图像中的对象，需要匹配两个图像中的描述符。OpenCV 为此提供了不同类型的匹配算法，比如 Brute-Force 匹配器和**用于近似最近邻（FLANN）匹配器的快速库**。

　　程序中使用 Brute-Force 匹配器，这是一种简单的方法，它使用一个对象中的一个特征的描述符，该对象与查询图像中的所有其他特征相匹配，并使用一些距离计算。当使用 matcher 类的 knnMatch 方法时，它返回最佳匹配关键点，或使用最近邻算法进行最佳 k 匹配。knnMatch 方法需要两组描述符以及最近邻的数量，本例中取值为 3。

　　好的匹配关键点是从 knnMatch 方法返回的匹配点中提取出来的，利用比值检验方法找出了这些良好的匹配。这些良好的匹配用于从场景中检测对象。

　　drawMatches 函数用于在图像上两个好的匹配点之间绘制一条线，它需要很多参数：第一个参数是源图像；第二个参数是图像是源图像的关键点；第三个参数是第二个图像；第四个参数是第二个图像的关键点；第五个参数是输出图像；第六个参数是线和关键点的颜色，用 Scalar::all(-1) 表示随机选取颜色；第七个参数是关键点的颜色，没有任何匹配项，也用 Scalar::all(-1) 表示随机选取颜色；最后两个参数指定用于绘制匹配项和标志设置的掩码。空的掩码表示所有匹配的点都会被画出来。

　　这些匹配项可用于在检测到的对象周围绘制边界框，边界框将从场景中定位对象。绘制边界框的代码如下：

```
std::vector<Point2f> object;
std::vector<Point2f> scene;
for (int i = 0; i < good_matches.size(); i++) {
  object.push_back(h_key-points_object[good_matches[i].queryIdx].pt);
  scene.push_back(h_key-points_scene[good_matches[i].trainIdx].pt);
}
Mat Homo = findHomography(object, scene, RANSAC);
std::vector<Point2f> corners(4);
std::vector<Point2f> scene_corners(4);
corners[0] = Point(0, 0);
corners[1] = Point(h_object_image.cols, 0);
corners[2] = Point(h_object_image.cols, h_object_image.rows);
corners[3] = Point(0, h_object_image.rows);
perspectiveTransform(corners, scene_corners, Homo);
line(h_image_result, scene_corners[0] + Point2f(h_object_image.cols,
```

```
0),scene_corners[1] + Point2f(h_object_image.cols, 0), Scalar(255, 0, 0),
4);
line(h_image_result, scene_corners[1] + Point2f(h_object_image.cols,
0),scene_corners[2] + Point2f(h_object_image.cols, 0),Scalar(255, 0, 0),
4);
line(h_image_result, scene_corners[2] + Point2f(h_object_image.cols,
0),scene_corners[3] + Point2f(h_object_image.cols, 0),Scalar(255, 0, 0),
4);
line(h_image_result, scene_corners[3] + Point2f(h_object_image.cols,
0),scene_corners[0] + Point2f(h_object_image.cols, 0),Scalar(255, 0, 0),
4);
```

OpenCV 提供 findHomography 函数根据良好的匹配搜索场景中对象的位置、方向和比例。前两个参数很好，匹配对象和场景图像中的关键点。**随机样本一致性**（RANSAC）方法作为一个参数传递，用于寻找最佳转换矩阵。

找到此转换矩阵后使用 perspectiveTransform 函数进行查找对象，它需要四个角点和一个平移矩阵作为参数，这些变换点用于在检测到的对象周围绘制边界框。用于查找特征和匹配对象的 SURF 程序的输出如图 7-8 所示。

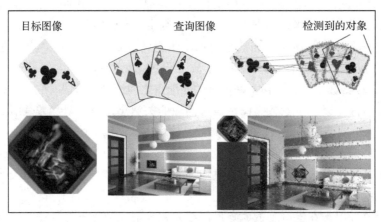

图　7-8

该图包含对象图像、查询图像和检测到的图像。从前面的图像中可以看出，即使对象旋转，SURF 仍可以准确地确定其位置，虽然有时它可能会检测到错误的特征。可以改变 Hessian 阈值和测试比率以找到最佳匹配。

小结：在本节中我们已经看到了 FAST、ORB 和 SURF 关键点检测算法。我们还看到了这些点如何用于匹配和定位图像中的对象并使用 SURF 特征作为示例，你可以尝试使用 FAST 和 ORB 来实现相同结果。在下一节中，我们将详细讨论 Haar 级联检测图像中的面孔和眼睛。

7.6 使用 Haar 级联的对象检测

Haar 级联使用矩形特征来检测对象，它使用不同大小的矩形来计算不同的线和边缘特征。矩形包含一些黑色和白色区域，如图 7-9 所示，它们在图像的不同位置居中。

类 Haar 特征检测算法的思想是计算矩形内白色像素和与黑色像素之和的差异。

这个方法的主要优点是利用积分图像快速求和，这使得 Haar 级联成为实时对象检测的理想选择。与前面描述的 SURF 算法相比，它需要更少的时间来处理图像。这种算法也可以在嵌入式系统上实现，比如 Raspberry Pi，因为它的计算量较少，内存占用也较少。它被称为 Haar-like，因为它基于与 Haar 小波相同的原理。Haar 级联技术在人体检测中得到了广泛的应用，同时也被广泛应用于人脸、眼睛等部位

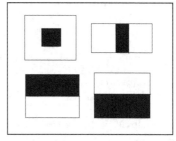

图　7-9

的检测。它也可以用于表达式分析。Haar 级联可用于检测汽车等车辆。

在本节中，描述了用于从图像和网络摄像机检测人脸和眼睛的 Haar 级联。Haar 级联是一种机器学习算法，需要经过训练才能完成特定的任务。对于一个特定的应用程序来说，从头开始训练 Haar 级联是很困难的，因此 OpenCV 提供了一些经过训练的 XML 文件，可以用来检测对象，这些 XML 文件放置在 OpenCV 或 CUDA 安装的 opencv\data\haarcascades_cuda 文件夹中。

7.6.1　使用 Haar 级联进行人脸检测

在本节中，我们将使用 Haar 级联从图像和实时网络摄像机中检测人脸。使用 Haar 级联从图像中检测人脸的代码如下：

```
#include "opencv2/objdetect/objdetect.hpp"
#include "opencv2/highgui/highgui.hpp"
#include "opencv2/imgproc/imgproc.hpp"
#include "opencv2/cudaobjdetect.hpp"
#include <iostream>
#include <stdio.h>

using namespace std;
using namespace cv;

int main( )
{
  Mat h_image;
  h_image = imread("images/lena_color_512.tif", 0);
  Ptr<cuda::CascadeClassifier> cascade =
cuda::CascadeClassifier::create("haarcascade_frontalface_alt2.xml");
  cuda::GpuMat d_image;
  cuda::GpuMat d_buf;
  d_image.upload(h_image);
  cascade->detectMultiScale(d_image, d_buf);
  std::vector<Rect> detections;
  cascade->convert(d_buf, detections);
  if (detections.empty())
```

```
    std::cout << "No detection." << std::endl;
  cvtColor(h_image,h_image,COLOR_GRAY2BGR);
  for(int i = 0; i < detections.size(); ++i)
  {
    rectangle(h_image, detections[i], Scalar(0,255,255), 5);
  }
  imshow("Result image", h_image);
  waitKey(0);
  return 0;
}
```

OpenCV 和 CUDA 提供用于实现 Haar 级联的 CascadeClassifier 类，用 create 方法来创建该类的对象，它需要加载训练过的 XML 文件的文件名。已创建的对象可以用 detect-MultiScale 方法从图像中多尺度检测对象，它需要一个图像文件和一个 GpuMat 数组来将输出结果存储为参数。这个 gpumat 向量通过使用 CascadeClassifier 对象的 convert 方法转换为标准矩形向量，此转换向量包含在检测到的对象上绘制矩形的坐标。

detectMultiScale 函数有许多参数，可以在调用函数之前修改这些参数。其中包括 scaleFactor，用于指定在每个图像比例下图像大小将减小多少；minNeighbors 指定每个矩形应保留的最小相邻值；minSize 指定最小对象大小，maxSize 指定最大对象大小。所有这些参数都有其默认值，因此在正常情况下不需要修改。如果我们想更改参数，我们可以在调用 detectMultiScale 函数之前使用以下代码：

```
cascade->setMinNeighbors(0);
cascade->setScaleFactor(1.01);
```

第一个函数将最小邻域设置为 0，第二个函数将图像大小在每次缩放后减小 1.01 倍。比例因子对于检测不同尺寸的物体非常重要：如果太大，那么算法将花费更少的时间来完成，但可能无法检测到某些面；如果太小，那么算法将花费更多的时间来完成，并且它将更加精确。上述代码的输出如图 7-10 所示。

原始图像　　　　　　人脸检测

图　　7-10

来自视频

与 Haar 级联同样的概念也可以用来检测视频中的人脸。检测人脸的代码包含在 while 循环中，以便在视频的每个帧中检测到人脸。网络摄像机人脸检测代码如下：

```cpp
#include <iostream>
#include <opencv2/opencv.hpp>
using namespace cv;
using namespace std;

int main()
{
  VideoCapture cap(0);
```

```
if (!cap.isOpened()) {
  cerr << "Can not open video source";
  return -1;
}
std::vector<cv::Rect> h_found;
cv::Ptr<cv::cuda::CascadeClassifier> cascade =
cv::cuda::CascadeClassifier::create("haarcascade_frontalface_alt2.xml");
cv::cuda::GpuMat d_frame, d_gray, d_found;
while(1)
{
  Mat frame;
  if ( !cap.read(frame) ) {
    cerr << "Can not read frame from webcam";
    return -1;
  }
  d_frame.upload(frame);
  cv::cuda::cvtColor(d_frame, d_gray, cv::COLOR_BGR2GRAY);

  cascade->detectMultiScale(d_gray, d_found);
  cascade->convert(d_found, h_found);
  for(int i = 0; i < h_found.size(); ++i)
  {
    rectangle(frame, h_found[i], Scalar(0,255,255), 5);
  }

  imshow("Result", frame);
  if (waitKey(1) == 'q') {
    break;
  }
}

  return 0;
}
```

初始化网络摄像机，从网络摄像机中逐帧捕获图像。此帧图像上载到设备显存，以便在 GPU 上进行处理。Cascadeclassifier 类的对象是使用该类的 create 方法创建的。用于人脸检测的 XML 文件在创建对象时作为参数提供，在 while 循环中，detectMultiscale 方法应用于每帧图像，以便在每个帧中检测不同大小的人脸。使用 convert 方法将检测到的位置转换为矩形矢量。然后使用 for 循环迭代该矢量，以便可以使用 rectangle 函数在所有检测到的人脸上绘制边界框。程序输出如图 7-11 所示。

7.6.2　使用 Haar 级联进行眼睛检测

本节将描述使用 Haar 级联检测眼睛。在 OpenCV 安装目录中提供了用于眼睛检测的经过训练的 Haar 级联 XML 文件，文件用于检测眼睛。代码如下：

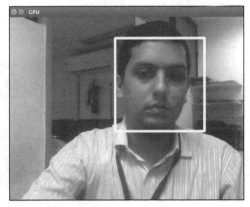

图　7-11

```cpp
#include <iostream>
#include <stdio.h>
 #include <opencv2/opencv.hpp>
using namespace std;
using namespace cv;

int main( )
{
  Mat h_image;
  h_image = imread("images/lena_color_512.tif", 0);
  Ptr<cuda::CascadeClassifier> cascade =
cuda::CascadeClassifier::create("haarcascade_eye.xml");
  cuda::GpuMat d_image;
  cuda::GpuMat d_buf;
  d_image.upload(h_image);
  cascade->setScaleFactor(1.02);
  cascade->detectMultiScale(d_image, d_buf);
  std::vector<Rect> detections;
  cascade->convert(d_buf, detections);
  if (detections.empty())
    std::cout << "No detection." << std::endl;
    cvtColor(h_image,h_image,COLOR_GRAY2BGR);
    for(int i = 0; i < detections.size(); ++i)
    {
      rectangle(h_image, detections[i], Scalar(0,255,255), 5);
    }

    imshow("Result image", h_image);
    waitKey(0);
    return 0;
  }
}
```

这段代码与人脸检测代码类似，这是使用 Haar 级联的优势。如果已经有针对给定对象的训练过的 Haar 级联 XML 文件，那么相同的代码适用于所有应用程序。创建 Cascade-Classifier 类的对象时，只需要更改 XML 文件的名称。在前面代码中，使用的 haarcascade_eye.xml 是一个经过训练的用于眼睛检测的 XML 文件，其他代码不言自明。比例因子设置为 1.02，以便在每个比例下图像大小减小 1.02。

眼睛检测程序的输出如图 7-12 所示。

原始图像   眼睛检测

图 7-12

由于拍摄图像的视角不同，眼睛的大小也不同，但 Haar 级联仍然能够有效地定位双眼。这段代码的性能是可测量的，以了解它的工作速度。

小结：在本节中我们演示了 Haar 级联在人脸和眼睛检测中的应用。一旦经过训练的文件可用，它就很容易实现，而且是一个非常强大的算法，广泛应用于内存和处理能力有限的嵌入式或移动环境中。

7.7 使用背景减法进行对象跟踪

背景减法是在一系列视频帧中将前景对象从背景中分离出来的过程。它广泛应用于对象检测和跟踪应用中去除背景部分。背景减法分四步进行：

- ❏ 图像预处理
- ❏ 背景建模
- ❏ 检测前景
- ❏ 数据验证

图像预处理通常用于去除图像中存在的各种噪声。第二步是对背景进行建模，以便将其与前景分离。在某些应用中，视频的第一帧作为背景不更新，后面每帧和第一帧之间的绝对差被用来分离前景和背景。

在其他技术中，通过对算法所看到的所有帧的平均值或中间值对背景进行建模，并将该背景与前景分离。与第一种方法相比，它对光照变化的鲁棒性更高，并且会产生更多动态背景。其他更具统计密集度的模型，如高斯模型和使用帧的历史的支持向量模型，也可以用于背景建模。

第三步是利用当前帧和背景之间的绝对差，将前景与模型背景分离。将这个绝对差与设置的阈值进行比较：如果大于阈值，则对象被认为是移动的；如果小于阈值，那么对象被认为是静止的。

7.7.1 高斯混合法

高斯混合法（MoG）是一种广泛使用的基于高斯混合的背景减法，用于分离前景和背景。背景从帧序列中不断更新，混合 K 高斯分布用于将像素分类为前景或背景，同时对帧的时间序列进行加权，以改善背景建模。连续变化的强度被归类为前景强度，静态强度被归类为背景强度。

OpenCV 和 CUDA 提供了一个简单的 API 来实现背景减法的 MoG。代码如下：

```
#include <iostream>
#include <string>
#include "opencv2/opencv.hpp"
using namespace std;
using namespace cv;
```

```
using namespace cv::cuda;
int main()
{
  VideoCapture cap("abc.avi");
  if (!cap.isOpened())
  {
    cerr << "can not open camera or video file" << endl;
    return -1;
  }
  Mat frame;
  cap.read(frame);
  GpuMat d_frame;
  d_frame.upload(frame);
  Ptr<BackgroundSubtractor> mog = cuda::createBackgroundSubtractorMOG();
  GpuMat d_fgmask,d_fgimage,d_bgimage;
  Mat h_fgmask,h_fgimage,h_bgimage;
  mog->apply(d_frame, d_fgmask, 0.01);
  while(1)
  {
    cap.read(frame);
    if (frame.empty())
      break;
    d_frame.upload(frame);
    int64 start = cv::getTickCount();
    mog->apply(d_frame, d_fgmask, 0.01);
    mog->getBackgroundImage(d_bgimage);
    double fps = cv::getTickFrequency() / (cv::getTickCount() - start);
    std::cout << "FPS : " << fps << std::endl;
    d_fgimage.create(d_frame.size(), d_frame.type());
    d_fgimage.setTo(Scalar::all(0));
    d_frame.copyTo(d_fgimage, d_fgmask);
    d_fgmask.download(h_fgmask);
    d_fgimage.download(h_fgimage);
    d_bgimage.download(h_bgimage);
    imshow("image", frame);
    imshow("foreground mask", h_fgmask);
    imshow("foreground image", h_fgimage);
    imshow("mean background image", h_bgimage);
    if (waitKey(1) == 'q')
      break;
  }

  return 0;
}
```

createBackgroundSubtractorMOG 类用于创建实现 MoG 的对象，它可以在创建对象时提供一些可选参数。这些参数包括 history、nmixtures、backgroundRatio 和 noiseSigma。history 参数表示用于为背景建模的前一帧的数量，默认值是 200；nmixture 参数指定用于分离像素的高斯混合数，默认值是 5。你可以根据应用程序使用这些值。

所创建对象的 apply 方法用于从第一帧创建前景掩码，需要一个输入图像和一个图像数组来存储作为输入的前景掩码和学习速率。在 while 循环中的每一帧之后，这个前景掩码和背景图像都会不断更新。getBackgroundImage 函数用于获取当前背景模型。

前景掩码用于创建前景图像，该图像指示当前正在移动的对象。它的基本逻辑是在原始帧和前景掩码之间操作。在每一帧之后，前景掩码、前景图像和建模的背景将被下载到主机内存中，以便在屏幕上显示。

MoG 模型应用于 PETS 2009 数据集的视频，该数据集广泛用于行人检测，它有一个静态的背景，人们在视频中四处走动。视频中两个不同帧的输出如图 7-13 所示。

原始图像　　　　前景掩码　　　　前景图像　　　　平均前景图像

图　7-13

可以看出 MoG 对建模背景非常有效，只有正在移动的人才会出现在前景掩码和前景图像中。此前景图像可用于进一步处理检测到的对象，从第二帧的结果可以看出，如果一个人停止行走，那么他将开始成为背景的一部分。因此该算法只能用于运动物体的检测，不会考虑静态物体。MoG 在帧速率方面的性能如图 7-14 所示。

```
FPS : 333.944
FPS : 332.342
FPS : 331.221
FPS : 330.282
```

图　7-14

帧速率在每帧后进行更新，可以看出大约每秒 330 帧，这是非常高的，很容易使用到实时应用中。OpenCV 和 CUDA 还提供了 MoG 的第二个版本，它可以被 createBackground-SubtractorMOG2 类调用。

7.7.2　GMG 背景减法

GMG 算法的名称源自该算法发明人的姓名首字母，这个算法结合了背景估计与贝叶斯图像分割，使用贝叶斯推断将背景与前景分离，还使用帧的历史来建模背景。它再次基于帧的时间序列进行加权。新的观测比旧的观测的权重更高。

OpenCV 和 CUDA 提供了类似于 MoG 的 API 用于实现 GMG 算法。实现用于背景减法的 GMG 算法的代码如下：

```cpp
#include <iostream>
#include <string>
#include "opencv2/opencv.hpp"
#include "opencv2/core.hpp"
#include "opencv2/core/utility.hpp"
#include "opencv2/cudabgsegm.hpp"
```

```cpp
#include "opencv2/cudalegacy.hpp"
#include "opencv2/video.hpp"
#include "opencv2/highgui.hpp"

using namespace std;
using namespace cv;
using namespace cv::cuda;

int main()
{
  VideoCapture cap("abc.avi");
  if (!cap.isOpened())
  {
    cerr << "can not open video file" << endl;
    return -1;
  }
  Mat frame;
  cap.read(frame);
  GpuMat d_frame;
  d_frame.upload(frame);
  Ptr<BackgroundSubtractor> gmg = cuda::createBackgroundSubtractorGMG(40);
  GpuMat d_fgmask,d_fgimage,d_bgimage;
  Mat h_fgmask,h_fgimage,h_bgimage;
  gmg->apply(d_frame, d_fgmask);
  while(1)
  {
    cap.read(frame);
    if (frame.empty())
      break;
    d_frame.upload(frame);
    int64 start = cv::getTickCount();
    gmg->apply(d_frame, d_fgmask, 0.01);
    double fps = cv::getTickFrequency() / (cv::getTickCount() - start);
    std::cout << "FPS : " << fps << std::endl;
    d_fgimage.create(d_frame.size(), d_frame.type());
    d_fgimage.setTo(Scalar::all(0));
    d_frame.copyTo(d_fgimage, d_fgmask);
    d_fgmask.download(h_fgmask);
    d_fgimage.download(h_fgimage);
    imshow("image", frame);
    imshow("foreground mask", h_fgmask);
    imshow("foreground image", h_fgimage);
    if (waitKey(30) == 'q')
      break;
  }
  return 0;
}
```

createBackgroundSubtractorGMG 类用于实现 GMG 创建的对象。它可以在创建对象时提供两个参数：第一个参数用于对背景建模的前一帧的数量，上面代码中取 40；第二个参数是决策阈值，用于将像素分类为前景，其默认值为 0.8。

所创建对象的 apply 方法用于第一帧以创建前景掩码。通过使用帧的历史在 while 循环中不断更新前景掩码和前景图像，前景掩码用于与 MoG 类似的方式创建前景图像。GMG 算法在同一视频不同两帧上的输出如图 7-15 所示。

图　　7-15

与 MoG 相比，GMG 的输出具有噪声。可在 GMG 算法中加入形态开合运算，以消除结果中存在的阴影噪声。GMG 算法在 FPS 方面的性能如图 7-16 所示。

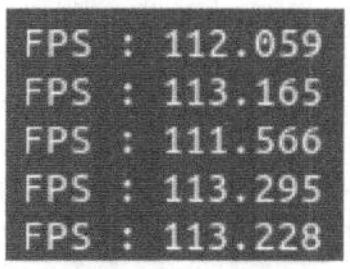

由于它的计算密集程度比 MoG 更高，因此 FPS 速率更低，但性能仍有 120FPS，超过实时性能要求的 30FPS。

```
FPS : 112.059
FPS : 113.165
FPS : 111.566
FPS : 113.295
FPS : 113.228
```

图　　7-16

小结：在本节中我们看到了两种用于背景建模和背景减法的方法。相较于 GMG 算法，MoG 更快且噪声更小，GMG 算法需要形态学操作来消除结果中存在的噪声。

7.8　总结

本章描述了 OpenCV 和 CUDA 在实时对象检测和跟踪中的作用。首先介绍了什么是对象检测和跟踪，以及在应用时遇到的挑战和它的应用。不同的特征如颜色、形状、直方图和其他不同的关键点，如角点，可以用来检测和跟踪图像中的对象。基于颜色的对象检测更容易实现，但它要求对象具有与背景不同的颜色。基于形状的目标检测描述了 Canny 边缘检测技术来检测边缘，并对直线和圆形检测进行了 Hough 变换。它有许多应用，如土地检测、球跟踪等。颜色和形状是全局特性，更容易计算，需要的内存更少，但更容易受到噪声的影响。本章对 FAST、ORB、SURF 等算法进行了详细的描述，这些算法可用于从图像中检测关键点，这些关键点可用于准确描述图像，进而可用于检测图像中的对象。ORB

是开源的，可以免费提供与 SURF 相当的结果。SURF 需要专利授权，但是它更快，而且是尺度不变量和旋转不变量。本章还描述了 Haar 级联，这是一种用于从图像中检测人脸、眼睛和人体等对象的简单的算法，也可以用于嵌入式系统中的实时应用。本章的最后一部分详细介绍了背景减法算法，如 MoG 和 GMG，它们可以将前景和背景分开。这些算法的输出可用于对象检测和跟踪。下一章将描述如何在嵌入式开发板上部署这些应用程序。

7.9　测验题

1. 编写一个 OpenCV 代码，用于检测视频中的黄色对象。
2. 在哪种情况下使用颜色的对象检测失败？
3. 为什么 Canny 边缘检测算法比上一章中看到的其他边缘检测算法更好？
4. 可以做些什么来降低 Hough 变换的噪声敏感度？
5. FAST 关键点检测器中阈值的重要性是什么？
6. SURF 检测器中 Hessian 阈值的重要性是什么？
7. 如果 Haar 级联中的比例因子从 1.01 变为 1.05，那么它对输出有什么影响？
8. 比较 MoG 和 GMG 背景减法方法，如何从 GMG 输出中消除噪声？

CHAPTER 8

第 8 章

Jetson TX1 开发套件

上一章描述了使用 OpenCV 和 CUDA 的各种计算机视觉应用程序。当这些应用程序部署到实际情况时，需要一个可以利用 OpenCV 和 CUDA 高速处理图像的嵌入式开发板。英伟达提供了几个基于 GPU 的开发套件如 Jetson TK1、TX1 和 TX2 等，非常适合用于如计算机视觉这样的高端计算任务。其中一个开发套件 Jetson TX1 是本章要介绍的，本章还详细讨论了这种开发板的特性和应用。CUDA 和 OpenCV 是对计算机视觉至关重要的应用程序，因此详细讨论在 Jetson TX1 上安装它们的步骤。本章将讨论以下主题：

❑ Jetson TX1 开发套件简介
❑ Jetson TX1 开发板的特性和应用
❑ 在 Jetson TX1 开发板上安装 JetPack 的基本要求和步骤

8.1 技术要求

本章要求对 Linux 操作系统（OS）和网络有很好的理解，还需要对任意一种 NVIDIA GPU 开发板比如 Jetson TK1、TX1 或 TX2 有足够的认识。本章中使用的 JetPack 安装文件可以从链接 https://developer.nvidia.com/embedded/jetpack 下载。

8.2 Jetson TX1 简介

当高端可视化计算和计算机视觉应用部署到实际情况时，需要嵌入式开发平台，这样才能有效地完成计算密集型任务。像 Raspberry Pi 这样的平台可以将 OpenCV 用于计算机视觉应用和相机接口功能，但对于实时应用来说速度非常慢。英伟达是一家专门从事 GPU

制造的公司，它开发了一些模块，这些模块使用 GPU 完成计算密集型任务，可用于在嵌入式平台上部署计算机视觉应用程序，包括 Jetson TK1、Jetson TX1 和 Jetson TX2。

Jetson TK1 是基础开发板，包含 192 个 NVIDIA Kepler 架构的 CUDA 计算核，是三种开发板中最便宜的一种（译者注：已经退市）。Jetson TX1 在处理速度方面是中级的，有 256 个 Maxwell 架构的 CUDA 计算核，与 ARM CPU 一起以 998MHz 的速度运行。Jetson TX2 在处理速度最快，价格也是最高的，由 256 个主频为 1 300MHz 的 Pascal 架构 CUDA 核心组成。本章将详细描述 Jetson TX1。

Jetson TX1 是一个专门为要求高的嵌入式应用程序开发模块上的小型系统。它基于 Linux，计算性能在 teraflops 超级计算级别，可用于计算机视觉和深度学习应用。Jetson TX1 模块如图 8-1 所示。

图　8-1

模块大小为 50mm×87mm，便于集成到任何系统中。英伟达还提供了 Jetson TX1 开发板，能在短时间内用于在 GPU 上构建应用程序原型。整个开发工具如图 8-2 所示。

图　8-2

从照片上可以看出，除了 GPU 模块之外，还有包含摄像头模块、USB 端口、以太网端口、散热器、风扇和天线的开发工具包。它由一个软件生态系统支持，包括 JetPack、Linux for Tegra、CUDA 工具包、cuDNN、OpenCV 和 VisionWorks，对于想要快速开发深度学习和计算机视觉原型设备的研究人员来说是非常理想的。我们将在下一节详细介绍 Jetson TX1 开发工具包的特性。

8.2.1　Jetson TX1 的重要特性

Jetson TX1 开发工具包有许多特性，使它成为超级计算任务的理想选择：

- ❑ 系统芯片采用 20nm 制程技术，由四核主频 1.73GHz 的 ARM Cortex A57 CPU 与 256 个主频 998MHz 的 Maxwell GPU 计算核组成。
- ❑ 提供 4GB DDR4 内存，64 位元 1 600MHz 速度的数据总线，相当于 25.6GB/s。
- ❑ 包含一个 5MP MIPI CSI-2 摄像机模块，支持多达 6 个 2 通道或 3 个 4 通道摄像头，速率为 1 220MP/s。
- ❑ 开发板有一个普通的 USB 3.0 a 型端口与 micro USB 端口，用于连接鼠标、键盘和 USB 摄像头。
- ❑ 有一个以太网端口和用于网络连接的 WiFi 连接。
- ❑ 可以通过 HDMI 端口连接到 HDMI 显示设备。
- ❑ 包括一个散热器和风扇冷却设备，在 GPU 设备峰值性能时进行散热。
- ❑ 在怠速状态下只需要 1W 的功率，在正常负载下大约 8～10W，而当模块完全使用时最多需要 15W。每秒处理 258 张图像时的功耗为 5.7W，性能 / 瓦特值为 45。对比普通 i7 CPU 处理器在 242 张图像 /s 性能时需要 62.5W，相当于一个性能 / 瓦特值为 3.88。所以 Jetson TX1 比 i7 处理器快 11.5 倍。

8.2.2　Jetson TX1 的应用

Jetson TX1 可用于许多计算机视觉和深度学习等计算密集型任务，Jetson TX1 可以使用的一些领域和应用如下：

- ❑ 用于制造自动机器和自动驾驶汽车，以完成各种计算密集型任务。
- ❑ 用于各种计算机视觉应用，如目标检测、分类和分割，也可以用于医学成像分析 MRI 图像和 CT 图像。
- ❑ 用于建立智能视频监控系统，可以帮助监测犯罪或交通。
- ❑ 用于生物信息学和计算化学模拟 DNA 基因、测序、蛋白质对接等。
- ❑ 用于各种需要快速计算的国防装备。

8.3　在 Jetson TX1 上安装 JetPack

Jetson TX1 带有一个预安装的 Linux 操作系统，第一次启动时应该安装 NVIDIA 驱动程序。执行命令如下：

```
cd ${HOME}/NVIDIA-INSTALLER
sudo ./installer.sh
```

当 TX1 在执行这两个命令之后重新启动时，会看到有用户界面的 Linux 操作系统将启动。英伟达提供了一个**软件开发工具包**（SDK），包含了构建计算机视觉和深度学习应用程序所需的所有软件，以及用于显示开发板的目标操作系统。这个 SDK 叫作 JetPack。最新的 JetPack 包含 Linux for Tegra（L4T）板支持包、用于计算机视觉应用中的深度学习推理的 TensorRT、最新的 CUDA 工具包、cuDNN（是一个 CUDA 深度神经网络库）、VisionWorks（可用于计算机视觉和深度学习应用）以及 OpenCV。

当安装 JetPack 时，所有的包都将默认安装，本节描述在开发板上安装 JetPack 的过程。对于 Linux 新手来说，这个过程冗长、乏味，有点复杂。因此，请仔细按照下面部分给出的步骤和截图进行操作。

8.3.1 安装的基本要求

在 TX1 上安装 JetPack 有一些基本要求。JetPack 不能直接安装在开发板上，需要一台运行 Ubuntu 14.04（或 16.04）的 PC 或虚拟机作为主机 PC，安装过程并不会检查是否为最新版本的 Ubuntu（译者注：会挑"环境语言"，如中文环境会出错），可以自由地使用。Jetson TX1 开发板需要鼠标、键盘和显示器等外设，可透过 USB 和 HDMI 端口连接。Jetson TX1 开发板需要通过以太网电缆连接到与主机相同的路由器上，安装时还需要一个 micro USB 到 USB 电缆连接开发板与 PC 机通过串行传输在开发板上传输包裹。通过检查路由器配置，记下开发板的 IP 地址（译者注：这个步骤可以忽略，JetPack 会自动侦测）。如果所有要求都是满足，转到下面一节进行 JetPack 的安装。

8.3.2 安装的步骤

本节描述安装最新 JetPack 版本的步骤，附带屏幕截图说明。所有的步骤都需要在 Ubuntu 14.04（或 16.04）的主机上执行：

1）从英伟达官方网站下载 JetPack 的最新版本：https://developer.nvidia.com/embedded/jetpack，并单击下载按钮，如图 8-3 所示。

2）JetPack 3.3 是本书撰写时的最新版本，用于演示安装过程。下载文件的名称是 Jet-Pack-L4T-3.3-linux-x64_b39.run。

3）在**桌面**上创建一个名为 **jetpack** 的文件夹，将该文件复制到该文件夹中。如图 8-4 所示。

4）右键单击文件夹并选择 **Open** 选项启动中断命令。需要执行这个文件，因此它应该有一个执行许可（+x 属性）。如果没有的话，更改权限，然后启动安装程序，如图 8-5 所示。

5）启动 JetPack 3.3 的安装向导，如图 8-6 所示。单击窗口中的 **Next** 按钮。

JetPack

NVIDIA JetPack SDK is the most comprehensive solution for building AI applications. Use the JetPack installer to flash your Jetson Developer Kit with the latest OS image, to install developer tools for both host PC and Developer Kit, and to install the libraries and APIs, samples, and documentation needed to jumpstart your development environment.

JetPack 3.3 with the latest BSPs (**L4T 28.2.1 for Jetson TX2/TX2i** and **L4T 28.2 for Jetson TX1**) is the latest production software release for NVIDIA Jetson TX2, Jetson TX2i, and Jetson TX1. It bundles all the Jetson platform software, including TensorRT, cuDNN, CUDA Toolkit, VisionWorks, GStreamer, and OpenCV, all built on top of L4T with LTS Linux kernel.

The highlight of this release is TensorRT 4.0, enabling support for TensorFlow's TensorRT integration feature. Additionally, cuDNN has a small point release to support the new TensorRT version, while all other JetPack components remain unchanged from JetPack 3.2.1.

View the full 3.3 Release Notes here.

图 8-3

图 8-4

```
bhaumik@bhaumik-VirtualBox:~$ cd Desktop/jetpack
bhaumik@bhaumik-VirtualBox:~/Desktop/jetpack$ chmod +x JetPack-L4T-3.3-linux-x64
_b39.run
bhaumik@bhaumik-VirtualBox:~/Desktop/jetpack$ ./JetPack-L4T-3.3-linux-x64_b39.ru
n
Creating directory _installer
Verifying archive integrity... All good.
Uncompressing JetPack     57%
```

图 8-5

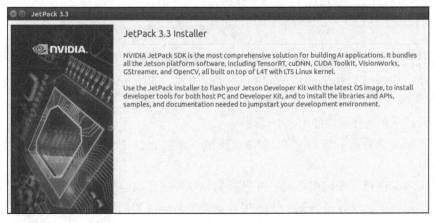

图 8-6

6）安装向导会要求下载该包及存放下载与安装该包的目录。可以选择当前目录，并在此目录中创建一个新文件夹以保存下载的包，如图 8-7 所示。然后单击 Next 按钮。

Installation Configuration
Please specify the directory where JetPack 3.3 will be installed.
Installation Directory:
/home/bhaumik/Desktop/jetpack/
Please specify the directory where the components will be downloaded.
Download Directory:
/home/bhaumik/Desktop/jetpack/jetpack_download

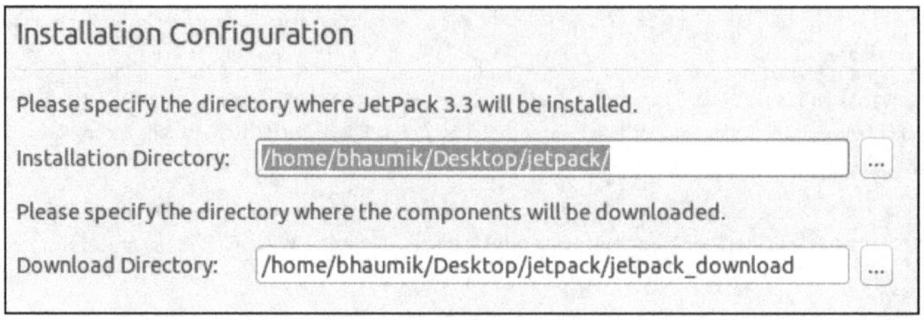

图 8-7

7）安装向导要求选择用 JetPack 安装哪个开发板，选择 Jetson TX1，如图 8-8 所示，点击 Next 按钮。

JetPack 3.3
NVIDIA.
Select Development Environment
Please specify the development environment you would like to set up:
Jetson TX2
Jetson TX2i
Jetson TX1

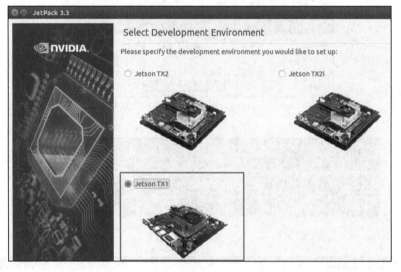

图 8-8

8）组件管理器窗口将显示，其中显示哪个包将被下载和安装。它将显示 CUDA 工具包、cuDNN、OpenCV 和 VisionWorks 以及 OS 图像，如图 8-9 所示。

9）要求接受许可协议。单击 Accept all，如图 8-10 所示，单击 Next 按钮。

10）开始下载这些包，如图 8-11 所示。

11）下载并安装所有包后，单击 Next 按钮，在主机上完成安装。它将显示如图 8-12 所示的窗口。

12）要求你选择一个网络布局：开发板如何连接到主机电脑。由于开发板和主机连接在同一个路由器上，所以选择第一个选项，告诉设备通过相同的路由器或交换机访问互联网，如图 8-13 所示，然后单击 Next 按钮。

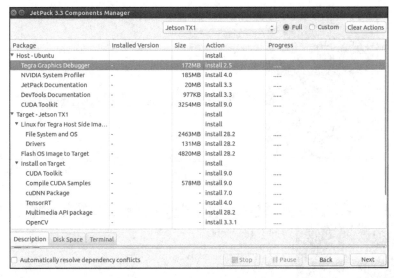

图　8-9

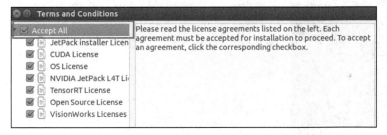

图　8-10

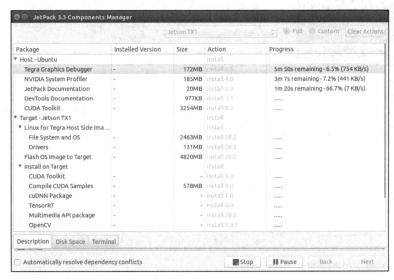

图　8-11

图   8-12

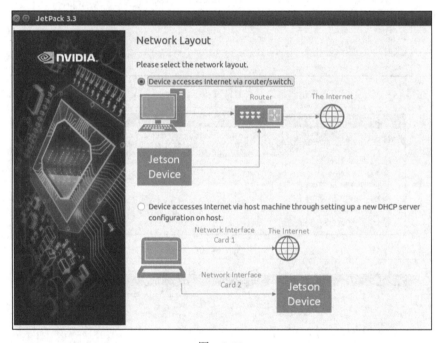

图   8-13

13）请求选择主机 PC 上用来与开发板连接的网络接口。我们必须使用以太网线连接到路由器，然后与开发板连接，所以我们选择 eth0 接口，如图 8-14 所示。

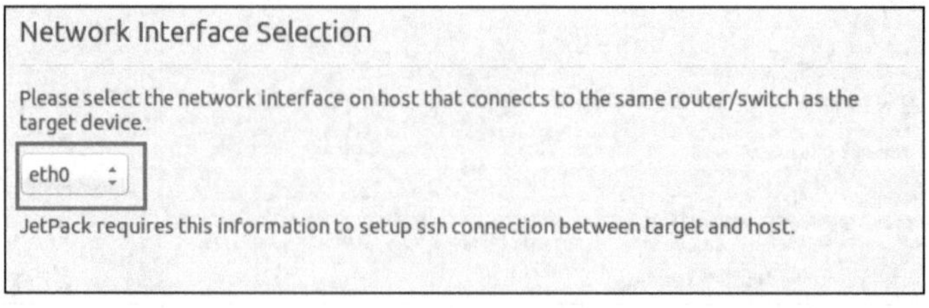

图   8-14

14）以上步骤将完成主机上的安装，并显示将被转移和安装到开发板的包的摘要。当你单击 Next 按钮，它显示要开发板通过 micro USB 到 USB 电缆去连接主机 PC，并且让开发板进入 Force USB Recovery 模式。如图 8-15 所示。

```
Post Installation
Please put your device to Force USB Recovery Mode, when your are ready, press En
ter key
To place system in Force USB Recovery Mode:
1. Power down the device. If connected, remove the AC adapter from the device. T
he device MUST be powered OFF, not in a suspend or sleep state.
2. Connect the Micro-B plug on the USB cable to the Recovery (USB Micro-B) Port
on the device and the other end to an available USB port on the host PC.
3. Connect the power adapter to the device.
4. Press and release the POWER button to power on device. Press and hold the FOR
CE RECOVERY button: while pressing the FORCE RECOVERY button, press and release
the RESET button; wait two seconds and release the FORCE RECOVERY button.;
5. When device is in recovery mode, lsusb command on host will list a line of "N
Vidia Corp"
```

图 8-15

15）进入强制恢复模式：按下**电源**键启动开发板，按下 FORCE RECOVERY 键（译者注：该按键标记为‘REC’，位置在 POWER 键旁边）不放，立即按下 RESET 键（译者注：该按键标记为‘RST’，位置在最左边）并立即释放，然后再松开 FORCE RECOVERY 键，设备就进入强制恢复模式。

16）在主机开启新的窗口，输入 lsusb | grep -invidia 命令，如果显示设备名称，表示开发板已正确进入强制恢复模式。如果使用虚拟机（译者注：请使用 VMWare Workstation），那么必须从虚拟机的 USB 设置启用设备，同时选择 USB 3.0 控制器。请回到步骤 14 的窗口，按下 Enter 键后系统会开始安装包传输到设备上，过程如图 8-16 所示。

```
Post Installation
        populating extlinux.conf.emmc to rootfs... done.
        populating /home/bhaumik/Desktop/jetpack/64_TX1/Linux_for_Tegra/kernel/d
tb/tegra210-jetson-tx1-p2597-2180-a01-devkit.dtb to rootfs... done.
done.
Making Boot image... done.
copying bcffile(/home/bhaumik/Desktop/jetpack/64_TX1/Linux_for_Tegra/bootloader/
t210ref/cfg/board_config_p2597-devkit.xml)... done.
Existing sosfile(/home/bhaumik/Desktop/jetpack/64_TX1/Linux_for_Tegra/bootloader
/nvtboot_recovery.bin) reused.
copying tegraboot(/home/bhaumik/Desktop/jetpack/64_TX1/Linux_for_Tegra/bootloade
r/t210ref/nvtboot.bin)... done.
Existing bpffile(/home/bhaumik/Desktop/jetpack/64_TX1/Linux_for_Tegra/bootloader
/bpmp.bin) reused.
copying wb0boot(/home/bhaumik/Desktop/jetpack/64_TX1/Linux_for_Tegra/bootloader/
t210ref/warmboot.bin)... done.
Existing tosfile(/home/bhaumik/Desktop/jetpack/64_TX1/Linux_for_Tegra/bootloader
/tos.img) reused.
Existing eksfile(/home/bhaumik/Desktop/jetpack/64_TX1/Linux_for_Tegra/bootloader
/eks.img) reused.
copying dtbfile(/home/bhaumik/Desktop/jetpack/64_TX1/Linux_for_Tegra/kernel/dtb/
tegra210-jetson-tx1-p2597-2180-a01-devkit.dtb)... done.
Making system.img...
        populating rootfs from /home/bhaumik/Desktop/jetpack/64_TX1/Linux_for_Te
gra/rootfs ...
```

图 8-16

17）这个过程将在开发板上重新安装操作系统（译者注：Ubuntu 16.04 L4T），可能需要很长时间。安装完后，系统会重新启动，JetPack 会自动侦测开发板的 IP，如果没有侦测到，系统会提示输入 IP，此时请为 TX1 开发板接上 HDM 显示器与鼠标，开发板的用户名与密码都是"nvidia"，将开发板的 IP 填入之后，会显示如图 8-17 所示的窗口。

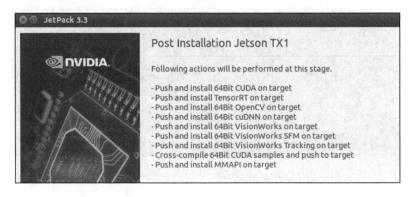

图　8-17

18）单击 Next 按钮，它将推送所有安装包如 CUDA 工具包、VisionWorks、OpenCV 和 MultiMmedia 到设备上，显示如图 8-18 所示的窗口。

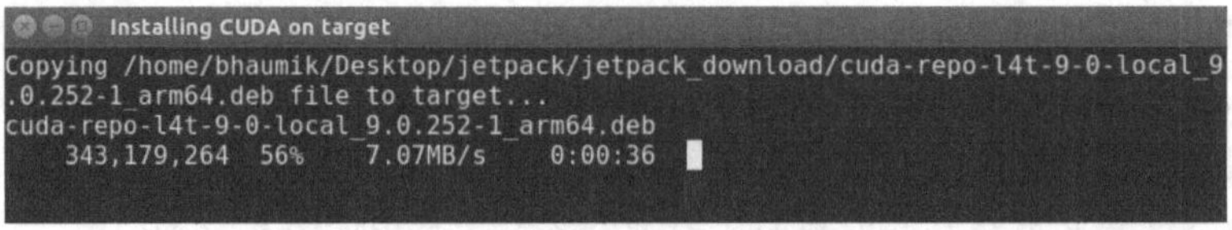

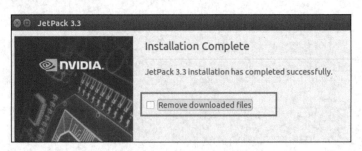

图　8-18

19）完成后它将询问是否删除过程中所有下载的包。如果你想删除，在复选框上打勾或者保持原样，如图 8-19 所示。

图　8-19

20）单击 Next 按钮，安装过程将完成。

21）重新启动 Jetson TX1 开发板会启动一个正常的 Ubuntu 界面，可以看到已安装的所有包的示例。在下一章中，我们将看到如何在开发板上使用 CUDA 和 OpenCV。

8.4 总结

本章介绍了用于在嵌入式平台上部署计算机视觉和深度学习应用程序的 Jetson TX1 开发板，它是一个信用卡大小的模块，可用于计算密集型应用，比最新的 i7 处理器具有更好的功耗性能，可以用于许多领域，其中计算机视觉和深度学习用于性能改进和嵌入式部署。英伟达提供了一个开发工具包，其中包含了该模块以及其他外设，可用于所有应用程序的快速原型构建。英伟达还提供一个名为 JetPack 的 SDK，它是许多软件包的集合，如 OpenCV、CUDA 和 VisionWorks。本章详细介绍了在 Jetson TX1 上安装 JetPack 的过程。下一章将描述在 Jetson TX1 使用 OpenCV 和 CUDA 部署计算机视觉应用程序的过程。

8.5 测验题

1. 使用 Jetson Tx1 比 Raspberry Pi 有什么优势？
2. Jetson TX1 可以连接多少个摄像头？
3. 如何使用 Jetson TX1 连接两个以上的 USB 设备？
4. 真假判断：Jetson TX1 在功率方面比最新的 i7 处理器有更好的性能。
5. 真假判断：Jetson TX1 不包含 CPU。
6. 当 Jetson TX1 预装 Ubuntu 操作系统前，JetPack 的安装要求是什么？

第 9 章

在 Jetson TX1 上部署计算机视觉应用程序

上一章描述了在 Jetson TX1 开发板上安装 OpenCV 和 CUDA，本章将介绍如何使用这些功能并详细描述 Jetson TX1 GPU 的特性，使其可用于并行处理。还将描述如何在 Jetson TX1 上执行 CUDA 和 C++ 代码，演示 Jetson TX GPU 在执行 CUDA 代码时的性能。本章的主要目的是演示如何在 Jetson TX1 上部署图像和视频处理应用程序，以图像读取、显示、添加、阈值和滤波等基本图像处理应用为例，说明了 Jetson TX1 在计算机视觉中的应用。此外，摄像机接口对于在现实场景中开发板的部署非常重要，本章将介绍车载摄像头或 USB 摄像头用于视频捕获和应用程序处理的过程。最后部分将进一步说明如何部署一些高级应用程序，如人脸检测和背景减法。

本章将讨论以下主题：

- ❏ Jetson TX1 开发板的设备属性。
- ❏ 在 Jetson TX1 开发板上运行 CUDA 程序。
- ❏ 在 Jetson TX1 开发板上进行图像处理。
- ❏ Jetson TX1 开发板的相机接口。
- ❏ 在 Jetson TX1 开发板上执行高级应用程序，如人脸检测、眼睛检测和背景减法。

9.1 技术要求

本章要求对 OpenCV、CUDA 和任何编程语言有很好的理解，还需要对任意一种 NVIDIA GPU 开发板比如 Jetson TK1、TX1 或 TX2 有足够的认识。本章中使用的代码文件可以从 Github 链接 https://github.com/PacktPublishing/Hands-On-GPU-Accelerated-Computer-Vision-with-OpenCV-and-CUDA 下载。

9.2 Jetson TX1 GPU 的设备属性

CUDA 提供了一个简单的接口来确定 GPU 设备的功能，即 Jetson TX1 开发板上的 Tegra X1 芯片。找出设备属性是很重要的，这有助于编写最适合这个设备属性的程序。查找设备属性的程序可以在主文件夹中安装 JetPack 的 CUDA 示例程序中找到，也可以运行我们在第 2 章中开发的程序来查找设备属性。

NVIDIA Tegra X1 GPU 上程序的输出如图 9-1 所示。

```
ubuntu@tegra-ubuntu:~/Desktop/opencv/Chapter 9$ nvcc kernel.cu -o device
ubuntu@tegra-ubuntu:~/Desktop/opencv/Chapter 9$ ./device
./device Starting...

CUDA Device Query (Runtime API) version (CUDART static linking)

Detected 1 CUDA Capable device(s)

Device 0: "NVIDIA Tegra X1"
  CUDA Driver Version / Runtime Version          9.0 / 9.0
  CUDA Capability Major/Minor version number:    5.3
  Total amount of global memory:                 3984 MBytes (4177342464 bytes)
  ( 2) Multiprocessors  GPU Max Clock rate:              998 MHz (1.00 GHz)
  Memory Clock rate:                             13 Mhz
  Memory Bus Width:                              64-bit
  L2 Cache Size:                                 262144 bytes
  Maximum Texture Dimension Size (x,y,z)         1D=(65536), 2D=(65536, 65536), 3D=(4096, 4096, 4096)
  Maximum Layered 1D Texture Size, (num) layers  1D=(16384), 2048 layers
  Maximum Layered 2D Texture Size, (num) layers  2D=(16384, 16384), 2048 layers
  Total amount of constant memory:               65536 bytes
  Total amount of shared memory per block:       49152 bytes
  Total number of registers available per block: 32768
  Warp size:                                     32
  Maximum number of threads per multiprocessor:  2048
  Maximum number of threads per block:           1024
  Max dimension size of a thread block (x,y,z): (1024, 1024, 64)
  Max dimension size of a grid size    (x,y,z): (2147483647, 65535, 65535)
  Maximum memory pitch:                          2147483647 bytes
  Texture alignment:                             512 bytes
  Concurrent copy and kernel execution:          Yes with 1 copy engine(s)
  Run time limit on kernels:                     Yes
  Integrated GPU sharing Host Memory:            Yes
  Support host page-locked memory mapping:       Yes
  Alignment requirement for Surfaces:            Yes
  Device has ECC support:                         Disabled
  Device supports Unified Addressing (UVA):      Yes
  Supports Cooperative Kernel Launch:            No
  Supports MultiDevice Co-op Kernel Launch:      No
  Device PCI Domain ID / Bus ID / location ID:   0 / 0 / 0
  Compute Mode:
     < Default (multiple host threads can use ::cudaSetDevice() with device simultaneously) >
ubuntu@tegra-ubuntu:~/Desktop/opencv/Chapter 9$
```

图   9-1

JetPack3.3 安装 CUDA 9.0 runtime 版本，GPU 设备的全局内存约为 4GB，GPU 主频约为 1GHz，这个主频比本书前面提到的 Geforce940 GPU 慢；Jetson TX1 内存主频只有 13MHz，与 Geforce 940 上的 2.505GHz 主频相比显得很慢；这里的二级缓存为 256KB，而 Geforce 940 上有 1MB。其他属性大多数都相似于 GeForce 940。

在 X、Y 和 Z 方向上，每个线程块可启动的最大线程数分别为 1 024、1 024 和 64。在确定从程序启动的并行线程数时应该使用这些数字，在启动每个网格的并行块数时应同样小心。

小结：我们已经看到 Jetson TX1 开发板上可用的 Tegrax1 GPU 设备属性，这是一个嵌入式开发板，其可用的内存、主频速率都比笔记本电脑附带的 Geforce940 这样的 GPU 设备要慢得多。不过，它比 Arduino 和 Raspberry Pi 等嵌入式平台快，可以很容易地用于部署需要高计算能力的计算机视觉应用程序。现在已经了解了设备的属性，我们将从在 Jetson TX1 上使用 CUDA 开发第一个程序开始。

9.3 Jetson TX1 上的基本 CUDA 程序

在本节中，我们以两个大型数组的加法来做示范，演示在 Jetson TX1 开发板上执行 CUDA 程序，程序的性能也通过 CUDA 事件来衡量。

两个有 50 000 个元素的大型数组的加法计算的内核函数如下：

```
#include<iostream>
#include <cuda.h>
#include <cuda_runtime.h>
//Defining number of elements in Array
#define N 50000
//Defining Kernel function for vector addition
__global__ void gpuAdd(int *d_a, int *d_b, int *d_c) {
 //Getting Thread index of current kernel
 int tid = threadIdx.x + blockIdx.x * blockDim.x;
 while (tid < N)
 {
 d_c[tid] = d_a[tid] + d_b[tid];
 tid += blockDim.x * gridDim.x;
 }
}
```

内核函数接受两个设备指针（指向输入数组作为输入）和一个设备指针（指向设备显存中的输出数组作为参数）。计算当前内核函数所执行的线程 ID，再通过线程索引找到对应的数组元素，然后在内核函数内执行加成计算。如果启动的内核数小于数组元素数，那么在 while 循环中同一个内核将执行多次的数组元素加法，这些元素位置以线程块的维度作为偏移量。两个数组执行加法计算的 main 函数如下：

```
int main(void)
{
 //Defining host arrays
 int h_a[N], h_b[N], h_c[N];
 //Defining device pointers
 int *d_a, *d_b, *d_c;
 cudaEvent_t e_start, e_stop;
 cudaEventCreate(&e_start);
 cudaEventCreate(&e_stop);
 cudaEventRecord(e_start, 0);
 // allocate the memory
 cudaMalloc((void**)&d_a, N * sizeof(int));
 cudaMalloc((void**)&d_b, N * sizeof(int));
 cudaMalloc((void**)&d_c, N * sizeof(int));
 //Initializing Arrays
 for (int i = 0; i < N; i++) {
 h_a[i] = 2 * i*i;
 h_b[i] = i;
```

```
}
// Copy input arrays from host to device memory
cudaMemcpy(d_a, h_a, N * sizeof(int), cudaMemcpyHostToDevice);
cudaMemcpy(d_b, h_b, N * sizeof(int), cudaMemcpyHostToDevice);
//Calling kernels passing device pointers as parameters
gpuAdd << <1024, 1024 >> >(d_a, d_b, d_c);
//Copy result back to host memory from device memory
cudaMemcpy(h_c, d_c, N * sizeof(int), cudaMemcpyDeviceToHost);
cudaDeviceSynchronize();
cudaEventRecord(e_stop, 0);
cudaEventSynchronize(e_stop);
float elapsedTime;
cudaEventElapsedTime(&elapsedTime, e_start, e_stop);
printf("Time to add %d numbers: %3.1f ms\n",N, elapsedTime);
```

　　首先定义主机上的两个数组，然后使用 cudaMalloc 函数来为它们在设备上配置对应的内存。主机上的两个数组分别初始化为 $2*i*i$ 与 i，然后再通过 cudaMemcpy 函数上传到设备显存。创建两个 CUDA 事件来衡量 CUDA 程序的性能，内核以 1 024 个线程块启动，每个块有 1 024 个线程，这些数字取自如前一节所述的设备属性，计算结果从内核函数传回到主机内存。用 e_start 和 e_stop 两个事件记录内核启动之前和完成之后的时间，然后计算内核函数所用的时间，显示在控制台上。

　　添加以下代码以验证 GPU 计算结果的正确性，并释放程序使用的内存：

```
int Correct = 1;
printf("Vector addition on GPU \n");
//Printing result on console
for (int i = 0; i < N; i++) {
if ((h_a[i] + h_b[i] != h_c[i]))
{
 Correct = 0;
 }

 }
 if (Correct == 1)
 {
printf("GPU has computed Sum Correctly\n");
 }
 else
 {
printf("There is an Error in GPU Computation\n");
 }
 //Free up memory
cudaFree(d_a);
cudaFree(d_b);
cudaFree(d_c);
 return 0;
}
```

　　在 CPU 上执行相同的数组加法操作，然后与 GPU 的计算结果进行比较，以验证 GPU 计算的正确性，这也会显示在控制台上。最后使用 cudaFree 函数释放程序使用的所有内存。

　　在终端运行以下两个命令来执行程序，在当前工作目录中执行：

```
$ nvcc 01_performance_cuda_events.cu -o gpu_add
$ ./gpu_add
```

nvcc 命令用于使用 NVIDIA CUDA 编译器来编译 CUDA 代码，文件名作为参数传递给命令，由 -o 选项指定由编译器创建的对象文件名，此文件名将用于执行程序。这是由第二个命令完成的，程序输出如图 9-2 所示。

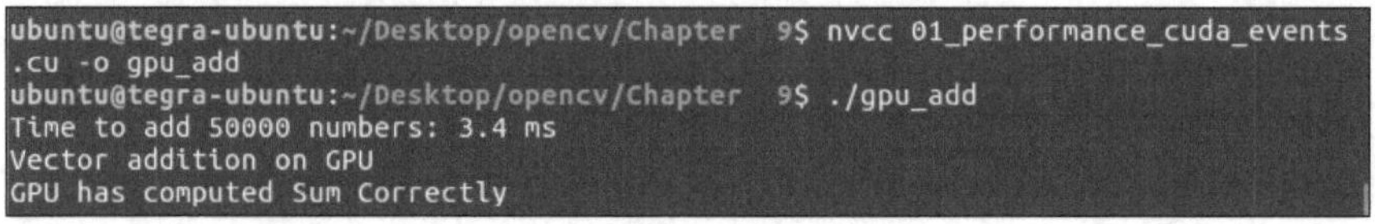

图　9-2

从结果中可以看出，Jetson TX1 耗费 3.4ms 来计算两组有 50 000 个元素的数组相加，这比本书第 3 章中使用的 GeForce 940 慢，但仍然比 CPU 上的顺序执行快。

小结：本节演示在 Jetson TX1 开发板上执行 CUDA 程序，使用的语法和我们在本书前面看到的一样。因此，本书前面开发的所有 CUDA 程序都可以在 Jetson TX1 上执行，不需太多修改。本节还介绍了执行程序的过程，下一节将进入 Jetson TX1 在图像处理应用程序中的使用。

9.4　Jetson TX1 上的图像处理

本节将演示如何在 Jetson TX1 上部署图像处理的应用程序，我们将在 Jetson TX1 再次使用 OpenCV 和 CUDA 来加速计算机视觉应用程序。在上一章中，我们看到了包含 OpenCV 和 CUDA 的 JetPack 3.3 的安装过程，但即使在最新的 JetPack 里所提供的 OpenCV，也是不支持 CUDA 编译的，也没有安装支持访问相机所必需的 GStreamer 编译，因此最好删除 JetPack 附带的 OpenCV 安装，改用支持 CUDA 和 GStreamer 编译的新版本 OpenCV。下一节将演示执行此操作的过程。

9.4.1　编译支持 CUDA 的 OpenCV

虽然 JetPack 提供的 OpenCV 可以与新的 OpenCV 安装一起工作，但最好先删除旧的安装，然后再开始新的安装，这可以避免不必要的混淆。因此，必须执行以下步骤：

1）从终端运行以下命令：

```
$ sudo apt-get purge libopencv*
```

2）确保所有安装的包都是最新版本，如果不是的话，可以运行以下两个命令来更新：

```
$ sudo apt-get update
$ sudo apt-get dist-upgrade
```

3）需要使用最新版本的 CMake 和 gcc 编译器从源代码编译 OpenCV，以便通过运行以下两个命令来安装：

```
$ sudo apt-get install --only-upgrade gcc-5 cpp-5 g++-5
$ sudo apt-get install build-essential make cmake cmake-curses-gui
libglew-dev libgtk2.0-dev
```

4）使用 GStreamer 支持编译 OpenCV 需要安装一些依赖项，可以通过以下命令完成：

```
sudo apt-get install libdc1394-22-dev libxine2-dev libgstreamer1.0-
dev libgstreamer-plugins-base1.0-dev
```

5）下载最新版本的 OpenCV 的源代码，并通过执行以下命令将其提取到文件夹中：

```
$ wget https://github.com/opencv/opencv/archive/3.4.0.zip -O
opencv.zip
$ unzip opencv.zip
```

6）现在进入 OpenCV 文件夹并创建 build 目录，然后进入这个新创建的 build 目录。可以通过从命令提示符执行以下命令来完成这些操作：

```
$ cd opencv
$ mkdir build
$ cd build
```

7）用 cmake 命令来编译支持 CUDA 的 OpenCV，确保在命令中将 WITH_CUDA 标志设置为 ON。注：对于 Jetson TX1 开发板，CUDA_ARCH_BIN 应设置为 5.3，如果是 Jetson TX2 开发板则设置为 6.2。这些例子并不是为了节省时间和空间而构建的。整个 cmake 命令如下：

```
cmake -D CMAKE_BUILD_TYPE=RELEASE -D
CMAKE_INSTALL_PREFIX=/usr/local \
  -D WITH_CUDA=ON -D CUDA_ARCH_BIN="5.3" -D CUDA_ARCH_PTX="" \
  -D WITH_CUBLAS=ON -D ENABLE_FAST_MATH=ON -D CUDA_FAST_MATH=ON \
  -D ENABLE_NEON=ON -D WITH_LIBV4L=ON -D BUILD_TESTS=OFF \
  -D BUILD_PERF_TESTS=OFF -D BUILD_EXAMPLES=OFF \
  -D WITH_QT=ON -D WITH_OPENGL=OFF..
```

8）它将启动对 makefile 的配置和创建，配置成功后，cmake 命令将在 build 目录中创建 makefile。

9）使用 makefile 编译 OpenCV，请从命令窗口执行 make-j4 命令。

10）编译成功后，要安装 OpenCV，必须从命令行执行命令 sudo make install。

当这些步骤顺利完成，就会在 Jetson TX1 上安装支持 CUDA 和 GStreamer 的 OpenCV 3.4.0，并且可以在上面部署使用 OpenCV 构建的任何计算机视觉应用程序。下一节将演示开发板上的简单图像处理操作。

9.4.2 读取和显示图像

任何计算机视觉应用程序所需要的第一个基本操作，都是读取和显示存储在磁盘上的图像。本节将演示在 Jetson TX1 上执行此操作的简单代码。当我们将代码从计算机上的 GPU 转移到 Jetson TX1 开发板时，虽然 OpenCV 语法不会有太大的变化，但仍存在一些细微的改变。在 Jetson TX1 上读取和显示图像的代码如下：

```
#include <opencv2/opencv.hpp>
#include <iostream>

using namespace cv;
using namespace std;

int main()
{
 Mat img = imread("images/cameraman.tif",0);
 if (img.empty())
 {
 cout << "Could not open an image" << endl;
 return -1;
 }
 imshow("Image Read on Jetson TX1"; , img);
 waitKey(0);
 return 0;
}
```

代码中包含了必要的 OpenCV 库，在 main 函数里调用 imread 功能读取图像。因为 imread 命令的第二个参数被指定为 0，表示读取为灰度图像。如果要将图像读取为彩色图像，可以指定为 1。if 语句检查是否读取图像，如果不是，则在控制台上显示错误后终止代码。当图像名称不正确或图像未存储在指定的路径中，则可能发生读取图像时出错，此错误由 if 语句处理。使用 imshow 命令显示图像，waitKey 功能用于显示图像，直到在键盘上按下任意键。

前面显示的代码可以保存为 image_read.cpp 文件，用下面命令来执行，确保程序文件存储在终端所开启的工作目录中。

编译：**$ g++ -std = c++11 image_read.cpp 'pkg_config --libs --cflags opencv' -oimage_read**

执行：**$./image_read**

程序输出如图 9-3。

本节演示了在 Jetson TX1 上读取和显示图像的过程，下一节我们将看到更多的图像处理操作，并尝试衡量它们在 Jetson TX1 上的性能。

9.4.3 图像合成

本节将演示如何将 Jetson TX1 用于简单的图像处理应

图 9-3

用程序，如图像合成。在相同位置的像素添加强度，生成新图像。假设在两幅图像中，（0，0）处的像素分别具有强度值 50 和 150，则合成图像中的强度值将为 200，这是两个强度值的相加。OpenCV 加法是一个饱和运算，这意味着如果一个加法的结果超过 255，那么它将在 255 饱和。在 Jetson TX1 上执行添加的代码如下：

```cpp
#include <iostream>
#include "opencv2/opencv.hpp"
#include "opencv2/core/cuda.hpp"

int main (int argc, char* argv[])
{
 //Read Two Images
 cv::Mat h_img1 = cv::imread("images/cameraman.tif");
 cv::Mat h_img2 = cv::imread("images/circles.png");
 int64 work_begin = cv::getTickCount();
 //Create Memory for storing Images on device
 cv::cuda::GpuMat d_result1,d_img1, d_img2;
 cv::Mat h_result1;
 //Upload Images to device
 d_img1.upload(h_img1);
 d_img2.upload(h_img2);

 cv::cuda::add(d_img1,d_img2, d_result1);
 //Download Result back to host
 d_result1.download(h_result1);
 cv::imshow("Image1 ", h_img1);
 cv::imshow("Image2 ", h_img2);
 cv::imshow("Result addition ", h_result1);
 int64 delta = cv::getTickCount() - work_begin;
 //Frequency of timer
 double freq = cv::getTickFrequency();
 double work_fps = freq / delta;
 std::cout<<"Performance of Addition on Jetson TX1: " <<std::endl;
 std::cout <<"Time: " << (1/work_fps) <<std::endl;
 std::cout <<"FPS: " <<work_fps <<std::endl;

 cv::imshow("result_add.png", h_result1);
 cv::waitKey();
 return 0;
}
```

图像合成时要记住的一点是，两个图像的大小应该相同，如果大小不同的话，那么在合成之前应该调整到相同。在前面的代码中，从磁盘读取两个大小相同的图像，并将其上载到设备显存中，以便在 GPU 上进行合成。用 cv::cuda 模块的 add 函数在设备上执行图像合成。结果图像下载回主机并显示在控制台上。

程序输出如图 9-4 所示。

这里使用 cv::getTickCount() 和 cv::getTickFrequency() 函数来衡量图像合成的性能。合成操作所花费的时间显示在控制台，如图 9-5 所示。

 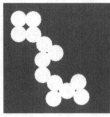 

图像 1   图像 2   相加后的结果

图　9-4

```
ubuntu@tegra-ubuntu:~/Desktop/opencv/Chapter 9$ ./image_add
Performance of Addition on Jetson TX!:
Time: 0.000262104
FPS: 3815.28
```

图　9-5

由图可以看出，在 Jetson TX1 上合成两个大小为 256×256 的图片需要 0.26ms，对于嵌入式系统而言，这是一个非常好的性能平台。应该注意的是，要在执行 imshow 功能之前衡量性能，以测量合成操作的准确时间，因为 imshow 功能需要更多的时间来显示图像，所以对执行合成操作所需时间的估计测量会造成失准。

9.4.4　图像阈值处理

本节将演示如何将 Jetson TX1 用于计算密集型的计算机视觉应用，例如图像阈值处理。图像阈值处理是一种非常简单的图像分割技术，根据一定的强度值，从灰度图像中提取重要区域的计算。在这种技术中，如果像素值大于某个阈值，则会为其分配一个值，否则会为其分配另一个值。

OpenCV 提供了不同类型的阈值技巧，并由函数的最后一个参数决定。这些阈值类型包括：

- ❑ cv::THRES H_BINARY：如果像素的强度大于阈值，则将像素强度设置为等于 maxVal 常量，否则设置为零。
- ❑ cv::THRESH_BINARY_INV：如果像素的强度大于阈值，则将像素强度设置为零，否则设置为 maxVal 常量。
- ❑ cv::THRESH_TRUNC：这基本上是一个截断操作。如果像素的强度大于阈值，则将像素强度设置为等于阈值，否则就保持原强度值不变。
- ❑ cv::THRESH_TOZERO：如果像素强度大于阈值，则保持像素强度不变，否则将像素强度设置为零。
- ❑ cv::THRESH_TOZERO_INV：如果像素的强度大于阈值，则将像素强度设置为等于零，否则保持像素强度不变。

在 Jetson TX1 上使用 OpenCV 和 CUDA 实现所有这些阈值化技术的程序如下：

```
#include <iostream>
#include "opencv2/opencv.hpp"
using namespace cv;
int main (int argc, char* argv[])
{
 cv::Mat h_img1 = cv::imread("images/cameraman.tif", 0);
 cv::cuda::GpuMat d_result1,d_result2,d_result3,d_result4,d_result5,
d_img1;
 //Measure initial time ticks
 int64 work_begin = getTickCount();
 d_img1.upload(h_img1);
 cv::cuda::threshold(d_img1, d_result1, 128.0, 255.0, cv::THRESH_BINARY);
 cv::cuda::threshold(d_img1, d_result2, 128.0, 255.0,
cv::THRESH_BINARY_INV);
 cv::cuda::threshold(d_img1, d_result3, 128.0, 255.0, cv::THRESH_TRUNC);
 cv::cuda::threshold(d_img1, d_result4, 128.0, 255.0, cv::THRESH_TOZERO);
 cv::cuda::threshold(d_img1, d_result5, 128.0, 255.0,
cv::THRESH_TOZERO_INV);

 cv::Mat h_result1,h_result2,h_result3,h_result4,h_result5;
 d_result1.download(h_result1);
 d_result2.download(h_result2);
 d_result3.download(h_result3);
 d_result4.download(h_result4);
 d_result5.download(h_result5);
 //Measure difference in time ticks
 int64 delta = getTickCount() - work_begin;
 double freq = getTickFrequency();
 //Measure frames per second
 double work_fps = freq / delta;
 std::cout <<"Performance of Thresholding on GPU: " <<std::endl;
 std::cout <<"Time: " << (1/work_fps) <<std::endl;
 std::cout <<"FPS: " <<work_fps <<std::endl;
 return 0;
}
```

在 GPU 的 OpenCV 和 CUDA 里有个 cv::cuda::threshold 函数用来处理图像阈值, 这个函数有许多参数: 第一个参数是源图像, 应该是灰度图像; 第二个参数是存储结果的目标; 第三个参数是阈值, 用于分割像素值; 第四个参数是 maxVal 常量, 它表示像素值大于阈值时要给定的值; 最后一个参数是前面讨论的阈值方法。显示原始图像的程序输出和五种阈值技术的输出如图 9-6 所示。

原始图像   二元阈值   反向二元阈值

图   9-6

断断的阈值

截断为零的阈值

截断为零的反向阈值

图 9-6　（续）

使用 cv::getTickCount() 和 cv::getTickFrequency() 函数同样可以测量图像阈值化的性能。五个阈值操作所花费的时间显示在控制台，如图 9-7 所示。

图　9-7

在 Jetson TX1 上执行 5 个阈值操作需要 0.32ms，对于嵌入式平台上的图像分割任务来说，这个性能是非常好的。下一个部分将描述 Jetson TX1 上的滤波操作。

9.4.5　Jetson TX1 上的图像滤波

图像滤波是图像预处理和特征提取中的一个重要环节。低通滤波器（如平均滤波器、高斯滤波器和中值滤波器）用于消除图像中的不同类型的噪声，而高通滤波器（如 Sobel、Scharr 和拉普拉斯）用于检测图像中的边缘。边缘是可用于计算机视觉任务（如目标检测和分类）的重要特征。本书前面详细介绍过图像滤波。

本节介绍在 Jetson TX1 的图像上应用低通和高通滤波器的步骤。代码如下：

```
#include <iostream>
#include <string>
#include "opencv2/opencv.hpp"

using namespace std;
using namespace cv;
using namespace cv::cuda;

int main()
{
 Mat h_img1;
 cv::cuda::GpuMat d_img1,d_blur,d_result3x3;
 h_img1 = imread("images/blobs.png",1);

 int64 start = cv::getTickCount();
 d_img1.upload(h_img1);
 cv::cuda::cvtColor(d_img1,d_img1,cv::COLOR_BGR2GRAY);
 cv::Ptr<cv::cuda::Filter> filter3x3;
 filter3x3 =
```

```
cv::cuda::createGaussianFilter(CV_8UC1,CV_8UC1,cv::Size(3,3),1);
filter3x3->apply(d_img1, d_blur);
cv::Ptr<cv::cuda::Filter> filter1;
filter1 = cv::cuda::createLaplacianFilter(CV_8UC1,CV_8UC1,1);
filter1->apply(d_blur, d_result3x3);
cv::Mat h_result3x3,h_blur;
d_result3x3.download(h_result3x3);
d_blur.download(h_blur);
double fps = cv::getTickFrequency() / (cv::getTickCount() - start);
std::cout << "FPS : " << fps << std::endl;
imshow("Laplacian", h_result3x3);
imshow("Blurred", h_blur);
cv::waitKey();
return 0;
}
```

　　拉普拉斯是一种二阶导数,用于从图像中提取竖直和水平图像,对噪声非常敏感,因此有时需要先使用低通滤波器(如高斯模糊)消除噪声,然后再应用拉普拉斯滤波器。在本代码中应用标准差为 1 的 3×3 的高斯滤波器对输入图像进行预处理。用 OpenCV 的 cv::cuda::createGaussianFilter 函数创建这个滤波器,然后将拉普拉斯滤波器应用于这个高斯模糊图像。使用 OpenCV 的 cv::cuda::createLplacianFilter 函数创建普拉斯滤波器。高斯模糊和拉普拉斯滤波器的输出结果下载回主机内存,以便在控制台上显示。滤波操作的性能也在代码中进行测量。程序的输出显示在图 9-8 中。

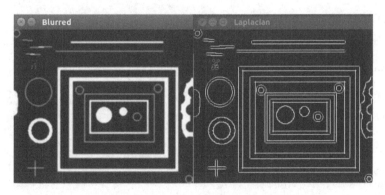

图　9-8

　　从输出中可以看出,模糊图像上的拉普拉斯滤波器会消除图像中的假边缘,还将消除输入图像中存在的高斯噪声。如果输入图像被椒盐噪声所污染,那么边缘检测的预处理步骤就得用中值滤波器替换拉普拉斯滤波器。

　　小结:我们在 Jetson TX1 上看到了不同的图像处理功能,如图像合成、图像阈值处理和图像滤波等。我们还看到相同代码的操作性能在 Jetson TX1 比在 CPU 上要好得多。下一节将介绍相机与 Jetson TX1 的接口,以便在现实生活中使用。

9.5   Jetson TX1 的摄像机接口

Jetson TX1 可连接 USB 摄像机或 CSI 摄像机，开发板上附带一个已经接上 Jetson TX1 的 500 万像素摄像头，这个摄像头可以像笔记本电脑上的网络摄像机一样用来捕获视频。摄像头接口是一项重要特性，使 Jetson TX1 开发板在实时情况下非常有用，它最多支持 6 通道摄像头。详细的 Jetson TX1 摄像头支持列表可在以下链接中找到：https://elinux.org/Jetson_tx1。

本节将演示使用与 Jetson TX1 连接的摄像头捕获视频的过程，以及如何使用这些视频开发计算机视觉应用程序，如人脸检测和背景减法。

从板载摄像头读取和显示视频

本节将介绍从 USB 摄像头或与 Jetson TX1 连接的板载摄像头捕获视频的方法。这部分应使用支持 GStreamer 的编译 OpenCV，否则 OpenCV 将无法支持捕获视频的格式。

以下代码可用于从摄像头捕获视频并将其显示在屏幕上：

```
#include <opencv2/opencv.hpp>
#include <iostream>
#include <stdio.h>
using namespace cv;
using namespace std;
int main(int, char**)
{
 Mat frame;
 // open the default camera using default API
 VideoCapture cap("nvcamerasrc ! video/x-raw(memory:NVMM), width=(int)1280,
height=(int)720, format=(string)I420, framerate=(fraction)24/1 ! nvvidconv
flip-method=0 ! video/x-raw, format=(string)I420 ! videoconvert ! video/x-
raw, format=(string)BGR ! appsink");
 if (!cap.isOpened()) {
 cout << "Unable to open camera\n";
 return -1;
 }
 while (1)
 {
 int64 start = cv::getTickCount();
 cap.read(frame);
 // check if we succeeded
 if (frame.empty()) {
  cout << "Can not read frame\n";
  break;
 }
 double fps = cv::getTickFrequency() / (cv::getTickCount() - start);
 std::cout << "FPS : " << fps << std::endl;

 imshow("Live", frame);
 if (waitKey(30) == 'q')
  break;
 }

 return 0;
}
```

本代码或多或少类似于用于从笔记本电脑上的网络摄像机捕获视频的代码，不使用设备 ID 作为捕获对象的参数，而是使用指定 GStreamer 管道的字符串。如下所示：

```
VideoCapture cap("nvcamerasrc ! video/x-raw(memory:NVMM), width=(int)1280,
height=(int)720, format=(string)I420, framerate=(fraction)24/1 ! nvvidconv
flip-method=0 ! video/x-raw, format=(string)I420 ! videoconvert ! video/x-
raw, format=(string)BGR ! appsink");
```

捕获的视频的宽度和高度指定为 1 280 和 720 像素，还指定了帧速率，这些值将根据接口摄像头支持的格式进行更改。使用 nvvidconv 将视频转换为 OpenCV 支持的 BGR 格式，它还用于图像缩放和翻转。要翻转捕获的视频，可以将翻转方法指定为 0 以外的整数值。

用 cap.isOpened 属性检查捕获视频的摄像头是否开启，然后使用 read 方法逐个读取帧并显示在屏幕上，直到用户按下 q 为止。在代码中还测量了帧捕获的速率。

摄像机对两种不同的帧进行实时视频的输出，帧率如图 9-9 所示。

图　9-9

小结：在此我们已经看到了从与 Jetson TX1 开发板连接的摄像机中捕获视频的过程，这段视频可以用在下一节开发有用的实时计算机视觉应用程序。

9.6　Jetson TX1 上的高级应用程序

本节将描述 Jetson TX1 嵌入式平台在部署高级计算机视觉应用程序如人脸检测、眼睛检测和背景减法时的使用。

9.6.1　使用 Haar 级联进行人脸检测

Haar 级联使用矩形特征来检测对象。它使用不同大小的矩形来计算不同的线和边缘特征。类 Haar 特征检测算法的思想是计算矩形内白色像素和黑色像素之和的差异。

这个方法的主要优点是利用积分图像快速求和，这使得 Haar 级联成为实时对象检测的理想选择。与其他用于对象检测的算法相比，它需要更少的时间来处理图像。Haar 级联非常适合部署在嵌入式系统上，如 Jetson TX1，因为它的计算复杂度低，内存占用少。因此，在本节中，在 Jetson TX1 上部署将这个算法用于在来处理人脸检测应用程序。

与 Jetson TX1 连接的摄像头捕获的视频中的人脸检测代码如下：

```cpp
#include <iostream>
#include <opencv2/opencv.hpp>
using namespace cv;
using namespace std;

int main()
{
 VideoCapture cap("images/output.avi");
//cv::VideoCapture cap("nvcamerasrc ! video/x-raw(memory:NVMM),
width=(int)1280, height=(int)720, format=(string)I420,
framerate=(fraction)24/1 ! nvvidconv flip-method=0 ! video/x-raw,
format=(string)I420 ! videoconvert ! video/x-raw, format=(string)BGR !
appsink");
 if (!cap.isOpened()) {
   cout << "Can not open video source";
   return -1;
 }
 std::vector<cv::Rect> h_found;
 cv::Ptr<cv::cuda::CascadeClassifier> cascade =
cv::cuda::CascadeClassifier::create("haarcascade_frontalface_alt2.xml");
 cv::cuda::GpuMat d_frame, d_gray, d_found;
 while(1)
 {
 Mat frame;
 if ( !cap.read(frame) ) {
   cout << "Can not read frame from webcam";
   return -1;
 }
 int64 start = cv::getTickCount();
 d_frame.upload(frame);
 cv::cuda::cvtColor(d_frame, d_gray, cv::COLOR_BGR2GRAY);

 cascade->detectMultiScale(d_gray, d_found);
 cascade->convert(d_found, h_found);

 for(int i = 0; i < h_found.size(); ++i)
 {
   rectangle(frame, h_found[i], Scalar(0,255,255), 5);
 }
 double fps = cv::getTickFrequency() / (cv::getTickCount() - start);
 std::cout << "FPS : " << fps << std::endl;
 imshow("Result", frame);
 if (waitKey(1) == 'q') {
   break;
 }
 }

 return 0;
}
```

　　Haar 级联是一种需要经过训练才能完成特定任务的算法，对于一个特定的应用程序来说，从头开始训练 Haar 级联是很困难的，OpenCV 提供一些经过训练的 XML 文件，可以用来检测对象。这些 XML 文件存放在 OpenCV 和 CUDA 安装的 \usr\local\OpenCV\data\

haar_cascade 目录中。

首先初始化网络摄像机，逐帧捕获摄像机中的图像，然后将该帧图像上传到设备显存，以便在 GPU 上进行处理。OpenCV 和 CUDA 提供 CascadeClassifier 类来实现 Haar 级联，用 create 方法创建该类对象，并要求加载经过训练的 XML 文件的文件名。

在 while 循环中，detectMultiscale 方法会应用到每一帧图像，以便在每帧中检测不同大小的人脸，再使用 convert 方法将检测到的位置转换为矩形矢量，然后使用 for 循环迭代该矢量，以便用 rectangle 函数在所有检测到的人脸上绘制边界框，对网络摄像机捕获的每一帧图像重复此过程。该算法的性能也以每秒帧数衡量。

程序输出如图 9-10 所示。

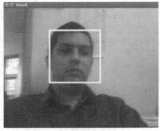

图　9-10

从输出中可以看出，人脸被正确地定位在网络摄像机的两个不同帧中的不同位置。第二帧有点模糊，但不影响算法。该算法在 Jetson TX1 上的性能也显示在右图中，工作速度大约为每秒 5 帧。

总的来说，本节演示了如何使用 Jetson TX1 从网络摄像机捕获的实时视频中检测人脸。此应用程序可用于人员识别、面部锁定、考勤监控等。

9.6.2　使用 Haar 级联进行眼睛检测

本节将描述 Haar 级联在检测眼睛中的应用。在 OpenCV 安装目录中提供了用于眼睛检测的经过训练的 Haar 级联的 XML 文件。此文件用于检测眼睛，代码如下：

```
#include "opencv2/objdetect/objdetect.hpp"
#include "opencv2/highgui/highgui.hpp"
#include "opencv2/imgproc/imgproc.hpp"
#include "opencv2/cudaobjdetect.hpp"
#include <iostream>
#include <stdio.h>

using namespace std;
using namespace cv;

int main( )
{
  Mat h_image;
  h_image = imread("images/lena_color_512.tif", 0);
```

```
    Ptr<cuda::CascadeClassifier> cascade =
cuda::CascadeClassifier::create("haarcascade_eye.xml");
    cuda::GpuMat d_image;
    cuda::GpuMat d_buf;
    int64 start = cv::getTickCount();
    d_image.upload(h_image);
    cascadeGPU->setMinNeighbors(0);
    cascadeGPU->setScaleFactor(1.02);
    cascade->detectMultiScale(d_image, d_buf);
    std::vector<Rect> detections;
    cascade->convert(d_buf, detections);
  if (detections.empty())
    std::cout << "No detection." << std::endl;
    cvtColor(h_image,h_image,COLOR_GRAY2BGR);
  for(int i = 0; i < detections.size(); ++i)
  {
    rectangle(h_image, detections[i], Scalar(0,255,255), 5);
  }
  double fps = cv::getTickFrequency() / (cv::getTickCount() - start);
  std::cout << "FPS : " << fps << std::endl;
  imshow("Result image on Jetson TX1", h_image);
  waitKey(0);
  return 0;
}
```

这段代码与人脸检测代码类似，这是使用 Haar 级联的优势。如果已经有针对给定对象的经过训练的 Haar 级联的可用 XML 文件，那么相同的代码将在所有应用程序中工作。创建 CascadeClassifier 类的对象时，只需要更改 XML 文件的名称。在前面的代码中，使用的 haarcacascade_eye.xml 是经过训练的用于眼睛检测的 XML 文件，其他代码不言自明。比例因子设置为 1.02，以便在每个比例下图像大小减小 1.02。

眼睛检测程序的输出如图 9-11 所示。

原始图像　　　　　　　　眼睛检测

图　9-11

现在，我们已经使用 Haar 级联从视频和图像中检测到对象，捕获的视频也可以用在下一节要介绍的使用背景减法来检测和跟踪对象。

9.6.3　高斯混合背景减法

背景减法是对象检测和跟踪应用中一个重要的预处理步骤，还可以用于从闭路电视画面中检测异常活动，本节演示使用 Jetson TX1 实现背景减法的应用程序，并利用与 Jetson TX1 连接的摄像头安装在房间内执行室内活动检测，房间的背景在第一帧执行初始化。

　　MoG 是一种广泛使用的基于高斯混合的背景减法，用于活动检测，背景在帧序列中不断更新。混合 K 高斯分布用于将像素分类为前景或背景，同时对帧的时间序列进行加权，以改善背景建模。连续变化的强度被归类为前景强度，静态强度被归类为背景强度。

　　使用 MoG 进行活动监控的代码如下：

```cpp
#include <iostream>
#include <string>
#include "opencv2/opencv.hpp"

using namespace std;
using namespace cv;
using namespace cv::cuda;
int main()
{
 VideoCapture cap("nvcamerasrc ! video/x-raw(memory:NVMM), width=(int)1280,
height=(int)720, format=(string)I420, framerate=(fraction)24/1 ! nvvidconv
flip-method=0 ! video/x-raw, format=(string)I420 ! videoconvert ! video/x-
raw, format=(string)BGR ! appsink");
 if (!cap.isOpened())
 {
cout << "Can not open camera or video file" << endl;
return -1;
 }
Mat frame;
cap.read(frame);
GpuMat d_frame;
d_frame.upload(frame);
Ptr<BackgroundSubtractor> mog = cuda::createBackgroundSubtractorMOG();
GpuMat d_fgmask,d_fgimage,d_bgimage;
Mat h_fgmask,h_fgimage,h_bgimage;
mog->apply(d_frame, d_fgmask, 0.01);
namedWindow("image", WINDOW_NORMAL);
namedWindow("foreground mask", WINDOW_NORMAL);
namedWindow("foreground image", WINDOW_NORMAL);
namedWindow("mean background image", WINDOW_NORMAL);

while(1)
{
cap.read(frame);
if (frame.empty())
 break;
d_frame.upload(frame);
int64 start = cv::getTickCount();
mog->apply(d_frame, d_fgmask, 0.01);
mog->getBackgroundImage(d_bgimage);
double fps = cv::getTickFrequency() / (cv::getTickCount() - start);
std::cout << "FPS : " << fps << std::endl;
d_fgimage.create(d_frame.size(), d_frame.type());
d_fgimage.setTo(Scalar::all(0));
d_frame.copyTo(d_fgimage, d_fgmask);
d_fgmask.download(h_fgmask);
```

```
d_fgimage.download(h_fgimage);
d_bgimage.download(h_bgimage);
imshow("image", frame);
imshow("foreground mask", h_fgmask);
imshow("foreground image", h_fgimage);
imshow("mean background image", h_bgimage);
if (waitKey(1) == 'q')
 break;
 }

 return 0;
}
```

首先用 GStreamer 管道对 Jetson TX1 摄像头进行初始化，接着用 createBackground-SubtractorMOG 类来创建 MoG 实现的对象。创建对象的 apply 方法用于从第一帧创建前景掩码，需要输入图像、存储前景掩码的 image 数组以及学习速率。没有任何活动的房间图像被初始化为 MoG 的背景。然后算法会将所有要发生的活动分类为前景。

while 循环中读取每一帧之后，前景掩码和背景图像都会不断更新，getBackground-Image 函数用于获取当前背景模型。

前景掩码用于创建前景图像，该图像指示当前正在移动的对象，这个基本的逻辑，是在原始帧和前景掩码之间操作。在每一帧之后，前景掩码、前景图像和建模背景都会被下载到主机内存中，以便在屏幕上显示。

视频中两个不同帧的输出显示在图 9-12 中。

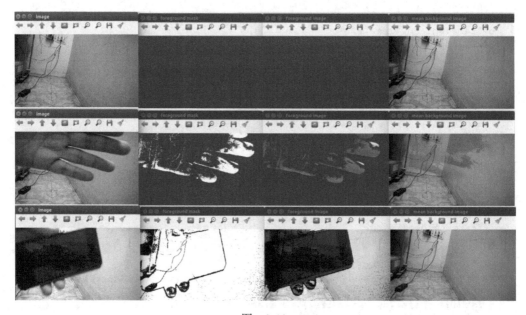

图   9-12

第一行表示没有任何活动的房间背景。当有人在摄像机前面移动手时，它将被检测为前景，如第二帧所示。同样，如果有人把手机放在相机前面，也会被归类为前景，如第三帧所示。以每秒帧数表示的代码性能显示在图 9-13 中。

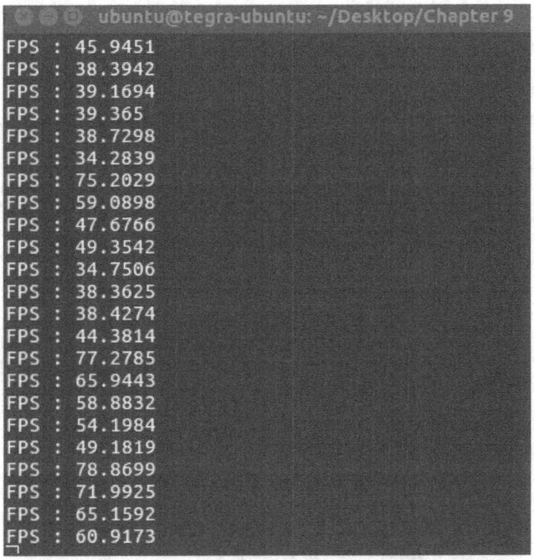

图　9-13

这个技术的工作速度约为每秒 60～70 帧，可以很容易地用于实时决策。尽管本节中的演示非常简单，但该应用程序可以在许多实际情况中使用。房间内的活动可用于控制房间内的设备，这将有助于在无人的情况下节约电力。这个应用程序也可以在 ATM 上用于监视其内部的活动，也可用于公共场所的其他视频监控应用。Python 也可以用作 Jetson TX1 上的编程语言，这将在下一节中解释。

9.7　在 Jetson TX1 上使用 Python 和 OpenCV 实现计算机视觉

到目前为止，我们已经使用 C/C++、OpenCV 和 CUDA 开发了所有的计算机视觉应用。Jetson TX1 还支持用于计算机视觉应用程序的 Python 编程语言，在 Jetson TX1 上编译 OpenCV 时，还为 OpenCV 安装 Python 二进制文件。因此，熟悉 Python 编程语言的程序员可以使用 OpenCV 的 Python 接口开发计算机视觉应用程序，并将其部署到 Jetson TX1 上。Jetson TX1 还预装了 Python，所有 Linux 操作系统都是这样。Windows 用户可以单独安装 Python。下一章将解释 Python 的安装过程和优点。

使用 Python 的一个缺点是 OpenCV Python 接口仍然不能从 CUDA 加速中得到很大的好处。尽管如此，学习 Python 的便利性以及可以使用它的各种应用程序，鼓励了许多软件开发人员将 Python 用于计算机视觉应用程序。使用 Python 和 OpenCV 读取和显示图像的示例代码如下：

```
import numpy as np
import cv2
img = cv2.imread('images/cameraman.tif',0)
cv2.imshow("Image read in Python", img)
k = cv2.waitKey(0) & 0xFF
if k == 27: # wait for ESC key to exit
 cv2.destroyAllWindows()
```

在 Python 中，import 命令用于在文件中导入库，因此使用 import cv2 命令导入 cv2 库。图像存储为 numpy 数组，因此 numpy 也导入到文件中。用 imread 函数和 C++ 一样的方式读取图像。在 Python 中，所有 OpenCV 函数都必须以 cv2. 作为前缀，imshow 功能用于显示图像。所有 OpenCV 函数在 Python 中都有与 C++ 类似的签名和功能。

从终端执行以下指令，可执行上面的代码：

```
# For Python2.7
$ python image_read.py
# For Python 3
$ python image_read.py
```

程序输出如图 9-14。

图   9-14

本节的内容只是为了让你了解 Python 还可以用作编程语言，用于使用 OpenCV 开发计算机视觉应用程序，并将其部署到 Jetson TX1 上。

9.8 总结

本章介绍 Jetson TX1 在 CUDA 和 OpenCV 代码部署中的使用，详细说明 TX1 开发板上 GPU 设备的特性，使其非常适合部署计算复杂的应用程序。测量了用于 CUDA 应用程序（如两个大型数值相加）的 Jetson TX1 的性能，并与笔记本电脑上的 GPU 进行了比较。

本章详细介绍了处理 Jetson TX1 图像的步骤，在 Jetson TX1 上部署了图像合成、图像阈值处理和图像滤波等图像处理应用程序，并对其性能进行了测量。

Jetson TX1 的最佳部分是多个摄像头可以在嵌入式环境中与之连接，并且可以处理来自该摄像头的视频以设计复杂的计算机视觉应用程序。详细说明了从与 Jetson TX1 连接的板载或 USB 摄像机中捕获视频的过程。

本章还介绍了高级计算机视觉应用程序的部署，如人脸检测、眼睛检测和 Jetson TX1 上的背景减法。Python 语言也可以用于在 Jetson TX1 上部署计算机视觉应用程序，这一概念在本章的最后一部分中解释。到目前为止，我们已经看到 C/C++ 语言利用 CUDA 和 GPU 加速的优势。

接下来的两章将演示针对 Python 语言如何使用 PyCUDA 模块对 CUDA 和 GPU 加速。

9.9 测验题

1. 比较 Jetson TX1 和本书前面提到的 GeForce 940 GPU 设备的性能。
2. 是非题：本书前面看到的所有 CUDA 代码，都可以不做修改，直接在 Jetson TX1 上执行。
3. 在 Jetson TX1 上重新编译 OpenCV 需要执行哪些操作？
4. 是非题：OpenCV 不能从 USB 端口连接摄像头来捕获视频。
5. 是非题：进行计算密集型处理时，使用 CSI 相机会比 USB 摄像头更好。
6. 如果你正在使用 OpenCV 开发计算密集型的计算机视觉应用程序，为了更快的性能，你更喜欢哪种语言？
7. 在 Jetson TX1 上是否需要单独安装 OpenCV Python 绑定或 Python 解释器？

第 10 章

PyCUDA 入门

我们已经学过使用 C 或 C++ 编程语言开发 OpenCV 和 CUDA 加速各种应用程序。如今，Python 在许多领域非常流行，如果我们可以使用 CUDA 加速 Python 应用程序，那就会非常有意义。Python 提供一个 PyCUDA 模块可以做到这一点。

它使用 NVIDIA CUDA 工具包，而该工具包又需要在计算机上安装 NVIDIA 图形卡。本章将特别介绍 Python 语言和 PyCUDA 模块，讨论在 Windows 和 Linux 操作系统上安装 PyCUDA 模块的过程。尽管本章要求对 Python 语言有一定的了解，但初学者也能够看懂大部分过程。

本章将包含以下主题：

❑ Python 编程语言介绍
❑ PyCUDA 模块介绍
❑ 在 Windows 上安装 PyCUDA
❑ 在 Ubuntu 上安装 PyCUDA

10.1 技术要求

本章要求对 Python 编程语言有很好的理解。还需要拥有 NVIDIA GPU 的电脑或笔记本。本章中使用的用于 Windows 的 PyCUDA 安装文件可以从 Github 链接 https://github.com/PacktPublishing/Hands-On-GPU-Accelerated-Computer-Vision-with-OpenCV-and-CUDA 下载。

10.2 Python 编程语言简介

Python 越来越受欢迎，因为其可以在许多领域中广泛应用。它是一种高级编程语言，有助于将复杂的系统用几行代码来表示。Python 语法比其他语言（如 C++ 和 Java）更容易学习且更可读，这使得新手程序员学习很容易。

Python 是一种轻量级的脚本语言，可以很容易地在嵌入式应用程序中使用。此外，它是一种需要解释程序的解释语言，不像其他编程语言需要编译器，它有一个可以轻松安装在所有操作系统上的 Python 解释器，允许程序员一行一行地执行代码。由于 Python 是开放源码的，有大型社区选择使用。他们开发了大量的库，并且都将代码开源，因此可以很容易地在应用程序中使用，无须任何成本。

Python 可用于各种领域，如数据科学、机器学习、深度学习、数据分析、图像处理、计算机视觉、数据挖掘和 Web 开发，提供可以在几乎所有提到的操作系统上立即使用的模块，这有助于快速开发应用程序。OpenCV 库（本书前面已经介绍过）有一个 Python 接口，因此可以很容易地与 Python 的计算机视觉应用程序集成。Python 有用于机器学习和深度学习的库，可以与 OpenCV 一起用于计算机视觉应用程序。

像 Python 这样的解释语言有一个缺点，就是比编译语言（如 C 或 C++）慢得多。Python 有一个特性：可以在 Python 脚本中集成 C 或 C++ 代码，这允许你用 Python 装饰器编写 C 或 C++ 中的计算密集型代码。

10.3 PyCUDA 模块简介

上节中我们看到了使用 Python 编程语言的许多优势，还提到 Python 比 C 或 C++ 要慢得多。因此，如果能用得上 GPU 的并行处理能力将会相得益彰。Python 提供了一个 PyCUDA 装饰器，通过使用 NVIDIA CUDA API，可以利用 GPU 的并行计算能力。Python 也有一个 PyOpenCL 模块，可以用于任何 GPU 上的并行计算。

至此，你可能会问一个问题：为什么必须使用 NVIDIA GPU 上的 PyCUDA？与其他类似模块相比，PyCUDA 有许多优势，原因如下：

❑ 它为 Python 开发人员提供了一个与 CUDA API 连接的简单接口，并且提供很好的说明文档，便于学习。

❑ 使用 PyCUDA 模块可以在 Python 代码中调用 NVIDIA CUDA API 的全部功能。

❑ PyCUDA 的底层是用 C++ 编写的，性能更好。

❑ 具有更高的抽象级别，比 NVIDIA 基于 C 的 Runtime API 更容易调用。

❑ 有一个非常有效的内存管理机制，对象清理与对象的生存期相关联。此功能帮助编程人员编写正确的代码，而不会出现内存泄漏或崩溃。

❑ CUDA 代码中的错误也可以由 Python 执行异常处理，有助于代码中的错误处理机制。

本节描述了使用 PyCUDA 加速 Python 应用程序的优势，下节中我们将知道在 Windows 和 Ubuntu 操作系统上安装 PyCUDA 的过程。

10.4　在 Windows 上安装 PyCUDA

本节将介绍在 Windows 操作系统上安装 PyCUDA 的步骤。Windows 10 用于演示，但此过程适用于任何 Windows 版本。步骤如下：

1）如果你还没安装 CUDA 工具包（如第 1 章所述），请从 https://developer.nvidia.com/cuda-downloads 下载最新的 CUDA 工具包。它将询问你的操作系统、CPU 架构以及是使用 Internet 安装还是先下载整个安装程序。从图 10-1 可以看到，我们选择了 Windows 10 的本地安装。你可以根据你的设置选择值。

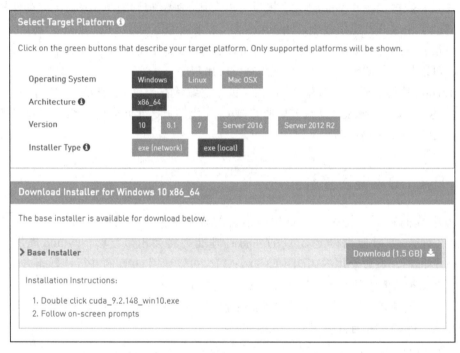

图　10-1

2）双击下载的安装程序并按照屏幕提示安装 CUDA 工具包。

3）安装最新的具有 Visual C++ 的 Visual Studio 版本。我们是使用免费的 Visual Studio 2017 社区版。将 Visual C++ 路径添加到环境变量的路径中，右键单击**我的电脑**（My Computer）|**属性**（Properties）|**高级系统设置**（Advanced System Settings）|**环境变量**（Environment Variables）|**系统变量**（System variables）即可访问环境变量。在路径环境变量中添加 Visual C++ 安装的 bin 文件夹和 CUDA 工具包安装的路径，如图 10-2 所示。

4）用 Anaconda 安装包安装 Python 解释器，可以从以下网站下载：https://www.anaconda.com/download/。我们使用 Python 3.6 版本的 Anaconda 5.2，如图 10-3 所示。

图   10-2

图   10-3

5）双击下载的安装程序并按照屏幕提示安装 Anaconda，确保选中用于将安装路径添加到 PATH 环境变量的复选框。

6）根据你的系统设置，从以下链接下载最新的 PyCUDA 二进制文件：https://www.lfd.uci.edu/~gohlke/Pythonlibs/#pycuda。我们使用的是 CUDA 9.2148 和 Python 3.6，因此相应地选择了 PyCUDA 版本，如图 10-4 所示。

```
pycuda-2017.1.1+cuda9185-cp34-cp34m-win32.whl
pycuda-2017.1.1+cuda9185-cp34-cp34m-win_amd64.whl
pycuda-2017.1.1+cuda9185-cp35-cp35m-win32.whl
pycuda-2017.1.1+cuda9185-cp35-cp35m-win_amd64.whl
pycuda-2017.1.1+cuda9185-cp36-cp36m-win32.whl
pycuda-2017.1.1+cuda9185-cp36-cp36m-win_amd64.whl
pycuda-2018.1+cuda92148-cp27-cp27m-win32.whl
pycuda-2018.1+cuda92148-cp27-cp27m-win_amd64.whl
pycuda-2018.1+cuda92148-cp34-cp34m-win32.whl
pycuda-2018.1+cuda92148-cp34-cp34m-win_amd64.whl
pycuda-2018.1+cuda92148-cp35-cp35m-win32.whl
pycuda-2018.1+cuda92148-cp35-cp35m-win_amd64.whl
pycuda-2018.1+cuda92148-cp36-cp36m-win32.whl
pycuda-2018.1+cuda92148-cp36-cp36m-win_amd64.whl
pycuda-2018.1+cuda92148-cp37-cp37m-win32.whl
pycuda-2018.1+cuda92148-cp37-cp37m-win_amd64.whl
```

图　10-4

7）打开命令提示，转到 PyCUDA 二进制文件所在的文件夹下载并执行如图 10-5 所示的命令。

```
PS C:\Users\bhaum\Downloads> pip install .\pycuda-2017.1.1+cuda92148-cp36-cp36m-win_amd64.whl
Processing c:\users\bhaum\downloads\pycuda-2017.1.1+cuda92148-cp36-cp36m-win_amd64.whl
Requirement already satisfied: pytest>=2 in c:\programdata\anaconda3\lib\site-packages (from pycuda==2017.1.1+cuda92148)

Requirement already satisfied: pytools>=2011.2 in c:\programdata\anaconda3\lib\site-packages (from pycuda==2017.1.1+cuda
92148)
Requirement already satisfied: decorator>=3.2.0 in c:\programdata\anaconda3\lib\site-packages (from pycuda==2017.1.1+cud
a92148)
Requirement already satisfied: appdirs>=1.4.0 in c:\programdata\anaconda3\lib\site-packages (from pycuda==2017.1.1+cuda9
2148)
Requirement already satisfied: py>=1.5.0 in c:\programdata\anaconda3\lib\site-packages (from pytest>=2->pycuda==2017.1.1
+cuda92148)
Requirement already satisfied: six>=1.10.0 in c:\programdata\anaconda3\lib\site-packages (from pytest>=2->pycuda==2017.1
.1+cuda92148)
Requirement already satisfied: setuptools in c:\programdata\anaconda3\lib\site-packages (from pytest>=2->pycuda==2017.1.
1+cuda92148)
Requirement already satisfied: attrs>=17.2.0 in c:\programdata\anaconda3\lib\site-packages (from pytest>=2->pycuda==2017
.1.1+cuda92148)
Requirement already satisfied: pluggy<0.7,>=0.5 in c:\programdata\anaconda3\lib\site-packages (from pytest>=2->pycuda==2
017.1.1+cuda92148)
Requirement already satisfied: colorama in c:\programdata\anaconda3\lib\site-packages (from pytest>=2->pycuda==2017.1.1+
cuda92148)
Requirement already satisfied: numpy>=1.6.0 in c:\programdata\anaconda3\lib\site-packages (from pytools>=2011.2->pycuda=
=2017.1.1+cuda92148)
Installing collected packages: pycuda
  Found existing installation: pycuda 2017.1.1+cuda9185
    Uninstalling pycuda-2017.1.1+cuda9185:
      Successfully uninstalled pycuda-2017.1.1+cuda9185
Successfully installed pycuda-2017.1.1+cuda92148
You are using pip version 9.0.1, however version 18.0 is available.
You should consider upgrading via the 'python -m pip install --upgrade pip' command.
```

图　10-5

该命令将在 Python 发行版中完成 PyCUDA 的安装。

检查 PyCUDA 安装的步骤

要检查 PyCUDA 是否安装正确，请执行以下步骤：

1）打开 Spyder，这是一个由 Anaconda 所安装的 Python IDE，可以在开始菜单选择 Spyder 来打开它。

2）在 Spyder IDE 中，在 **IPython 控制台**输入 import pycuda，如图 10-6 所示。如果没

有报告错误，则正确安装 PyCUDA。

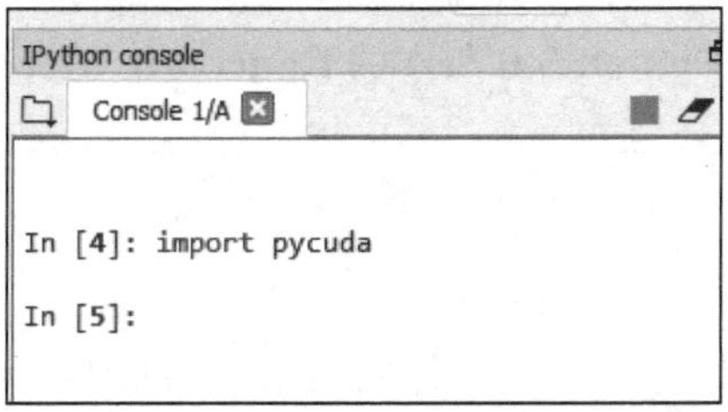

图　10-6

10.5　在 Ubuntu 上安装 PyCUDA

本节将介绍在 Linux 操作系统上安装 PyCUDA 的步骤。虽然是用 Ubuntu 来演示，但是这个过程可以在任何 Linux 发行版上运行。步骤如下：

1）如果你还没有安装 CUDA 工具包（如第 1 章所述），那么从 https://developer.nvidia.com/cuda-downloads 下载 CUDA 工具包。它将询问你的操作系统、CPU 架构以及是使用 Internet 安装还是先下载整个安装程序。从图 10-7 中可以看出，我们选择了 Ubuntu 的本地安装。你可以根据你的设置选择值。

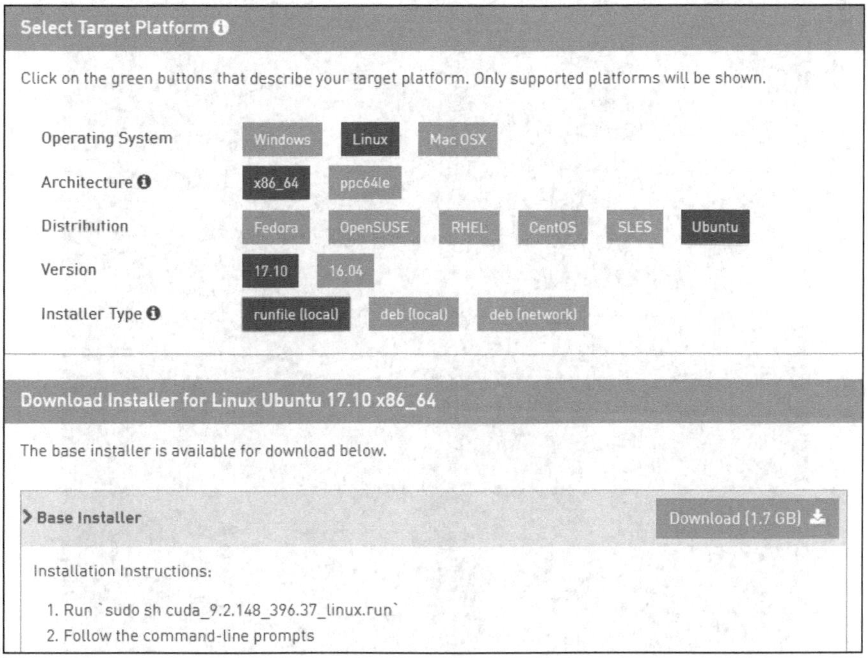

图　10-7

2）在命令提示行执行 sudo sh cuda_9.2.148_396.37_linux.run 指令安装 CUDA 工具包。

3）用 Anaconda 安装包安装 Python 解释器。请至 https://www.anaconda.com/download/ 下载并安装。这里使用带有 Python 3.6 版本的 Anaconda 5.2，如图 10-8 所示。

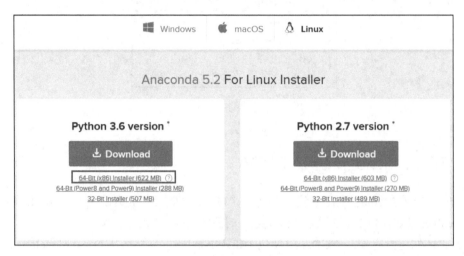

图　10-8

4）安装 Anaconda 之后，在终端执行以下命令，安装 PyCUDA 的图 10-9 如下。

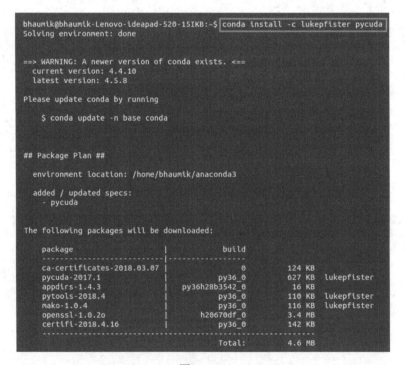

图　10-9

该命令将在 Python 发行版中完成 PyCUDA 的安装。

检查 PyCUDA 安装的步骤

要检查 PyCUDA 是否安装正确，请执行以下步骤：

❑ 打开 Spyder，这是一个由 Anaconda 安装的 Python IDE。你可以在终端输入 Spyder 来打开它。

❑ 在 Spyder IDE 中，在 IPython 控制台输入 import pycuda，如图 10-10 所示。如果没有报告错误，则正确安装 PyCUDA。

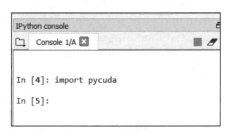

图　10-10

10.6　总结

本章介绍了 Python 编程语言，以及如何在各种领域中用于各种应用程序。与 C 语言或 C++ 语言相比，它轻量级但速度较慢，因此如果能够利用 GPU 的并行计算能力的优势就非常有用。PyCUDA 提供一个 Python 装饰器，允许 Python 代码使用 NVIDIA CUDA API。本章也详细说明了 PyCUDA 相对于其他在 Python 中可用的并行处理模块的优势，PyCUDA 使用 NVIDIA CUDA Runtime API 和 Python 解释器。Anaconda 是一个常用的 Python 发行版，随 CUDA 工具包一起安装了许多有用的 Python 库和 IDE。本章讨论在 Windows 和 Ubuntu 操作系统上安装 PyCUDA 的详细步骤。

在接下来的两章中，我们将详细介绍如何使用 PyCUDA 加速 Python 应用程序。

10.7　测验题

1. 与 C 或 C++ 等编程语言相比，Python 有什么优势？

2. 编译型语言和解释型语言有什么区别？

3. 是非题：Python 比 C 或 C++ 快。

4. PyOpenCL 比 PyCUDA 有什么优势？

5. 是非题：Python 允许在 Python 脚本中使用 C 或 C++ 代码。

CHAPTER 11

第 11 章

使用 PyCUDA

在上一章中我们看到在 Windows 和 Linux 操作系统上安装 PyCUDA 的过程，在本章中将开发第一个在控制台上显示字符串的 PyCUDA 程序。了解和访问所运行 PyCUDA 的 GPU 设备属性非常重要，本章将详细讨论此操作的方法。我们还将研究 PyCUDA 中内核的线程和线程块的执行，这是 CUDA 编程中的重要概念，例如分配和释放设备上的内存、将数据从主机传输到设备（反之亦然）以及内核调用。将使用向量加法程序的示例进行详细讨论。本章还将讨论使用 CUDA 事件测量 PyCUDA 程序性能并与 CPU 程序进行比较的方法，这些编程概念将用于开发复杂的 PyCUDA 程序，如数组中元素的平方和矩阵乘法。最后部分介绍了在 PyCUDA 中定义内核函数的一些高级方法。

本章将讨论以下主题：

- ❏ 在 PyCUDA 中写入第一个 "Hello, PyCUDA!" 程序。
- ❏ 从 PyCUDA 程序访问设备属性。
- ❏ 在 PyCUDA 中执行线程和线程块。
- ❏ 关于使用向量加法程序的基本 PyCUDA 编程概念。
- ❏ 使用 CUDA 事件来测量 PyCUDA 程序的性能。
- ❏ PyCUDA 中的一些复杂程序。
- ❏ PyCUDA 中的高级内核函数。

11.1 技术要求

本章要求对 Python 编程语言有很好的理解。还需要拥有 NVIDIA GPU 的电脑或笔记本。本章所有代码可以从 GitHub 链接 https://github.com/PacktPublishing/Hands-On-GPU-Accelerated-Computer-Vision-with-OpenCV-and-CUDA 下载。

11.2 编写第一个 PyCUDA 程序

本节描述使用 PyCUDA 编写一个简单的 "Hello, PyCUDA!" 程序的过程，它将演示编写任何 PyCUDA 程序的流程。由于 Python 是一种解释语言，代码也可以从 Python 终端逐行运行，或者用 .py 扩展名保存并作为文件执行。

使用 PyCUDA 显示来自内核的简单字符串的程序如下：

```
import pycuda.driver as drv
import pycuda.autoinit
from pycuda.compiler import SourceModule

mod = SourceModule("""
  #include <stdio.h>

  __global__ void myfirst_kernel()
  {
    printf("Hello,PyCUDA!!!");
  }
""")

function = mod.get_function("myfirst_kernel")
function(block=(1,1,1))
```

开发 PyCUDA 代码的第一步是导入代码所需的所有库，import 指令用于在文件中导入库、模块、类或函数，类似于在 C 或 C++ 中的导入指令。可以通过三种不同的方式来完成，如下步骤所示。三个使用导入模块的情况如下。

1）Import pycuda.driver as drv

这表示导入 pymodule 的驱动子模块，并为其赋予一个简短的符号 drv，因此只要使用 pycuda.driver 模块中的函数，就可以将它们用作 drv.functionname。此模块包含内存管理功能、设备属性、数据方向功能等。

2）Import pycuda.autoinit

此命令指示从 pycuda 导入 autoint 模块，没有任何简短符号。autoint 模块用于设备初始化、上下文创建和内存清理。此模块不是强制性的，所有上述功能也可以手动完成。

3）From pycuda.compiler import SourceModule

此命令指示只导入 pycuda.compiler 模块中的 SourceModule 类。当你只想使用一个大型模块的类时这一点很重要。SourceModule 类用于在 PyCUDA 中定义类 C 的内核函数。

C 或 C++ 内核代码作为构造函数被传送到 SourceModule 类并创建 mod 对象。这里的内核代码非常简单，因为它只是在控制台上打印一个 Hello, PyCUDA! 字符串。由于 printf 函数在内核代码中使用，所以导入 stdio.h 头文件是非常重要。myfirst_kernel 函数在内核代码中定义，使用 __global__ 指令，指示将在 GPU 上执行该函数。函数没有任何参数，它只是在控制台上打印一个字符串。这个内核函数将由 nvcc 编译器进行编译。

使用 mod 对象的 get_function 方法创建指向函数的指针，然后可以在 Python 代码中使用此函数。内核函数的名称以引号作为参数提供，指针变量可以被赋予任何名称。这个指针变量用于在代码的最后一行调用内核。可以在此处指定内核函数的参数，由于 myfirst_kernel 函数没有任何参数，因此未指定任何参数。通过使用可选的线程块和网格参数，还可以将每个块的线程数和内核启动的每个网格的块数作为参数提供。block 参数的值为（1, 1, 1），它是 1×3 的 Python 元组，表示块大小为 1×1×1。因此将启动一个线程，该线程将在控制台上打印字符串。

程序输出如图 11-1。

```
PS G:\cude opencv book material\CUDA book code\Chapter11> python .\hello_pycuda.py
Hello,PyCUDA!!!
PS G:\cude opencv book material\CUDA book code\Chapter11> _
```

图   11-1

小结：本节演示了逐步开发一个简单的 PyCUDA 程序的过程。

内核调用

使用 ANSI C 关键字和 CUDA 扩展关键字编写的设备代码称为**内核**，由一个名为**内核调用**的方式从 Python 代码启动。简单地说，内核调用的含义是我们从主机代码启动设备代码。内核调用通常会生成大量块和线程来在 GPU 并行地处理数据。内核代码与普通的 C 函数非常相似，只是这段代码是由多个线程并行执行的。在 Python 中有一个非常简单的语法，如下所示：

```
kernel (parameters for kernel,block=(tx,ty,tz) , grid=(bx,by,bz))
```

它以我们想要启动的内核函数的指针开始，你必须确保这个内核指针是使用 get_function 方法创建的。然后可以包含用逗号分隔的内核函数的参数，block 参数表示要启动的线程数，Grid 参数表示网格中的线程块数。block 和 Grid 参数使用 1×3 的 Python 元组指定，该元组指示三维中的线程块和线程，内核启动的线程总数是这两个数字的乘积。

11.3 从 PyCUDA 程序访问 GPU 设备属性

PyCUDA 提供一个简单的接口来获取信息，例如，哪些是支持 CUDA 的 GPU 设备（如果有的话），每个设备支持哪些功能。在编写 PyCUDA 之前，找出正在使用的 GPU 设备的属性是必要的程序，这样才能使这个设备的资源得到充分利用。

使用 PyCUDA 在系统上显示支持 CUDA 设备的所有属性的程序如下：

```
import pycuda.driver as drv
import pycuda.autoinit
drv.init()
```

```
print("%d device(s) found." % drv.Device.count())
for i in range(drv.Device.count()):
  dev = drv.Device(i)
  print("Device #%d: %s" % (i, dev.name()))
  print(" Compute Capability: %d.%d" % dev.compute_capability())
  print(" Total Memory: %s GB" % (dev.total_memory()//(1024*1024*1024)))
  attributes = [(str(prop), value)
    for prop, value in list(dev.get_attributes().items())]
  attributes.sort()
  n=0
  for prop, value in attributes:
    print(" %s: %s " % (prop, value),end=" ")
    n = n+1
    if(n%2 == 0):
      print(" ")
```

首先，确定系统中存在多少支持 CUDA 的设备是很重要的，因为一个系统可能包含多个 GPU 设备。这个数量可以由 PyCUDA 中驱动程序类的 drv.Device.count() 函数来获得。系统上所有设备都会被迭代以确定每个设备的属性，使用 drv.Device 函数创建每个设备的指针对象，此指针用于确定特定设备的所有属性。

name 函数为每个特定设备提供对应名称，total_memory 将给出该设备上可用的 GPU 全局内存的大小。其他属性存储为 Python 字典，可通过 get_attributes().items() 函数获取，通过 Python 使用列表解译将其转换为元组列表。列表所有行包含 2×1 元组，元组有属性的名称及其值。

使用 for 循环迭代这个列表，在控制台上显示所有设备的属性。本程序用在具备 GeForce 940 GPU 和 CUDA 9 的笔记本电脑上执行。程序输出如图 11-2 所示。

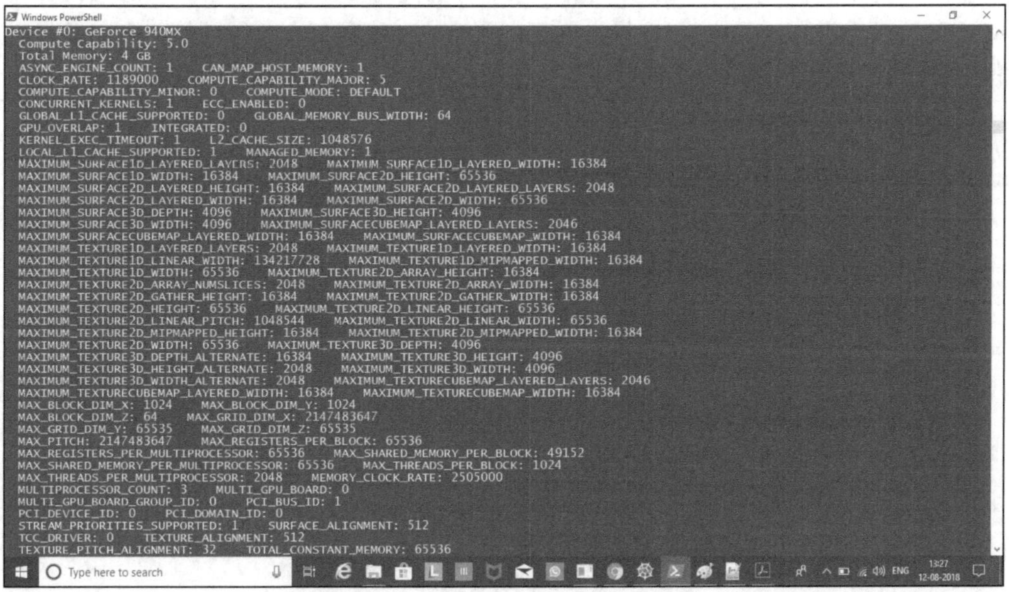

图　11-2

这些属性在本书的前几章中有详细的讨论，所以这里不再多做说明。小结：本节演示了从 PyCUDA 程序访问 GPU 设备属性的方法。

11.4 在 PyCUDA 中执行线程和块

在内核调用一节我们看到程序可以并行启动多个线程块和多个线程。那么这些块和线程以怎样的顺序来进行呢？如果我们想在其他线程中使用一个线程的输出，那么这一点很重要。为了理解这一点，我们以前面的 Hello, PyCUDA! 程序为基础来进行修改，在内核函数内调用 print 语句来打印块 ID。修改后的代码如下：

```
import pycuda.driver as drv
import pycuda.autoinit
from pycuda.compiler import SourceModule
mod = SourceModule("""
  #include <stdio.h>
  __global__ void myfirst_kernel()
  {
    printf("I am in block no: %d \\n", blockIdx.x);
  }
""")

function = mod.get_function("myfirst_kernel")
function(grid=(4,1),block=(1,1,1))
```

从代码中可以看出，我们正在启动一个有 10 个并行线程块的内核，每个块都只有一个线程，在内核代码中打印内核执行的块 ID，可以把它视为是并行执行 10 个 myfirst_kernel 的副本，每个副本都有个唯一的线程块 ID（可直接访问的 blockIdx.x）和唯一的线程 ID（可直接访问的 threadIdx.x），这些 ID 将告诉我们哪个块和线程正在执行内核。当你多次运行该程序时，将发现每次都会以不同顺序执行。一个样本输出如图 11-3 所示。

图 11-3

它可以产生 *n* 阶乘的不同输出，其中 *n* 表示并行启动的线程块的数量。所以，无论什么时候使用 PyCUDA 编写程序都要注意，线程块的执行顺序是随机的。

11.5 PyCUDA 中的基本编程概念

在本节中，我们将开始使用 PyCUDA 开发一些有用的东西，还通过两个数字相加的简单示例演示 PyCUDA 的一些有用函数和指令。

11.5.1　在 PyCUDA 中两个数字相加

Python 为数值操作提供了一个非常快的库，称为 numpy（Numeric Python），是用 C 或 C++ 开发的，对 Python 中的数组操作非常有用。在 PyCUDA 程序中经常使用 numpy 数组作为参数传递给 PyCUDA 内核函数。本节介绍如何使用 PyCUDA 开发两数字相加程序，基本内核代码如下所示：

```
import pycuda.autoinit
import pycuda.driver as drv
import numpy
from pycuda.compiler import SourceModule
mod = SourceModule("""
  __global__ void add_num(float *d_result, float *d_a, float *d_b)
  {
     const int i = threadIdx.x;
     d_result[i] = d_a[i] + d_b[i];
  }
""")
```

如前面所说，导入 SourceModule 类和 driver 类，同时也导入 numpy 库，因为这里需要向内核代码传递参数。add_num 内核函数定义成 SourceModule 类的构造函数，接受两个设备指针作为输入，一个设备指针作为输出指向加法的结果。需要注意的是，虽然我们只是做两个数字相加，但是内核函数是需要定义的，这样就可以对两个数组执行加法运算。两个独立数字就仅仅是两个一维数组，每个数组有一个元素。如果没有任何错误，此代码将被编译并加载到设备（GPU）上。从 Python 调用此内核代码的代码如下所示：

```
add_num = mod.get_function("add_num")

h_a = numpy.random.randn(1).astype(numpy.float32)
h_b = numpy.random.randn(1).astype(numpy.float32)

h_result = numpy.zeros_like(h_a)
d_a = drv.mem_alloc(h_a.nbytes)
d_b = drv.mem_alloc(h_b.nbytes)
d_result = drv.mem_alloc(h_result.nbytes)
drv.memcpy_htod(d_a,h_a)
drv.memcpy_htod(d_b,h_b)

add_num(
  d_result, d_a, d_b,
  block=(1,1,1), grid=(1,1))
drv.memcpy_dtoh(h_result,d_result)
print("Addition on GPU:")
print(h_a[0],"+", h_b[0] , "=" , h_result[0])
```

通过 get_function 创建指向内核函数的指针引用。两个由 numpy.random.randn(1) 正态分布函数所生成的随机数，再使用 astype(numpy.float32) 方法转换为单精度浮点数字。在主机上存储结果的 numpy 数组初始化为零。

可使用 PyCUDA 中 driver 类的 mem_alloc 函数来分配设备上的内存，用 h_a.nbytes 函数找到内存的大小，并作为参数传递给函数。PyCUDA 在 driver 类中提供了一个 memcpy 函数用于将数据从主机内存复制到设备显存，反之亦然。

用 drv.memcpy_htod 函数将数据从主机内存复制到设备显存，设备显存的指针作为第一个参数传递，主机内存的指针作为第二个参数传递。通过将设备指针、指定要启动的线程块、线程数的数字一起作为传递参数来调用 add_num 内核。在前面给出的代码中，使用一个线程启动一个块。最后通过 drv.memcpy_dtoh 函数将内核计算的执行结果数据复制回主机，然后显示在控制台上，输出如图 11-4 所示。

```
In [11]: runfile('G:/cude opencv book material/CUDA book code/Chapter11/add_n.py',
wdir='G:/cude opencv book material/CUDA book code/Chapter11')
Addition on GPU:
1.2273334 + 1.3404454 = 2.5677788
```

图　11-4

本节小结：这一节展示了 PyCUDA 程序的结构，从内核定义代码开始，在 Python 中定义输入、存储器在设备上分配、输入传输到设备显存。接下来是内核调用，最后将计算结果传输到主机进一步显示处理。PyCUDA 提供了更简单的 API 来执行这个操作，将在下一节中说明。

11.5.2　使用 driver 类简化加法程序

PyCUDA 为内核调用提供一个更简单的 API，不需要内存分配和内存复制，这是由 API 隐式完成的，可以通过使用 PyCUDA 中 driver 类的 In 和 Out 函数来实现。修改后的数组加法代码如下：

```
import pycuda.autoinit
import pycuda.driver as drv
import numpy
N = 10
from pycuda.compiler import SourceModule
mod = SourceModule("""
  __global__ void add_num(float *d_result, float *d_a, float *d_b)
 {
    const int i = threadIdx.x;
    d_result[i] = d_a[i] + d_b[i];
 }
""")
add_num = mod.get_function("add_num")
h_a = numpy.random.randn(N).astype(numpy.float32)
h_b = numpy.random.randn(N).astype(numpy.float32)
h_result = numpy.zeros_like(h_a)
add_num(
  drv.Out(h_result), drv.In(h_a), drv.In(h_b),
```

```
  block=(N,1,1), grid=(1,1))
print("Addition on GPU:")
for i in range(0,N):
  print(h_a[i],"+", h_b[i] , "=" , h_result[i])
```

前面的代码中数组添加 10 个元素，而不是单个元素。内核函数与前面看到的代码完全相同，在主机上创建两个由 10 个随机数组成的数组，这次不再创建内存并将其传输到设备，而是直接调用内核，通过使用 drv.out 或 drv.In 指定数据的方向来修改内核函数，这简化了 PyCUDA 代码。

调用内核时，启动一个具有 N 个线程的线程块，这 N 个线程并行添加数组的 N 个元素，这将加速加法操作。内核函数计算结果通过 drv.out 指令自动下载到主机内存中，因此该结果使用 for 循环直接打印在控制台上。使用 PyCUDA 添加 10 个元素的结果如图 11-5 所示。

小结：本节通过一个简单的数组加法程序描述了 PyCUDA 的重要概念和函数，PyCUDA 的性能改进可以使用 CUDA 事件进行量化，下一节将对此进行解释。

```
Addition on GPU:
0.7673203 + 0.5080069 = 1.2753272
0.28488383 + 0.15324554 = 0.43812937
-0.3220178 + -0.10700232 = -0.4290201
-0.501334 + -1.7047318 = -2.206066
0.023053076 + 0.34796545 = 0.37101853
-0.44806996 + -2.071736 = -2.5198061
2.9193559 + 0.7721601 = 3.691516
-0.8016763 + -0.31726292 = -1.1189392
0.607628 + -1.2539302 = -0.6463022
-0.80436313 + 1.2789425 = 0.47457933
```

图   11-5

11.6   使用 CUDA 事件测量 PyCUDA 程序的性能

到目前为止，我们还不知道如何明确地测定 PyCUDA 程序的性能。本节中我们将看到如何使用 CUDA 事件测量程序的性能，这是 PyCUDA 中一个非常重要的概念，因为它是允许你从多个选项中为特定应用程序选择性能最好的算法。

11.6.1   CUDA 事件

我们可以使用 Python 时间测量选项来测量 CUDA 程序的性能，但结果不会完全精准，因为它包含操作系统中线程延迟的时间开销、操作系统中的调度等诸多因素。使用 CPU 测量的时间也将取决于 CPU 高精度计时器的可用性，很多时候主机在 GPU 内核运行时执行异步计算，因此 Python 的 CPU 计时器可能无法为内核执行提供正确的时间。为了测量 GPU 内核计算的时间，PyCUDA 提供了一个事件 API。

CUDA 事件是在 PyCUDA 程序的指定点记录的 GPU 时间戳。在这个 API 中，GPU 记录时间戳，免除使用 CPU 计时器测量性能时出现的问题。使用 CUDA 事件测量时间需要两个步骤：创建事件和记录事件。我们可以记录两个事件：一个在代码的开头，一个在代码的结尾。然后将尝试计算两个事件之间的时间差，这两个事件将为我们的代码提供总体性能。

在 PyCUDA 代码中，可以使用 CUDA 事件 API 导入以下代码行来度量性能：

```
import pycuda.driver as drv
start = drv.Event()
end=drv.Event()
#Start Time
start.record()
#The kernel code for which time is to be measured
#End Time
end.record()
end.synchronize()
#Measure time difference
secs = start.time_till(end)*1e-3
```

用 record 方法记录当前时间戳，时间戳在内核代码前后测量，以计算内核执行的时间。时间戳之间的差异可以使用 time_till 方法测量，如前面的代码所示，以毫秒为单位给出时间，并将其转换为秒。在下一节中，我们将尝试使用 CUDA 事件来测量代码的性能。

11.6.2 使用大型数组加法测量 PyCUDA 的性能

本节将演示使用 CUDA 事件来测量 PyCUDA 程序性能的方法，同时还比较 PyCUDA 代码和简单 Python 代码的性能。下面示例采用 1 000 000 个元素的数组，以便能够准确地比较性能。大型数组加法的内核代码如下：

```
import pycuda.autoinit
import pycuda.driver as drv
import numpy
import time
import math
from pycuda.compiler import SourceModule
N = 1000000
mod = SourceModule("""
__global__ void add_num(float *d_result, float *d_a, float *d_b,int N)
{
 int tid = threadIdx.x + blockIdx.x * blockDim.x;
  while (tid < N)
   {
     d_result[tid] = d_a[tid] + d_b[tid];
     tid = tid + blockDim.x * gridDim.x;
   }
}
""")
```

由于元素的数量很多，将启动多个线程块和线程，线程 ID 和块 ID 都用于计算线程索引。如果启动的线程总数不等于元素总数，则同一线程将执行多个元素相加。这由内核函数内部的 while 循环完成，它还将确保线程索引不会超出数组元素。除了输入数组和输出数组之外，数组的大小也作为内核函数的参数，因为在 SourceModule 中内核代码无法访问 Python 全局变量。用于添加大型数组的 Python 代码如下所示：

```
start = drv.Event()end=drv.Event()
add_num = mod.get_function("add_num")

h_a = numpy.random.randn(N).astype(numpy.float32)
h_b = numpy.random.randn(N).astype(numpy.float32)

h_result = numpy.zeros_like(h_a)
h_result1 = numpy.zeros_like(h_a)
n_blocks = math.ceil((N/1024))
start.record()
add_num(
  drv.Out(h_result), drv.In(h_a), drv.In(h_b),numpy.uint32(N),
  block=(1024,1,1), grid=(n_blocks,1))
end.record()
end.synchronize()
secs = start.time_till(end)*1e-3
print("Addition of %d element of GPU"%N)
print("%fs" % (secs))
```

创建 start 和 stop 两个事件来测量 GPU 代码的计时，driver 类中的 Event() 函数用于定义事件对象，然后使用 get_function 创建指向内核函数的指针引用。使用 numpy 库的 randn 函数用随机数初始化两个具有 1 000 000 个元素的数组，生成浮点数从而转换为单精度数字，以加快设备上的计算速度。

每个线程块支持 1 024 个线程，正如我们在设备属性部分看到的那样。基于这个条件，线程块总数用 N 除以 1 024 来计算，结果可能是一个浮点值。使用 numpy 库的 ceil 函数将其转换为下一个最高的整数值，然后启动内核，计算出线程块和每个块 1 024 个线程数。数组的大小以 numpy.uint32 数据类型传递。

使用 record 函数记录调用内核函数前后的时间，并计算时间差得出内核函数的时间，打印在控制台上。要将此性能与 CPU 计时进行比较，程序中添加以下代码：

```
start = time.time()
for i in range(0,N):
    h_result1[i] = h_a[i] +h_b[i]
end = time.time()
print("Addition of %d element of CPU"%N)
print(end-start,"s")
```

用 Python 的 time 库来测量 CPU 时间，for 循环来遍历数组中的每个元素。（注意：也可以用 h_result1=h_a+h_b，因为这两个都是 numpy 数组。）使用 time.time() 函数在 for 循环前后测量时间，这两个时间之间的差异将打印在控制台上。程序输出如图 11-6 所示。

```
In [9]: runfile('G:/cude opencv book material/CUDA book code/Chapter11/add_number.py',
wdir='G:/cude opencv book material/CUDA book code/Chapter11')
Addition of 1000000 element of GPU
0.009422s
Addition of 1000000 element of CPU
0.41515421867370605 s
```

图　11-6

从输出结果可以看出，GPU 只要 9.4ms 就能添加 100 万个元素，而 CPU 需要 415.15ms，所以使用 GPU 可以提高 50 倍左右的性能。

小结：本节演示了如何使用 CUDA 事件来测量 GPU 代码的计时，将 GPU 的性能与CPU 的性能进行比较，量化使用 GPU 时的性能改进。

11.7　PyCUDA 中的复杂程序

到此，你应该很熟悉 PyCUDA 的语法和术语。我们将使用这些知识来学习 PyCUDA中的一些高级概念，开发高级程序。本节将开发一个使用三种不同方法对数组元素进行平方处理的 PyCUDA 程序，还将说明 PyCUDA 中做矩阵乘法运算的代码。

11.7.1　对 PyCUDA 中的矩阵元素进行平方运算

在本节中，我们使用三种不同的方法执行矩阵中按元素进行平方处理的程序，过程中将详细解释使用多维线程和块、driver 类的 inout 指令和 gpuarray 类的概念。

1. 简单的内核调用多维线程

本节实现一个简单的内核函数，使用 PyCUDA 对矩阵的每个元素进行平方。将 5×5矩阵的每个元素平方的内核函数如下所示：

```
import pycuda.driver as drv
import pycuda.autoinit
from pycuda.compiler import SourceModule
import numpy
mod = SourceModule("""
  __global__ void square(float *d_a)
  {
    int idx = threadIdx.x + threadIdx.y*5;
    d_a[idx] = d_a[idx]*d_a[idx];
  }
""")
```

执行平方运算的内核函数，只需要一个指向矩阵的设备指针作为输入，并用它的平方计算结果替代原本的数值。当启动多维线程时，x 和 y 方向的线程索引都用于计算矩阵中的索引值，你可以假设一个 5×5 的矩阵被展平成 1×25 的向量来理解索引机制。请注意，在这段代码中，矩阵的大小被硬编码为 5，但是它也可以像上一节中的数组大小那样由用户定义。使用该内核函数的 Python 代码如下所示：

```
start = drv.Event()
end=drv.Event()
h_a = numpy.random.randint(1,5,(5, 5))
h_a = h_a.astype(numpy.float32)
h_b=h_a.copy()

start.record()
```

```
d_a = drv.mem_alloc(h_a.size * h_a.dtype.itemsize)
drv.memcpy_htod(d_a, h_a)

square = mod.get_function("square")
square(d_a, block=(5, 5, 1), grid=(1, 1), shared=0)

h_result = numpy.empty_like(h_a)
drv.memcpy_dtoh(h_result, d_a)
end.record()
end.synchronize()
secs = start.time_till(end)*1e-3
print("Time of Squaring on GPU without inout")
print("%fs" % (secs))
print("original array:")
print(h_a)
print("Square with kernel:")
print(h_result)
```

首先创建两个事件来测量内核函数的计时。接着5×5的矩阵在主机上用随机数初始化，通过 numpy.random 模块的 randint 函数完成，这里需要 3 个参数：前两个参数定义用于生成随机数的数字范围，第一个参数用于生成数字的最小值，第二个参数是用于生成数字的最大值；第三个参数是数组大小，这里指定为元组（5，5）。将生成的矩阵再次转换为单精度数字，以加快处理速度。该矩阵的内存被分配到设备上，生成的随机数矩阵被复制到设备上。

创建指向内核函数的指针引用，并通过将设备显存指针作为参数传递来调用内核。内核使用多维线程调用，x 和 y 方向的值为 5，因此启动的线程总数是 25，每个线程计算矩阵中单个元素的平方。内核计算的结果被复制回主机并显示在控制台上，计算所需的时间与输入和输出矩阵一起显示在控制台上。输出显示在控制台上（图 11-7）。

```
Time of Squaring on GPU without inout
0.149003s
original array:
[[3. 2. 1. 4. 3.]
 [1. 1. 1. 2. 1.]
 [2. 1. 1. 3. 2.]
 [3. 4. 2. 3. 1.]
 [4. 1. 4. 3. 1.]]
Square with kernel:
[[ 9.  4.  1. 16.  9.]
 [ 1.  1.  1.  4.  4.]
 [ 4.  1.  1.  9.  4.]
 [ 9. 16.  4.  9.  1.]
 [16.  1. 16.  9.  1.]]
```

图　11-7

这里计算一个5×5矩阵中每个元素的平方需要149ms。同样的操作，如果使用 driver 类的 inout 指令则可以简化计算，下一节会进行说明。

2. 调用内核函数时使用 inout

从上一节程序的内核函数可以看出，同一个数组同时作为输入和输出，PyCUDA 中的 driver 模块为这种情况提供一个 inout 指令，可以消除为数组单独分配内存的需要，直接将其上载到设备并将结果下载回主机。所有操作都在内核调用期间同时执行，这使得代码更简单，更易于阅读。使用 driver 类的 inout 指令的 Python 代码如下：

```
start.record()
start.synchronize()

square(drv.InOut(h_a), block=(5, 5, 1))

end.record()
end.synchronize()

print("Square with InOut:")
print(h_a)
secs = start.time_till(end)*1e-3
print("Time of Squaring on GPU with inout")
print("%fs" % (secs))
```

CUDA 事件初始化可用来测量 inout 指令的性能，内核函数的调用与上一节中相同，此处不多赘述。可以看到，在调用平方内核时，drv.inout 指令和单个变量一起作为参数传递，因此所有与设备相关的操作都是在这一步中执行的。与上一节一样使用多维线程调用内核。计算结果和所用时间将打印在控制台上，如图 11-8 所示。

所花费的时间比原来的内核函数要少，使用 driver 类的 inout 指令，可使 PyCUDA 代码更高效且易于阅读。PyCUDA 还为数组相关的操作提供了一个 gpuarray 类，也可以用于平方操作，下一节将对此进行解释。

```
Square with InOut:
[[ 9.  4.  1. 16.  9.]
 [ 1.  1.  1.  4.  4.]
 [ 4.  1.  1.  9.  4.]
 [ 9. 16.  4.  9.  1.]
 [16.  1. 16.  9.  1.]]
Time of Squaring on GPU with inout
0.004260s
```

图   11-8

3. 使用 gpuarray 类

Python 为数值计算提供一个 numpy 库，PyCUDA 则提供一个类似于 numpy 的 gpuarray 类，用来存储数据并在 GPU 设备上执行计算。数组形状和数据类型与 numpy 完全相同，gpuarray 类为计算提供许多算术方法，消除 C 或 C++ 内核代码指定 SourceModule 的要求，因此 PyCUDA 代码将只包含 Python 代码。使用 gpuarray 类对矩阵的每个元素进行平方的代码如下：

```
import pycuda.gpuarray as gpuarray
import numpy
import pycuda.driver as drv
start = drv.Event()
end=drv.Event()
```

```
start.record()
start.synchronize()

h_b = numpy.random.randint(1,5,(5, 5))
d_b = gpuarray.to_gpu(h_b.astype(numpy.float32))
h_result = (d_b**2).get()
end.record()
end.synchronize()

print("original array:")
print(h_b)
print("doubled with gpuarray:")
print(h_result)
secs = start.time_till(end)*1e-3
print("Time of Squaring on GPU with gpuarray")
print("%fs" % (secs))
```

导入 pycuda.gpuarray 模块中可用的 gpuarray 类以便在代码中使用，矩阵初始化为从 1 到 5 的随机整数进行计算。此矩阵通过使用 gpuarray 类的 to_gpu() 方法上载到设备显存，将上载的矩阵作为此方法的参数，然后将矩阵转换成单精度数字，上载到矩阵上的所有操作都在设备上执行。平方操作的执行方式与我们在 Python 代码中的执行方式类似，但是由于变量使用 gpuarray 类存储在设备上，因此该操作也将在设备上执行。使用 get 方法将结果下载回主机。使用 gpuarray 执行元素平方的结果以及所需的时间在控制台上显示如图 11-9 所示。

计算这个平方大约需要 58ms，并且完全不需要用 C 语言定义内核函数，功能上类似于 numpy 库，如此 Python 程序员就可以很容易地使用。

小结：在本节中，我们已经开发了一个使用 PyCUDA 在三种不同方式下进行元素平方的程序，也看到了 PyCUDA 中的多维线程、inout 指令和 gpuarray 类的概念。

```
original array:
[[1 1 3 1 4]
 [4 3 4 2 1]
 [4 1 1 4 4]
 [2 3 2 4 1]
 [2 1 2 4 3]]
Squared with gpuarray:
[[ 1.  1.  9.  1. 16.]
 [16.  9. 16.  4.  1.]
 [16.  1.  1. 16. 16.]
 [ 4.  9.  4. 16.  1.]
 [ 4.  1.  4. 16.  9.]]
Time of Squaring on GPU with gpuarray
0.058682s
```

图 11-9

11.7.2 GPU 数组点乘

两个向量之间的点乘是一个重要的数学运算，广泛用于各种应用。上一节使用的 gpuarray 类可用于计算两个向量之间的点乘。这里比较 gpuarray 方法与 numpy 方法计算点乘的性能。使用 numpy 计算点乘的代码如下：

```
import pycuda.gpuarray as gpuarray
import pycuda.driver as drv
import numpy
import time
import pycuda.autoinit
n=100
h_a=numpy.float32(numpy.random.randint(1,5,(1,n)))
h_b=numpy.float32(numpy.random.randint(1,5,(1,n)))
```

```
start=time.time()
h_result=numpy.sum(h_a*h_b)

#print(numpy.dot(a,b))
end=time.time()-start
print("Answer of Dot Product using numpy")
print(h_result)
print("Time taken for Dot Product using numpy")
print(end,"s")
```

两个向量各有 100 个元素, 用随机整数初始化以计算点乘, 用 Python 的 time 模块来计算点乘所需的时间。* 运算符用于计算两个向量的元素相乘, 其结果相加以计算整体点乘。请注意, numpy.dot 方法只用于矩阵乘法, 而不能用于点乘。计算的点乘结果和时间显示在控制台, 使用 gpuarray 在 GPU 上执行相同操作的代码如下所示:

```
d_a = gpuarray.to_gpu(h_a)
d_b = gpuarray.to_gpu(h_b)

start1 = drv.Event()
end1=drv.Event()
start1.record()

d_result = gpuarray.dot(d_a,d_b)
end1.record()
end1.synchronize()
secs = start1.time_till(end1)*1e-3
print("Answer of Dot Product on GPU")
print(d_result.get())
print("Time taken for Dot Product on GPU")
print("%fs" % (secs))
if(h_result==d_result.get()):
  print("The computed dor product is correct")
```

使用 to_gpu 方法将两个向量上传给 GPU 执行点乘计算。gpuarray 类提供了一个点乘方法可以直接计算点乘, 需要两个 GPU 数组作为参数, 使用 get() 方法将计算结果下载回主机。计算结果和使用 CUDA 事件测量的时间显示在控制台。程序结果如图 11-10 所示。

```
In [3]: runfile('G:/cude opencv book material/CUDA book code/Chapter11/gpu_dot.py',
wdir='G:/cude opencv book material/CUDA book code/Chapter11')
Answer of Dot Product using numpy
633.0
Time taken for Dot Product using numpy
0.03769350051879883 s
Answer of Dot Product on GPU
633.0
Time taken for Dot Product on GPU
0.000108s
The computed dor product is correct
```

图 11-10

从输出结果可以看出, 使用 numpy 和 gpuarray 计算点乘得到相同的结果。用 numpy 库需要 37ms, 而 GPU 做同样的操作只需要 0.1ms。这进一步证明了使用 GPU 和 PyCUDA 进行复杂的数学运算的益处。

11.7.3 矩阵乘法

矩阵乘法是一个常用且重要的数学运算，本节将演示如何使用 PyCUDA 在 GPU 上执行这个运算。当矩阵很大时，这时数学运算非常复杂。应记住，对于矩阵乘法，第一个矩阵中的列数应等于第二个矩阵中的行数，矩阵乘法并不满足交换律。为了降低复杂性，在这个例子中我们采用两个大小相同的方阵。如果你熟悉矩阵乘法的相关数学知识，那么可能会记得第一个矩阵中的行与第二个矩阵中的所有列相乘，然后对第一个矩阵中的所有行重复此操作，就得到了矩阵乘法。3×3 矩阵乘法的示例如下：

$$\begin{bmatrix} 4 & 1 & 1 \\ 1 & 2 & 3 \\ 1 & 1 & 3 \end{bmatrix} + \begin{bmatrix} 3 & 3 & 4 \\ 2 & 3 & 3 \\ 4 & 1 & 1 \end{bmatrix} = \begin{bmatrix} 4*3+1*2+1*4 & 16 & 20 \\ 1*3+2*2+3*4 & 12 & 13 \\ 1*3+1*2+3*4 & 9 & 10 \end{bmatrix}$$

结果矩阵中的每个元素都通过将第一个矩阵中的相应行与第二个矩阵中的相应列相乘得到，这个概念用于开发内核函数，如下所示：

```
import numpy as np
from pycuda import driver
from pycuda.compiler import SourceModule
import pycuda.autoinit
MATRIX_SIZE = 3

matrix_mul_kernel = """
__global__ void Matrix_Mul_Kernel(float *d_a, float *d_b, float *d_c)
{
  int tx = threadIdx.x;
  int ty = threadIdx.y;
  float value = 0;
  for (int i = 0; i < %(MATRIX_SIZE)s; ++i) {
    float d_a_element = d_a[ty * %(MATRIX_SIZE)s + i];
    float d_b_element = d_b[i * %(MATRIX_SIZE)s + tx];
    value += d_a_element * d_b_element;
  }

  d_c[ty * %(MATRIX_SIZE)s + tx] = value;
} """
matrix_mul = matrix_mul_kernel % {'MATRIX_SIZE': MATRIX_SIZE}
mod = SourceModule(matrix_mul)
```

内核函数接受两个输入数组和一个输出数组作为参数，矩阵大小作为常量传递给内核函数，这样就不再需要将矩阵大小作为内核函数的参数来传递。如本章前面所述，两种方法都是同样正确的，这取决于程序员觉得哪种更方便。每个线程计算结果矩阵的一个元素，即第一个矩阵中行的所有元素和第二个矩阵中列的元素在 for 循环中相乘并求和，结果被复制到结果矩阵中的相应位置。计算内核函数中索引的细节可以在本书的前几章中找到，使用该内核函数的 Python 代码如下所示：

```
h_a = np.random.randint(1,5,(MATRIX_SIZE, MATRIX_SIZE)).astype(np.float32)
h_b = np.random.randint(1,5,(MATRIX_SIZE, MATRIX_SIZE)).astype(np.float32)

d_a = gpuarray.to_gpu(h_a)
d_b = gpuarray.to_gpu(h_b)
d_c_gpu = gpuarray.empty((MATRIX_SIZE, MATRIX_SIZE), np.float32)

matrixmul = mod.get_function("Matrix_Mul_Kernel")
matrixmul(d_a, d_b,d_c_gpu,
  block = (MATRIX_SIZE, MATRIX_SIZE, 1),
)
print("*" * 100)
print("Matrix A:")
print(d_a.get())

print("*" * 100)
print("Matrix B:")
print(d_b.get())

print("*" * 100)
print("Matrix C:")
print(d_c_gpu.get())

   # compute on the CPU to verify GPU computation
h_c_cpu = np.dot(h_a, h_b)
if h_c_cpu == d_c_gpu.get() :
    print("The computed matrix multiplication is correct")
```

两个 3×3 的矩阵初始化为 1 到 5 的随机整数，这些矩阵使用 gpuarray 类的 to_gpu 方法上载到设备显存。创建空的 GPU 数组以将结果存储在设备上，这三个变量作为参数传递给内核函数。内核函数是以矩阵大小作为 *x* 和 *y* 方向的维度来调用的。使用 get() 方法将结果下载回主机。控制台上打印两个输入矩阵和 GPU 计算的结果，矩阵乘法也在 CPU 上使用 numpy 库的 dot 方法计算。并与 GPU 结果进行了比较，验证了内核计算的结果。程序结果显示如图 11-11 所示。

```
In [7]: runfile('G:/cude opencv book material/CUDA book code/Chapter11/matrix_mmulfinal.py', wdir='G:/cude opencv book material/CUDA book code/Chapter11')
****************************************************************************************************
Matrix A:
[[4. 1. 1.]
 [1. 2. 3.]
 [1. 1. 3.]]
****************************************************************************************************
Matrix B:
[[3. 3. 4.]
 [2. 3. 3.]
 [4. 1. 1.]]
****************************************************************************************************
Matrix Multiplication result:
[[18. 16. 20.]
 [19. 12. 13.]
 [17.  9. 10.]]

The computed matrix multiplication is correct
```

图   11-11

小结：我们使用 PyCUDA 开发了一个简单的内核函数来执行矩阵乘法，未来还能使用如本书前面所述的共享内存进一步优化这个内核函数。

11.8　PyCUDA 的高级内核函数

到目前为止，我们已经看到在 C 或 C++ 中使用 SourceModuel 类定义内核函数的方法，也了解使用 gpuarray 类进行设备计算而不需明确定义内核函数。接下来本节将介绍 PyCUDA 中可用的高级内核定义特性，这些特性用于为各种并行通信模式开发内核函数，包括映射（map）、归约（reduce）和扫描（scan）操作。

11.8.1　PyCUDA 的元素级内核函数

这个特性允许程序员定义一个内核函数，用来在数组的每个元素上工作。它允许程序员在一个或多个操作所组成的复杂表达式上执行内核，使之成为一个计算步骤。大规模数组按元素添加的内核函数用以下方式定义：

```
import pycuda.autoinit
import pycuda.gpuarray as gpuarray
import pycuda.driver as drv
from pycuda.elementwise import ElementwiseKernel
from pycuda.curandom import rand as curand
add = ElementwiseKernel(
  "float *d_a, float *d_b, float *d_c",
  "d_c[i] = d_a[i] + d_b[i]",
  "add")
```

首先使用 pycuda.elementwise.ElementwiseKernel 函数去定义元素相关的内核函数，它需要 3 个参数：第一个参数是内核函数的参数列表；第二个参数定义对每个元素执行的操作；第三个参数指定内核函数的名称。使用此内核函数的 Python 代码如下所示：

```
n = 1000000
d_a = curand(n)
d_b = curand(n)
d_c = gpuarray.empty_like(d_a)
start = drv.Event()
end=drv.Event()
start.record()
add(d_a, d_b, d_c)
end.record()
end.synchronize()
secs = start.time_till(end)*1e-3
print("Addition of %d element of GPU"%shape)
print("%fs" % (secs))
# check the result
if d_c == (d_a + d_b):
  print("The sum computed on GPU is correct")
```

两个数组被 pycuda.curandom 类的 curand 函数初始化为随机数，这还是一个有用的功能，可以消除在主机上初始化然后上传到设备显存的需要，然后创建一个空的 GPU 数组来存储结果。将这三个变量作为参数传递来调用 add 内核。使用 CUDA 事件计算添加 100 万个元素所需的时间，并显示在控制台上。

程序输出如图 11-12 所示。

```
In [4]: runfile('G:/cude opencv book material/CUDA book code/Chapter12/
element_wise_addition.py', wdir='G:/cude opencv book material/CUDA book code/Chapter12')
Addition of 1000000 element of GPU
0.000629s
The sum computed on GPU is correct
```

图   11-12

使用元素级内核函数,在一个数组中添加 100 万个元素只需要 0.6ms,这个性能比本章前面介绍的程序要好。因此,在元素方面内核定义是一个非常重要的概念,需要记住何时对向量执行元素方面的操作。

11.8.2 归约内核函数

归约运算可以定义为使用某些表达式将元素集合缩减为单个值,这在各种并行计算应用中非常有用。以向量间点乘的计算为例说明 PyCUDA 的归约概念。利用 PyCUDA 中归约内核函数的特性计算点乘的程序如下:

```
import pycuda.gpuarray as gpuarray
import pycuda.driver as drv
import numpy
from pycuda.reduction import ReductionKernel
import pycuda.autoinit
n=5
start = drv.Event()
end=drv.Event()
start.record()
d_a = gpuarray.arange(n,dtype= numpy.uint32)
d_b = gpuarray.arange(n,dtype= numpy.uint32)
kernel =
ReductionKernel(numpy.uint32,neutral="0",reduce_expr="a+b",map_expr="d_a[i]
*d_b[i]",arguments="int *d_a,int *d_b")
d_result = kernel(d_a,d_b).get()
end.record()
end.synchronize()
secs = start.time_till(end)*1e-3
print("Vector A")
print(d_a)
print("Vector B")
print(d_b)
print("The computed dot product using reduction:")
print(d_result)
print("Dot Product on GPU")
print("%fs" % (secs))
```

PyCUDA 提供 pycuda.reducation.ReductionKernel 类来定义归约内核函数,它需要很多参数:第一个参数是输出的数据类型;第二个参数是中性的,通常定义为 0;第三个参数是用于缩减元素集合的表达式,添加操作在前面的代码中定义;第四个参数定义为在归约前用于操作数之间映射操作的表达式，在代码中定义了元素乘法；最后一个参数定义了内核函数的参数。

　　计算点乘的归约内核函数需要两个向量之间的元素相乘，然后求和。使用 arange 函数定义两个向量，其工作方式与 Python 中的 range 函数类似，但 arange 将数组保存在设备上。通过将这两个向量作为参数传递来调用内核函数，结果到主机获取。使用 CUDA 事件计算所需的时间，并与点乘结果一起显示在控制台上，如图 11-13 所示。

```
In [6]: runfile('G:/cude opencv book material/CUDA book code/Chapter12/gpu_dot.py',
wdir='G:/cude opencv book material/CUDA book code/Chapter12')
Vector A
[0 1 2 3 4]
Vector B
[0 1 2 3 4]
The computed dot product using reduction:
30
Dot Product on GPU
2.546338s
```

图　11-13

　　归约内核函数需要 2.5s 时间来计算点乘，与上一节中显示的性能相比，这个时间相对较长。尽管如此，它在需要归约运算的并行计算应用程序中仍然非常有用。

11.8.3　scan 内核函数

　　scan 操作是另一个非常重要的并行计算范例，指派特定函数去计算输入序列的第一项，再将这个计算结果与输入序列的第二项作为输入提供给这个特定函数计算，所有的中间计算结果形成输出的序列。这个概念可以用于各种应用，下面以累加为例，说明 PyCUDA 中 scan 内核函数的概念。累加只不过是按顺序对向量的每个元素应用加法。示例数据如下所示：

```
Input Vector
[7 5 9 2 9]
累加和的 Scan 操作
[7,7+5,7+5+9,7+5+9+2,7+2+9+2+7]
```

　　可以看到，前一个加法的输出被添加到当前元素中以计算当前位置的输出，这称为包含（inclusive）scan 操作。如果不涉及输入的当前元素，则称为独立（exclusive）scan 操作。使用包含 scan 操作执行累加和的程序如下所示：

```
import pycuda.gpuarray as gpuarray
import pycuda.driver as drv
import numpy
from pycuda.scan import InclusiveScanKernel
import pycuda.autoinit
```

```
n=10
start = drv.Event()
end=drv.Event()
start.record()
kernel = InclusiveScanKernel(numpy.uint32,"a+b")
h_a = numpy.random.randint(1,10,n).astype(numpy.int32)
d_a = gpuarray.to_gpu(h_a)
kernel(d_a)
end.record()
end.synchronize()
secs = start.time_till(end)*1e-3
assert(d_a.get() == numpy.cumsum(h_a,axis=0)).all()
print("The input data:")
print(h_a)
print("The computed cumulative sum using Scan:")
print(d_a.get())
print("Cumulative Sum on GPU")
print("%fs" % (secs))
```

PyCUDA 提供了 pycuda.scan.InclusiveScanKernel 类来定义包含 scan 操作的内核函数，要求以输出与扫描操作的数据类型为参数，为这个累加和的函数指定加法运算，以随机整数的数组作为此内核函数的输入，内核输出将与输入具有相同的大小。输入和输出向量以及计算累加和，以及使用的时间显示在控制台上，如图 11-14 所示。

```
In [3]: runfile('G:/cude opencv book material/CUDA book code/Chapter12/gpu_scan.py',
wdir='G:/cude opencv book material/CUDA book code/Chapter12')
The input data:
[7 5 9 2 9 7 7 7 2 6]
The computed cumulative sum using Scan:
[ 7 12 21 23 32 39 46 53 55 61]
Cumulative Sum on GPU
0.002032s
```

图 11-14

扫描一个有 10 个元素的数组大约需要 2ms 的时间。小结：本节中我们看到了用于定义映射、归约和扫描操作的定义内核函数的各种特殊方法。

11.9 总结

本章演示了 PyCUDA 中的编程概念，从使用 PyCUDA 开发一个简单的 Hello, PyCUDA 程序开始，详细讨论了 C 或 C++ 中的内核函数定义，以及从 Python 代码调用的概念，还有从 PyCUDA 程序访问 GPU 设备属性的 API。用一个简单的程序解释 PyCUDA 程序中多个线程和块的执行机制，通过一个简单的数组添加实例描述 PyCUDA 程序的基本结构。通过使用 driver 类的指令来描述 PyCUDA 代码的简化。详细介绍了使用 CUDA 事件来测量 PyCUDA 程序的性能。通过一个面向元素的平方化示例来解释 driver 类和 gpuarray 类的 inout 指令的功能。gpuarray 类用于开发使用 PyCUDA 计算点乘的代码，详细说明了矩阵乘法的复杂数学运算的 PyCUDA 代码。本章的最后一部分描述了用于映射、归约和扫描操作的各种内核定义方法。

下一章将以这些知识为基础，描述一些可在 PyCUDA 中使用的高级内核，及使用 PyCUDA 开发计算机视觉应用程序。

11.10　测验题

1. 使用 PyCUDA 中的 SourceModule 类定义内核函数使用哪种编程语言？哪个编译器将用于编译这个内核函数？
2. 为本章中使用的 myfirst kernel 函数编写一个内核调用函数，块数等于 1 024×1 024，每个块的线程数等于 512×512。
3. 是非题：PyCUDA 程序中的线程块的执行是有顺序的。
4. 在 PyCUDA 程序中使用 driver 类原语的 In、Out 和 inout 有什么好处？
5. 编写 PyCUDA 程序，使用 gpuarray 类向任意大小的数组每个元素加 2。
6. 使用 CUDA 事件测量内核执行时间有什么好处？
7. 是非题：gpuarray 类是 Python 中 numpy 库的 GPU 设备版本。

第 12 章

使用 PyCUDA 的基本计算机视觉应用程序

在上一章中，我们看到了与 PyCUDA 相关的重要编程概念，学习了如何使用这些编程概念在 PyCUDA 中开发程序。本章将以这些知识为基础，使用 PyCUDA 开发基本的图像处理和计算机视觉应用程序，还将详细解释原子操作和共享内存的并行编程概念。图像的直方图传递与图像对比度有关的重要信息，也可作为计算机视觉任务的图像特征。本章将详细解释使用 PyCUDA 计算直方图的程序，还将介绍其他基本的计算机视觉应用程序，如颜色空间转换、图像合成和使用 PyCUDA 的图像反转。

本章将讨论以下主题：

- ❏ 使用原子操作和共享内存进行直方图计算。
- ❏ 使用 PyCUDA 的基本计算机视觉应用程序。
- ❏ 摄像头图像和视频的颜色空间转换。
- ❏ 图像合成。
- ❏ 图像反转。

12.1 技术要求

本章要求对 Python 编程语言有很好的理解，还需要具备有 NVIDIA GPU 的电脑或笔记本。本章所有代码可以从 GitHub 链接 https://github.com/PacktPublishing/Hands-On-GPU-Accelerated-Computer-Vision-with-OpenCV-and-CUDA 下载。

12.2 PyCUDA 中的直方图计算

图像的直方图可传递与图像对比度有关的重要信息，也可作为计算机视觉任务的图像特征，直方图表示特定像素值出现的频率。计算大小为 256×256 的 8 位图像的直方图时，总共有 65 535 个像素数组，强度值在 0~255 之间，如果每个像素启动一个线程，则 65 535 个线程可用来处理 256 个强度值的内存位置。

考虑这样一种情况：大量线程试图修改一小部分内存。在计算图像的直方图时，必须对所有内存位置执行"读取－修改－写入"操作，这个操作是 d_out[i] ++，这段代码首先从内存中读取 d_out[i]，然后递增，再写回内存。但是，当多个线程对同一个内存位置执行此操作时，可能不会得到正确的结果。

假设一个内存位置的初始值为 0，线程 a 和 b 都试图增加这个内存位置的值，那么最终的结果应该是 2。但在执行时，线程 a 和 b 可能同时读取该值，然后两个线程都将获得 0 这个值，二者都将它增加到 1，并且都将 1 写回内存中。如此，计算出的答案不是 2 而是 1，这是不正确的。

要了解这有多危险，请参考 ATM 取现的例子。假设你的账户上有 5 万美元的余额，你有两张同一账户的 ATM 卡，你和你的朋友同时去两个不同的自动取款机取 4 万美元，你们两个同时刷卡，所以当 ATM 检查余额时，两人都会得到 5 万美元。如果两边都要提取 4 万美元，那么两台机器查看初始余额是 5 万美元，由于提取的金额小于余额，因此两台机器都将提取到 4 万美元。如此一来，尽管你的余额是 5 万美元，却能提取 8 万美元，这是很危险的。为了避免这种情况，并行编程时得使用原子操作，这将在下一节中解释。

12.2.1　使用原子操作

CUDA 提供了一个名为 atomicAdd 操作的 API，以避免并行访问内存位置时出现问题。这是一个阻塞（blocking）操作，意味着当多个线程试图访问同一个内存位置时，一次只能有一个线程访问该内存位置，其他线程必须等待该线程完成并将其结果写入内存。使用 atomicAdd 操作计算直方图的内核函数如下所示：

```
import pycuda.autoinit
import pycuda.driver as drv
import numpy
import matplotlib.pyplot as plt
from pycuda.compiler import SourceModule
mod = SourceModule("""
__global__ void atomic_hist(int *d_b, int *d_a, int SIZE)
{
 int tid = threadIdx.x + blockDim.x * blockIdx.x;
 int item = d_a[tid];
 if (tid < SIZE)
 {
  atomicAdd(&(d_b[item]), 1);
 }
}
""")
```

内核函数有 3 个参数：第一个参数是储存计算后的直方图数据的输出数组，计算 8 位

图像的数组大小为 256；第二个参数是图像强度的展平（译者注：一维）数组；第三个参数
是展平数组的大小。以像素强度值作为索引的直方图内存位置的值随着由线程索引递增的
线程计算而递增，线程总数等于展平数组的大小。

atomicAdd 函数用于递增内存位置的值，需要 2 个参数：第一个是要增加值的内存位
置；第二个是这个位置要增加的量。atomicAdd 函数会增加直方图计算的时间成本。使用原
子操作计算直方图的 Python 代码如下：

```
atomic_hist = mod.get_function("atomic_hist")
import cv2
h_img = cv2.imread("cameraman.tif",0)

h_a=h_img.flatten()
h_a=h_a.astype(numpy.int)
h_result = numpy.zeros(256).astype(numpy.int)
SIZE = h_img.size
NUM_BIN=256
n_threads= int(numpy.ceil((SIZE+NUM_BIN-1) / NUM_BIN))
start = drv.Event()
end=drv.Event()
start.record()
atomic_hist(
    drv.Out(h_result), drv.In(h_a), numpy.uint32(SIZE),
    block=(n_threads,1,1), grid=(NUM_BIN,1))

end.record()
end.synchronize()
secs = start.time_till(end)*1e-3
print("Time for Calculating Histogram on GPU with shared memory")
print("%fs" % (secs))
plt.stem(h_result)
plt.xlim([0,256])
plt.title("Histogram on GPU")
```

使用 get_function() 方法创建指向内核函数的指针索引，然后调用 OpenCV 库读取图像。
如果还没有为 Python 安装 OpenCV 的话，可以从命令提示符执行以下命令：

$pip install opencv-python　　（译者注：本方式会安装 OpenCV 4.0 版本）

然后使用 import cv2 命令从任何 Python 程序导入 OpenCV 库。图像读取功能与本书前
面介绍的类似，图像读取为灰度格式，存放在 Python 的 numpy 数组中，将这个数组展平为
一个向量，这样就可以作为一维线程和线程块操作，也可以在不展平的情况下使用二维线
程处理图像。numpy 库提供了一个 flatten() 方法来执行展平操作。

线程块和线程总数是根据图像大小和直方图容器数计算的。以展平图像数组、空白直
方图数组和展平数组大小作为参数传递，同时调用内核函数以及要启动的块和线程数。内
核函数返回计算出的直方图，可以显示或绘制直方图。

Python 提供了一个包含丰富的绘图函数的 matplotlib 库，其中的 stem 函数用于绘制一
个离散的直方图函数，xlim 函数用于设置 *x* 轴的限制，title 函数用于为绘图赋予标题。程

序输出如图 12-1 所示。

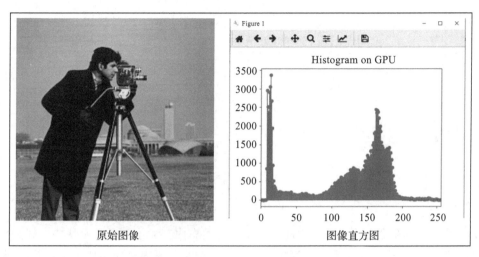

原始图像　　　　　　　　　图像直方图

图　12-1

如果直方图的所有强度并非均匀分布，则可能会产生对比度较差的图像。通过执行直方图均衡可以增强对比度，从而将分布转换为均匀分布。直方图还会传递有关图像亮度的信息，如果直方图集中在绘图的左侧，图像将太暗；如果直方图集中在右侧，图像将太亮。同样，直方图均衡可以用来纠正这个问题。

在并行编程中，也可以利用共享内存的概念来开发计算直方图的内核函数。这将在下面的小节中进行说明。

12.2.2　使用共享内存

共享内存在 GPU 设备的芯片上可用，比全局内存快得多，共享内存延迟大约是未缓存的全局内存延迟的 1/100。同一线程块中的所有线程都可以访问相同的一段共享内存，这在许多线程需要与其他线程共享结果的应用程序中非常有用。但是如果不同步，也会造成混乱或错误的结果。如果某线程在另一个线程写入内存之前从内存中读取数据，则可能导致错误的结果。因此，应该正确地控制或管理内存访问，可通过 __syncthreads() 指令来完成。这个指令确保在继续执行程序之前完成对内存的所有写入操作，也被称为 barrier。barrier 的含义是块中的所有线程都将到达该行，并等待其他线程完成。当所有线程都到达这里后，它们就可以往下一步执行。本节将演示如何从 PyCUDA 程序中使用共享内存。

利用共享内存的这个概念可以计算图像的直方图。内核函数如下：

```
import pycuda.autoinit
import pycuda.driver as drv
import numpy
import matplotlib.pyplot as plt
from pycuda.compiler import SourceModule
```

```
mod1 = SourceModule("""
__global__ void atomic_hist(int *d_b, int *d_a, int SIZE)
{
 int tid = threadIdx.x + blockDim.x * blockIdx.x;
 int offset = blockDim.x * gridDim.x;
 __shared__ int cache[256];
 cache[threadIdx.x] = 0;
 __syncthreads();

 while (tid < SIZE)
 {
  atomicAdd(&(cache[d_a[tid]]), 1);
  tid += offset;
 }
 __syncthreads();
 atomicAdd(&(d_b[threadIdx.x]), cache[threadIdx.x]);
}
""")
```

8 位图像的容器数量是 256，因此我们定义的共享内存大小等于一个块中的线程数量，该数量等于容器数量。计算当前线程块的直方图，先将共享内存初始化为零，并按照前面讨论的方法计算该块的直方图。但这次，结果存储在共享内存中而不是全局内存中。在这种情况下，只有 256 个线程试图访问共享内存中的 256 个内存元素，而不是前一代码中的所有 65 535 个元素。这将有助于减少原子操作中的开销时间。最后一行中的最后一个原子添加项将向总体直方图的值添加一个块的直方图。由于加法满足交换律，因此我们不必担心每个块的执行顺序。使用这个内核函数计算直方图的 Python 代码如下所示：

```
atomic_hist = mod.get_function("atomic_hist")

import cv2
h_img = cv2.imread("cameraman.tif",0)

h_a=h_img.flatten()
h_a=h_a.astype(numpy.int)
h_result = numpy.zeros(256).astype(numpy.int)
SIZE = h_img.size
NUM_BIN=256
n_threads= int(numpy.ceil((SIZE+NUM_BIN-1) / NUM_BIN))
start = drv.Event()
end=drv.Event()
start.record()
atomic_hist(
 drv.Out(h_result), drv.In(h_a), numpy.uint32(SIZE),
 block=(n_threads,1,1), grid=(NUM_BIN,1),shared= 256*4)

end.record()
end.synchronize()
secs = start.time_till(end)*1e-3
print("Time for Calculating Histogram on GPU with shared memory")
print("%fs" % (secs))
plt.stem(h_result)
plt.xlim([0,256])
plt.title("Histogram on GPU")
```

代码几乎与上一节中的代码相同，唯一的区别在于内核函数的调用。调用内核时需定义共享内存的大小，可以使用内核调用函数中的共享参数来指定，这里指定为 256*4，因为共享内存的大小为 256 个整数元素，每个元素需要 4 个字节的存储空间。相同的直方图将如前一节所示显示。

要检查直方图计算的真实性并对性能进行比较，可用 OpenCV 内建函数 calcHist 进行比对，参考以下代码：

```
start = cv2.getTickCount()
hist = cv2.calcHist([h_img],[0],None,[256],[0,256])
end = cv2.getTickCount()
time = (end - start)/ cv2.getTickFrequency()
print("Time for Calculating Histogram on CPU")
print("%fs" % (secs))
```

calcHist 函数需要 5 个参数：第一个参数是图像变量的名称；第二个参数指定彩色图像的通道，灰度图像为零；第三个参数指定掩码，如果要计算图像特定部分的直方图；第四个参数指定容器数量；第五个参数指定强度值的范围。OpenCV 还为 Python 提供了 getTickCount 和 getTickFrequency 函数，用于测量 OpenCV 代码的性能。无共享内存、共享内存和使用 OpenCV 函数的代码性能如图 12-2 所示。

```
In [4]: runfile('G:/cude opencv book material/CUDA book code/Chapter12/
histogram_without_shared.py', wdir='G:/cude opencv book material/CUDA book code/
Chapter12')
Time for Calculating Histogram on GPU without shared memory
0.001040s
Time for Calculating Histogram using OpenCV
0.001040s

In [5]: runfile('G:/cude opencv book material/CUDA book code/Chapter12/histogram.py',
wdir='G:/cude opencv book material/CUDA book code/Chapter12')
Time for Calculating Histogram on GPU with shared memory
0.000839s
```

图　12-2

无共享内存的内核函数所花费的时间为 1ms，而使用共享内存的内核函数所花费的时间为 0.8ms，进一步证明了使用共享内存可以提高内核函数的性能。总之，本节我们看到了两种计算 GPU 上直方图的不同方法，还学习了原子操作和共享内存的概念，以及它们如何在 PyCUDA 中使用。

12.3　使用 PyCUDA 进行基本的计算机视觉操作

本节将演示使用 PyCUDA 开发简单的计算机视觉应用程序。Python 中的图像只是二维或三维 numpy 数组，在 PyCUDA 中处理和操作图像与处理多维数组也是类似的，本节将为你提供一个开发简单应用程序的基本概念，以帮助你使用 PyCUDA 开发复杂的计算机视觉应用程序。

12.3.1 PyCUDA 中的颜色空间转换

大多数计算机视觉算法都适用于灰度图像，因此需要将相机捕获的彩色图像转换为灰度图像。虽然 OpenCV 提供了一个内置的函数来完成这个操作，但也可以通过开发自己的函数来完成。本节将演示如何开发用于将彩色图像转换为灰度图像的 PyCUDA 函数。如果知道将图像从一个颜色空间转换为另一个颜色空间的公式，那么只需将本节展示的函数替换原来的公式就可以为任何颜色空间实现转换。

OpenCV 以 BGR 格式捕获和存储图像，其中蓝色是第一个通道，绿色和红色紧随其后。由 BGR 格式图像转换成灰度图像的公式如下：

$$gray = 0.299*r + 0.587*g + 0.114*b$$

这里的 r，g，b 分别代表特定像点的红 / 绿 / 蓝通道的强度值

下面两节将展示函数用于图像和视频的实现方法。

1. 将 BGR 图像转换成灰度图像

本节中，我们尝试开发将 BGR 图像转换为灰度图像的内核函数。将彩色图像转换成灰度图像的内核函数如下：

```
import pycuda.driver as drv
from pycuda.compiler import SourceModule
import numpy as np
import cv2
mod = SourceModule \
  (
    """
#include<stdio.h>
#define INDEX(a, b) a*256+b

__global__ void bgr2gray(float *d_result,float *b_img, float *g_img, float
*r_img)
{
 unsigned int idx = threadIdx.x+(blockIdx.x*(blockDim.x*blockDim.y));
 unsigned int a = idx/256;
 unsigned int b = idx%256;
 d_result[INDEX(a, b)] = (0.299*r_img[INDEX(a, b)]+0.587*g_img[INDEX(a,
b)]+0.114*b_img[INDEX(a, b)]);

}
 """
 )
```

这里定义一个小的 INDEX 函数来计算 256×256 大小的二维图像的特定索引值，以三通道彩色图像的展平图像数组作为内核函数的输入，其输出是相同大小的灰度图像。INDEX 函数用于将线程索引转换为图像中的特定像素位置，然后使用所示函数计算该位置的灰度值。将彩色图像转换为灰度图像的 Python 代码如下：

```
h_img = cv2.imread('lena_color.tif',1)
h_gray=cv2.cvtColor(h_img,cv2.COLOR_BGR2GRAY)
#print a
b_img = h_img[:, :, 0].reshape(65536).astype(np.float32)
g_img = h_img[:, :, 1].reshape(65536).astype(np.float32)
r_img = h_img[:, :, 2].reshape(65536).astype(np.float32)
h_result=r_img
bgr2gray = mod.get_function("bgr2gray")
bgr2gray(drv.Out(h_result), drv.In(b_img),
drv.In(g_img),drv.In(r_img),block=(1024, 1, 1), grid=(64, 1, 1))

h_result=np.reshape(h_result,(256,256)).astype(np.uint8)
cv2.imshow("Grayscale Image",h_result)
cv2.waitKey(0)
cv2.destroyAllWindows()
```

使用 OpenCV 的 imread 函数读取彩色图像，图像大小应为 256×256，如果不是，则应使用 cv2.resize 函数将其转换为该大小。由于彩色图像以 BGR 格式存储，因此使用 Python 中的数组切片功能将蓝色、绿色和红色通道分别抽离。这些数组是展平的，以便可以传递给内核函数。

调用内核函数时，将三个颜色通道作为输入，并使用一个数组存储输出的灰度图像。内核函数将计算每个像素位置的灰度值，并返回灰度图像的展平数组，这个结果数组使用 numpy 库中的 reshape 函数转换回原始图像大小。OpenCV 的 imshow 函数需要一个无符号整数数据类型来显示图像，以便数组也转换为 uint8 数据类型。灰度图像显示在屏幕上，如图 12-3 所示。

原始图像   灰度图像

图   12-3

2. 网络摄像机视频实现 BGR 图像到灰色图像转换

上一节中开发的将 BGR 格式的图像转换为灰度图像的内核函数也可用于将从网络摄像机捕获的视频转换为灰度图像。这个函数的 Python 代码如下所示：

```
cap = cv2.VideoCapture(0)
bgr2gray = mod.get_function("bgr2gray")
while(True):
  # Capture frame-by-frame
  ret, h_img = cap.read()
  h_img = cv2.resize(h_img,(256,256),interpolation = cv2.INTER_CUBIC)

  b_img = h_img[:, :, 0].reshape(65536).astype(np.float32)
  g_img = h_img[:, :, 1].reshape(65536).astype(np.float32)
  r_img = h_img[:, :, 2].reshape(65536).astype(np.float32)
  h_result=r_img
  bgr2gray(drv.Out(h_result), drv.In(b_img),
drv.In(g_img),drv.In(r_img),block=(1024, 1, 1), grid=(64, 1, 1))
  h_result=np.reshape(h_result,(256,256)).astype(np.uint8)
  cv2.imshow("Grayscale Image",h_result)

  # Display the resulting frame
  cv2.imshow('Original frame',h_img)
  if cv2.waitKey(50) & 0xFF == ord('q'):
    break

# When everything done, release the capture
cap.release()
cv2.destroyAllWindows()
```

Python 中的 OpenCV 提供一个 VideoCapture 类，用于从网络摄像机捕获视频，它需要摄像机设备索引作为参数，这里指定为 0，意味着选择网络摄像机。然后，一个持续的 while 循环开始从网络摄像机通过捕获对象的 read 方法读取帧，再使用 cv2 库的 resize 功能将这些帧调整为 256×256。由于这些帧是彩色图像，必须分离为三个通道并将其展平，以便将它们传递给内核函数。内核函数的调用方式与上一节中的调用方式相同，并对其结果进行重新格式化以便在屏幕上显示。一帧网络摄像机流的代码输出如图 12-4。

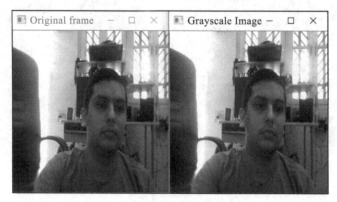

图   12-4

网络摄像机流将继续直到按下键盘上的 q 键。综上所述，我们在 PyCUDA 中开发了一个内核函数，用来将 BGR 格式的彩色图像转换成灰度图像，它既可以处理图像也可以处理视频。这些内核函数可以通过替换相同的方程来修改，以用于其他颜色空间转换。

12.3.2　在 PyCUDA 执行图像合成

当两个图像大小相同时才可以执行图像合成，执行的是两个图像的像素级合成。假设在两幅图像中位置（0，0）处的像素强度值分别为 100 和 150，则合成图像中的强度值将为 250，这是两个强度值的相加，如下式所示：

$$result = img1 + img2$$

由于 OpenCV 合成是一个饱和运算，这意味着如果合成后的结果超过 255，那么它将在 255 饱和。因此与 PyCUDA 内核函数实现相同的功能，执行图像合成的代码如下：

```
import pycuda.driver as drv
from pycuda.compiler import SourceModule
import numpy as np
import cv2
mod = SourceModule \
  (
"""
  __global__ void add_num(float *d_result, float *d_a, float *d_b,int N)
{
 int tid = threadIdx.x + blockIdx.x * blockDim.x;
 while (tid < N)
  {
 d_result[tid] = d_a[tid] + d_b[tid];
 if(d_result[tid]>255)
 {
 d_result[tid]=255;
 }
 tid = tid + blockDim.x * gridDim.x;
}
}
"""
)
img1 = cv2.imread('cameraman.tif',0)
img2 = cv2.imread('circles.png',0)
h_img1 = img1.reshape(65536).astype(np.float32)
h_img2 = img2.reshape(65536).astype(np.float32)
N = h_img1.size
h_result=h_img1
add_img = mod.get_function("add_num")
add_img(drv.Out(h_result), drv.In(h_img1),
drv.In(h_img2),np.uint32(N),block=(1024, 1, 1), grid=(64, 1, 1))
h_result=np.reshape(h_result,(256,256)).astype(np.uint8)
cv2.imshow("Image after addition",h_result)
cv2.waitKey(0)
cv2.destroyAllWindows()
```

内核函数类似于上一章中数组加法的内核函数，在内核函数中加入了饱和条件，如果相加后像素强度超过 255，那么它将在 255 处饱和。读取两个大小相同的图像，展平并转换为单精度浮点数据类型，这些展平的图像及其大小作为参数传递给内核函数。内核函数计算的结果被重新调整为原始图像大小，并使用 imshow 函数转换为无符号整数类型进行显示。结果显示如图 12-5。

图像 1

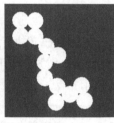
图像 2

相加后的图像

图   12-5

相同的内核函数可以用于其他算术和逻辑操作，只需稍加修改。

12.3.3   在 PyCUDA 中使用 gpuarray 进行图像反转

除算术运算外，NOT 运算广泛用于反转图像，它将黑色转换为白色，白色转换为黑色。可以用以下等式表示：

$$result\_image = 255 - input\_image$$

在等式中，255 表示 8 位图像的最大强度值。PyCUDA 提供的 **gpuarray** 类用于开发图像反转程序，如下所示：

```
import pycuda.driver as drv
import numpy as np
import cv2
import pycuda.gpuarray as gpuarray
import pycuda.autoinit

img = cv2.imread('circles.png',0)
h_img = img.reshape(65536).astype(np.float32)
d_img = gpuarray.to_gpu(h_img)
d_result = 255- d_img
h_result = d_result.get()
h_result=np.reshape(h_result,(256,256)).astype(np.uint8)
cv2.imshow("Image after addition",h_result)
cv2.waitKey(0)
cv2.destroyAllWindows()
```

将图像读取为灰度图像，展平并转换为单精度浮点数据类型以便进一步处理。它使用 gpuarray 类的 to_gpu 方法上载到 GPU，再使用前面的等式在 GPU 上执行反转，并使用 get() 方法将结果下载回主机。将结果重塑为原始图像大小然后显示在屏幕上，如图 12-6 所示。

小结：本节演示了 PyCUDA 在开发基本的计算机视觉操作（如颜色空间转换、图像合成和图像反转）

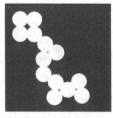
原始图像

反转图像

图   12-6

中的应用，这个概念可以用来开发使用 PyCUDA 的复杂计算机视觉应用程序。

12.4　总结

　　本章介绍了 PyCUDA 在开发简单的计算机视觉应用程序中的应用，描述了 PyCUDA 在计算数组直方图中的应用。直方图是图像的一个非常重要的统计全局特征，可以用来查找有关它的重要信息。然后以直方图计算为例详细阐述了原子操作和共享内存的概念。Python 中的图像存储为 numpy 数组，因此在 PyCUDA 中操作图像类似于修改多维 numpy 数组。本章还介绍了 PyCUDA 在各种基本计算机视觉中的应用，如图像合成、图像反转和颜色空间转换。本章中描述的概念可用于使用 PyCUDA 开发复杂的计算机视觉应用程序。

　　本章也标志着本书的结束。本书描述了如何使用 CUDA 编程和 GPU 硬件为计算机视觉应用提供加速功能。

12.5　测验题

1. 是非题：在直方图计算中使用 d_out[i]++ 行取代 atomicAdd 原子操作可以产生准确的结果。
2. 在原子操作中使用共享内存有什么好处？
3. 当内核中使用共享内存时，内核调用函数需要做哪些修改？
4. 通过计算图像的直方图可以获得哪些信息？
5. 是非题：本章开发的用于将 BRG 格式的图像转换到灰度图像的内核函数也适用于 RGB 格式的图像到灰度图像转换。
6. 为什么本章所有示例中图像都执行展平？这是强制性步骤吗？
7. 为什么图像在显示前从 numpy 库转换为 uint8 数据类型？

测验题答案

第 1 章

1. 提高性能的三种方法如下：
   - ❑ 时钟速度更快
   - ❑ 单处理器每时钟周期工作更多
   - ❑ 许多小型处理器可以并行工作
   - ❑ GPU 使用此方法来提高性能
2. 真。
3. CPU 被设计用来改进延迟，GPU 被设计用来改进吞吐量。
4. 汽车到达目的地需要 4 小时，但只能容纳 5 人；而能容纳 40 人的公交车到达目的地需要 6 小时。公交车每小时可载 6.66 人，汽车每小时可载 1.2 人。因此，汽车具有更好的延迟（时间短），公交车具有更好的吞吐量（单位时间计算量）。
5. 图像就是个二维数组，大多数计算机视觉应用都涉及这类二维数组的处理，这与大量数据的操作很类似，GPU 可以有效地执行这些操作。因此，GPU 和 CUDA 在计算机视觉应用中非常有用。
6. 假。
7. printf 语句在主机上执行。

第 2 章

1. 两个数字相减时，以按值传递参数的 CUDA 代码如下所示：

```
include <iostream>
#include <cuda.h>
#include <cuda_runtime.h>
__global__ void gpuSub(int d_a, int d_b, int *d_c)
{
 *d_c = d_a - d_b;
}
```

```
int main(void)
{
  int h_c;
  int *d_c;
  cudaMalloc((void**)&d_c, sizeof(int));
 gpuSub << <1, 1 >> > (4, 1, d_c);
 cudaMemcpy(&h_c, d_c, sizeof(int), cudaMemcpyDeviceToHost);
 printf("4-1 = %d\n", h_c);
 cudaFree(d_c);
 return 0;
}
```

2. 两个数字相乘时，以通过引用传递参数的 CUDA 代码如下所示：

```
#include <iostream>
#include <cuda.h>
#include <cuda_runtime.h>
 __global__ void gpuMul(int *d_a, int *d_b, int *d_c)
{
 *d_c = *d_a * *d_b;
}
int main(void)
{
 int h_a,h_b, h_c;
 int *d_a,*d_b,*d_c;
 h_a = 1;
 h_b = 4;
 cudaMalloc((void**)&d_a, sizeof(int));
 cudaMalloc((void**)&d_b, sizeof(int));
 cudaMalloc((void**)&d_c, sizeof(int));
 cudaMemcpy(d_a, &h_a, sizeof(int), cudaMemcpyHostToDevice);
 cudaMemcpy(d_b, &h_b, sizeof(int), cudaMemcpyHostToDevice);
 gpuMul << <1, 1 >> > (d_a, d_b, d_c);
 cudaMemcpy(&h_c, d_c, sizeof(int), cudaMemcpyDeviceToHost);
 printf("Passing Parameter by Reference Output: %d + %d = %d\n",
h_a, h_b, h_c);
 cudaFree(d_a);
 cudaFree(d_b);
 cudaFree(d_c);
 return 0;
 }
```

3. 为 gpuMul 内核并行启动 5 000 个线程的三种方法如下：

```
1. gpuMul << <25, 200 >> > (d_a, d_b, d_c);
2. gpuMul << <50, 100 >> > (d_a, d_b, d_c);
3. gpuMul << <10, 500 >> > (d_a, d_b, d_c);
```

4. 假。

5. 查找 5.0 或更高版本的 GPU 设备的程序如下：

```
int main(void)
{
  int device;
  cudaDeviceProp device_property;
  cudaGetDevice(&device);
```

```
    printf("ID of device: %d\n", device);
    memset(&device_property, 0, sizeof(cudaDeviceProp));
    device_property.major = 5;
    device_property.minor = 0;
    cudaChooseDevice(&device, &device_property);
    printf("ID of device which supports double precision is: %d\n",
device);
    cudaSetDevice(device);
}
```

6. 求元素的三次方的 CUDA 代码如下：

```
#include "stdio.h"
#include<iostream>
#include <cuda.h>
#include <cuda_runtime.h>
#define N 50
__global__ void gpuCube(float *d_in, float *d_out)
{
    //Getting thread index for current kernel
    int tid = threadIdx.x; // handle the data at this index
    float temp = d_in[tid];
    d_out[tid] = temp*temp*temp;
}
int main(void)
{
    float h_in[N], h_out[N];
    float *d_in, *d_out;
    cudaMalloc((void**)&d_in, N * sizeof(float));
    cudaMalloc((void**)&d_out, N * sizeof(float));
     for (int i = 0; i < N; i++)
    {
        h_in[i] = i;
    }
    cudaMemcpy(d_in, h_in, N * sizeof(float),
cudaMemcpyHostToDevice);
    gpuSquare << <1, N >> >(d_in, d_out);
    cudaMemcpy(h_out, d_out, N * sizeof(float),
cudaMemcpyDeviceToHost);
    printf("Cube of Number on GPU \n");
    for (int i = 0; i < N; i++)
    {
        printf("The cube of %f is %f\n", h_in[i], h_out[i]);
    }
    cudaFree(d_in);
    cudaFree(d_out);
    return 0;
}
```

7. 给出下列应用程序的通信模式如下：

1. 图像处理：Stencil（蒙版）模式

2. 移动平均：Gather（收集）模式

3. 按升序排列数组：Scatter（分散式）模式

4. 求一个数组中元素的三次方：Map（映射）模式

第3章

1. 选择线程数和线程块数的最佳方法如下：

```
gpuAdd << <512, 512 >> >(d_a, d_b, d_c);
```

对于最新处理器，每个块可以启动的线程数有一个限制，即 1 024。同样，每个 Grid 的块数也有限制。因此，如果有大量的线程，那么最好通过少量的线程块和线程启动内核，如前所述。

2. 以下是计算 50 000 个元素立方的 CUDA 程序：

```
#include "stdio.h"
#include<iostream>
#include <cuda.h>
#include <cuda_runtime.h>
#define N 50000
__global__ void gpuCube(float *d_in, float *d_out)
{
      int tid = threadIdx.x + blockIdx.x * blockDim.x;
while (tid < N)
{
    float temp = d_in[tid];
    d_out[tid] = temp*temp*temp;
    tid += blockDim.x * gridDim.x;
 }
}
int main(void)
{
    float h_in[N], h_out[N];
    float *d_in, *d_out;
    cudaMalloc((void**)&d_in, N * sizeof(float));
    cudaMalloc((void**)&d_out, N * sizeof(float));
     for (int i = 0; i < N; i++)
    {
        h_in[i] = i;
    }
    cudaMemcpy(d_in, h_in, N * sizeof(float),
cudaMemcpyHostToDevice);
    gpuSquare << <512, 512 >> >(d_in, d_out);
   cudaMemcpy(h_out, d_out, N * sizeof(float),
cudaMemcpyDeviceToHost);
    printf("Cube of Number on GPU \n");
    for (int i = 0; i < N; i++)
    {
        printf("The cube of %f is %f\n", h_in[i], h_out[i]);
    }
    cudaFree(d_in);
    cudaFree(d_out);
    return 0;
 }
```

3. 正确。因为它只需要访问本地内存，这是一个更快的内存。

4. 当内核变量不适合存储在寄存器堆中时，就存储在本地内存，这称为寄存器溢出。因为有些数据不在寄存器中，所以需要更多的时间从内存中获取数据。这将花费更多的时间，影响程序的性能。

5. 不会。因为所有线程都是并行运行的，数据在写入之前可能就被读取，因此可能无法提供所需的输出。

6. 正确。在原子操作中，当一个线程访问特定的内存位置时，所有其他线程都必须等待。当许多线程访问相同的内存位置时，这将导致时间开销。因此，原子操作将增加 CUDA 程序的执行时间。

7. Stencil（蒙版）通信模式是纹理内存的理想选择。

8. 如果在 if 语句中使用 __syncthreads 指令，那么符合此条件的线程将永远不会出现 false，而 __syncthreads 会持续等待所有线程到达 false，于是程序永远不会终止。

第 4 章

1. CPU 计时器包括操作系统中，线程延迟和操作系统中调度的时间开销以及许多其他因素。使用 CPU 测量的时间也将取决于 CPU 计时器的精度状况。主机经常在 GPU 内核运行时执行异步计算，因此 CPU 计时器可能无法为内核执行提供正确的时间。

2. 从 c:\Program Files\NVIDIA GPU computing Toolkit\CUDA\v9.0\libnvp 打开 Nvidia Visual Profiler，然后转到→新建会话（New Section），并选择 .exe 文件作为矩阵乘法示例，你可以可视化代码的性能。

3. 除零、不正确的变量类型或大小、不存在的变量、超出范围的下标等都是语义错误的例子。

4. 线程发散的示例如下：

```
__global__ void gpuCube(float *d_in, float *d_out)
{
    int tid = threadIdx.x;
if(tid%2 == 0)
{
    float temp = d_in[tid];
    d_out[tid] = temp*temp*temp;
 }
else
{
    float temp = d_in[tid];
    d_out[tid] = temp*temp*temp;
}
}
```

在代码中，奇数和偶数的线程执行不同的操作，因此它们需要不同的完成时间，在 if 语句之后，这些线程将再次合并。这将导致时间开销，因为快速线程必须等待慢速线程，这将降低代码的性能。

5. 使用 cudaHostAlloc 函数时，必须非常谨慎，因为这段内存是不会从硬盘执行 swap 动作，系统可能出现内存溢出，这会影响系统上其他应用程序的正常运行。

6. 对 CUDA 流操作，操作的顺序是重要的为我们想要的重叠的内存拷贝操作与内核的执行操作。所以，cageuses 操作应该是在这样的一种方式，这些操作可以重叠，与每一其他，或其他使用 CUDA 流不会帮助性能的程序。

7. 用 1 024×1 024 的图像，线程数建议是 32×32（如果系统支持 1 024 线程 / 线程块），线程块数量也建议是 32×32。建议的数值，取决于图像尺寸能被每线程块的线程数所整除的数字。

第 5 章

1. 图像处理和计算机视觉领域有区别，图像处理是通过调整像素值来提高图像的视觉质量，而计算机视觉则是从图像中提取重要信息。因此，在图像处理中，输入和输出都是图像；而计算机视觉中，输入是图像，输出是从图像中提取的信息。

2. OpenCV 库具有 C、C++、Java 和 Python 语言的接口，可以在 Windows、Linux、Mac 和 Android 等所有操作系统中使用，不需要修改单个代码行。这个库还可以利用多核处理、OpenGL 和 CUDA 进行并行处理。由于 OpenCV 是轻量级的，也可以用于嵌入式平台，如 Raspberry Pi。使得它非常适合在现实场景中的嵌入式系统上部署计算机视觉应用程序。

3. 将图像初始化为红色的命令如下：

```
Mat img3(1960,1960, CV_64FC3, Scalar(0,0,255) )
```

4. 从网络摄像机捕获帧并将其存储在磁盘上的程序如下：

```
#include <opencv2/opencv.hpp>
#include <iostream>

using namespace cv;
using namespace std;

int main(int argc, char* argv[])
{
   VideoCapture cap(0);
   if (cap.isOpened() == false)
   {
     cout << "Cannot open Webcam" << endl;
     return -1;
 }
  Size frame_size(640, 640);
  int frames_per_second = 30;

  VideoWriter v_writer("images/video.avi", VideoWriter::fourcc('M',
'J', 'P', 'G'), frames_per_second, frame_size, true);
```

```
  cout<<"Press Q to Quit" <<endl;
  String win_name = "Webcam Video";
  namedWindow(win_name); //create a window
   while (true)
   {
     Mat frame;
     bool flag = cap.read(frame); // read a new frame from video
     imshow(win_name, frame);
     v_writer.write(frame);
  if (waitKey(1) == 'q')
  {
     v_writer.release();
     break;
  }
 }
return 0;
}
```

5. OpenCV 使用 BGR 颜色格式读取和显示彩色图像。

6. 从网络摄像机捕获视频并将其转换为灰度的程序如下：

```
#include <opencv2/opencv.hpp>
#include <iostream>

using namespace cv;
using namespace std;

int main(int argc, char* argv[])
{
   VideoCapture cap(0);
 if (cap.isOpened() == false)
 {
    cout << "Cannot open Webcam" << endl;
    return -1;
 }
 cout<<"Press Q to Quit" <<endl;
 String win_name = "Webcam Video";
 namedWindow(win_name); //create a window
 while (true)
 {
    Mat frame;
    bool flag = cap.read(frame); // read a new frame from video
    cvtColor(frame, frame,cv::COLOR_BGR2GRAY);
    imshow(win_name, frame);
  if (waitKey(1) == 'q')
  {
     break;
  }
 }
return 0;
}
```

7. 测量图片加法、减法运算性能的 OpenCV 程序如下：

```
#include <iostream>
#include "opencv2/opencv.hpp"

int main (int argc, char* argv[])
{
    //Read Two Images
    cv::Mat h_img1 = cv::imread("images/cameraman.tif");
    cv::Mat h_img2 = cv::imread("images/circles.png");
    //Create Memory for storing Images on device
    cv::cuda::GpuMat d_result1,d_result2,d_img1, d_img2;
    cv::Mat h_result1,h_result2;
int64 work_begin = getTickCount();
    //Upload Images to device
    d_img1.upload(h_img1);
    d_img2.upload(h_img2);

    cv::cuda::add(d_img1,d_img2, d_result1);
    cv::cuda::subtract(d_img1, d_img2,d_result2);
    //Download Result back to host
    d_result1.download(h_result1);
     d_result2.download(h_result2);
    int64 delta = getTickCount() - work_begin;
//Frequency of timer
    double freq = getTickFrequency();
    double work_fps = freq / delta;
    std::cout<<"Performance of Thresholding on CPU: " <<std::endl;
    std::cout <<"Time: " << (1/work_fps) <<std::endl;
    cv::waitKey();
    return 0;
}
```

8. 用于对图像进行按位 AND 和 OR 运算的 OpenCV 程序如下：

```
include <iostream>
#include "opencv2/opencv.hpp"

int main (int argc, char* argv[])
{
    cv::Mat h_img1 = cv::imread("images/cameraman.tif");
    cv::Mat h_img2 = cv::imread("images/circles.png");
    cv::cuda::GpuMat d_result1,d_result2,d_img1, d_img2;
    cv::Mat h_result1,h_result2;
    d_img1.upload(h_img1);
    d_img2.upload(h_img2);

    cv::cuda::bitwise_and(d_img1,d_img2, d_result1);
    cv::cuda::biwise_or(d_img1, d_img2,d_result2);

    d_result1.download(h_result1);
     d_result2.download(h_result2);
cv::imshow("Image1 ", h_img1);
    cv::imshow("Image2 ", h_img2);
    cv::imshow("Result AND operation ", h_result1);
cv::imshow("Result OR operation ", h_result2);
    cv::waitKey();
    return 0;
}
```

第6章

1. 将任意彩色图像的位置（200，200）像素强度打印在控制台上的 OpenCV 代码如下：

```
cv::Mat h_img2 = cv::imread("images/autumn.tif",1);
cv::Vec3b intensity1 = h_img1.at<cv::Vec3b>(cv::Point(200, 200));
std::cout<<"Pixel Intensity of color Image at (200,200) is:" <<
intensity1 << std::endl;
```

2. 使用双线性插值方法将图像大小调整为（300，200）像素的 OpenCV 函数如下：

```
cv::cuda::resize(d_img1,d_result1,cv::Size(300, 200),
cv::INTER_LINEAR);
```

3. 使用区域插值方法对图像进行两倍扩大的 OpenCV 函数如下所示：

```
int width= d_img1.cols;
int height = d_img1.size().height;
cv::cuda::resize(d_img1,d_result2,cv::Size(2*width, 2*height),
cv::INTER_AREA)
```

4. 假。当我们增加平均滤波器的尺寸时，模糊度会增大。

5. 假。中值滤波器不能消除高斯噪声，它能消除盐和胡椒的噪声。

6. 在应用拉普拉斯算子消除噪声敏感度之前，必须使用平均或高斯滤波器对图像进行模糊处理。

7. 实现大礼帽和黑帽形态学操作的 OpenCV 函数如下：

```
cv::Mat element =
cv::getStructuringElement(cv::MORPH_RECT,cv::Size(5,5));
  d_img1.upload(h_img1);
  cv::Ptr<cv::cuda::Filter> filtert,filterb;
  filtert =
cv::cuda::createMorphologyFilter(cv::MORPH_TOPHAT,CV_8UC1,element);
  filtert->apply(d_img1, d_resulte);
  filterb =
cv::cuda::createMorphologyFilter(cv::MORPH_BLACKHAT,CV_8UC1,element
);
  filterb->apply(d_img1, d_resultd)
```

第7章

1. 从视频中检测黄色对象的 OpenCV 代码如下：请注意，这里不重复示例代码

```
cuda::cvtColor(d_frame, d_frame_hsv, COLOR_BGR2HSV);

//Split HSV 3 channels
cuda::split(d_frame_hsv, d_frame_shsv);

//Threshold HSV channels for Yellow color
```

```
cuda::threshold(d_frame_shsv[0], d_thresc[0], 20, 30,
THRESH_BINARY);
cuda::threshold(d_frame_shsv[1], d_thresc[1], 100, 255,
THRESH_BINARY);
cuda::threshold(d_frame_shsv[2], d_thresc[2], 100, 255,
THRESH_BINARY);

//Bitwise AND the channels
cv::cuda::bitwise_and(d_thresc[0], d_thresc[1],d_intermediate);
cv::cuda::bitwise_and(d_intermediate, d_thresc[2], d_result);
d_result.download(h_result);
imshow("Thresholded Image", h_result);
imshow("Original", frame)
```

2. 当一个对象的颜色与背景颜色相同时，基于颜色的对象检测将失败，即使光照发生变化也可能会失效。

3. Canny 边缘检测算法的第一步是消除图像中噪声的高斯模糊，然后计算梯度。如此，这里检测到的边缘受噪声的影响要比前面看到的其他边缘检测算法小。

4. 当图像受到高斯噪声或椒盐噪声的影响时，Hough 变换的结果很差。为了改善图像质量，必须对图像进行高斯滤波和中值滤波作为预处理步骤。

5. 当计算 FAST 关键点的强度阈值较低时，更多的关键点将通过分段测试，并被归类为关键点。随着此阈值的增加，检测到的关键点数量将逐渐减少。

6. SURF 中 Hessian 阈值越大，兴趣点越少，而兴趣点越明显；阈值越小，兴趣点越多，但兴趣点越不明显。

7. 当 Haar 级联的比例因子从 1.01 增加到 1.05 时，图像尺寸在每个尺度上缩小的程度会变大，如此一来，每帧需要处理的图像更少，这减少了计算时间。但是，这可能无法检测到某些对象。

8. 与背景减法的 GMG 算法相比，MoG 算法速度更快，噪声更小。GMG 输出可以采用开闭等形态学操作，以降低噪声。

第 8 章

1. Jetson TX1 提供每秒 Tera 级浮点操作的性能，这远远优于 Raspberry PI。因此 Jetson TX1 可以用于计算密集型应用程序，如计算机视觉和实时部署的深度学习。

2. Jetson TX1 开发板最多支持 6 个 2 通道或 3 个 4 通道摄像头，并自带一个 500 万像素的摄像头。

3. 在 Jetson TX1 连接两个以上的 USB 外设时，必须使用 USB 集线器。

4. 真。

5. 假。Jetson TX1 包含一个 ARM Cortex A57 四核 CPU，工作频率为 1.73GHz。

6. 虽然 Jetson TX1 附带预装的 Ubuntu，但它不包含计算机视觉应用程序所需的任何软件包。JetPack 包含 Linux for Tegra（L4T）板支持包、用于计算机视觉应用程序中的深度学习推理的 TensorRT、最新的 CUDA 工具包、CUDA 深度神经网络库的 cuDNN、用于计算机视觉和深度学习应用程序的 VisionWorks 以及 OpenCV。因此，通过安装 JetPack，我们可以安装快速构建计算机视觉应用程序所需的所有软件包。

第9章

1. Jetson TX1 上的 GPU 设备的全局内存约为 4GB，GPU 主频约为 1GHz，比本书前面使用的 Geforce 940GPU 慢。内存主频部分，Jetson TX1 只有 13MHz，相较于 Geforce 940 上的 2.505GHz 显得很慢。二级缓存部分，TX1 为 256KB，而 Geforce 940 有 1MB。其他大多数属性与 Geforce 940 类似。

2. 是。

3. 在最新版的 JetPack 中，OpenCV 并不支持 CUDA 编译，也不支持从代码访问相机所必需的 GStreamer。因此，最好删除 JetPack 附带的 OpenCV 安装，用最新版本 OpenCV 源代码重新编译支持 CUDA 和 GStreamer 的环境。

4. 非。OpenCV 可以从 Jetson TX1 自带 CSI 摄像头以及 USB 摄像头捕获视频。

5. 是。CSI 摄像机更接近硬件，因此帧读取速度比 USB 摄像机快，在计算密集型应用中最好使用 CSI 摄像机。

6. Python OpenCV 绑定并不支持 CUDA 加速，因此最好使用 C++ OpenCV 绑定来开发计算密集型任务。

7. 否。Jetson TX1 预装 Python 2 和 Python 3 解释器，但 OpenCV 是在 Jetson TX1 独立编译，还安装了 Python 二进制文件，因此不需要安装单独的 Python OpenCV 绑定。

第10章

1. Python 是开放源码的，并且有一个很大的用户社区对模块方面为语言做出贡献，这些模块可以在很短的时间内很容易地、用很少的代码去开发应用程序。Python 语言的语法易于阅读和解释，这使得新程序员更容易学习。它是一种解释语言，允许逐行执行代码。这些是 Python 相比 C/C++ 的几个优点。

2. 编译型语言需要检查整个代码并将其转换为机器代码。而一次一条语句则被翻译为解释语言。解释语言分析源代码所需的时间较少，但与编译型语言相比，总体执行速度较慢。解释语言不会像编译型语言那样生成中间代码。

3. 非。Python 是一种解释语言，使它比 C/C++ 更慢。

4. PyOpenCL 可以利用任何图形处理单元，而 PyCUDA 需要依赖 NVIDIA GPU 和 CUDA 工具包。

5. 是。Python 允许在 Python 脚本中调用 C/C++ 代码，因此计算复杂的任务可以用 C/C++ 编写，以便更快地处理，并且可以为它创建 Python 装饰器。PyCUDA 可以利用内核代码的这种功能。

第 11 章

1. 使用 C/C++ 编程语言编写 SourceModule 类中的内核函数，这个内核函数由 NVCC（NVIDIA C）编译器进行编译。

2. 内核调用函数如下：

```
myfirst_kernel(block=(512,512,1),grid=(1024,1014,1))
```

3. 非。在 PyCUDA 程序中，块的执行顺序是随机的，不能由 PyCUDA 程序员控制。

4. 驱动程序类的指令消除了为数组单独分配内存的需要，直接将其上载到设备并将结果下载回主机。所有操作都在内核调用期间同时执行，这使得代码更简单和易于阅读。

5. 用 PyCUDA 为数组中的每个元素加 2 的代码如下所示：

```
import pycuda.gpuarray as gpuarray
import numpy
import pycuda.driver as drv

start = drv.Event()
end=drv.Event()
start.record()
start.synchronize()
n=10
h_b = numpy.random.randint(1,5,(1,n))
d_b = gpuarray.to_gpu(h_b.astype(numpy.float32))
h_result = (d_b + 2).get()
end.record()
end.synchronize()

print("original array:")
print(h_b)
print("doubled with gpuarray:")
print(h_result)
secs = start.time_till(end)*1e-3
print("Time of adding 2 on GPU with gpuarray")
print("%fs" % (secs))
```

6. 使用 Python 时间测量选项来测量 PyCUDA 程序的性能，不会给出准确的结果，因为它包括操作系统中线程延迟的时间开销和操作系统中的调度以及许多其他因素。使用 CPU 测量的时间也将取决于 CPU 高精度计时器的可用性。很多时候，主机在 GPU 内核运行时执行异步计算，因此 Python 的 CPU 计时器可能无法为内核执行提供正确的时间。我们可以通过使用 CUDA 事件来克服这些缺点。

7. 是。

第 12 章

1. 非。这行表示一个"读取 – 修改 – 写入"操作，当多个线程试图增加同一内存位置时，可能会产生错误的结果，如直方图计算。

2. 在使用共享内存的情况下，尝试使用较少的线程去访问共享内存中 256 个内存元素，与无共享内存的情况不同，后者会访问所有线程。这将有助于减少原子操作中的时间开销。

3. 使用共享内存时的内核调用函数如下：

```
atomic_hist(
        drv.Out(h_result), drv.In(h_a), numpy.uint32(SIZE),
        block=(n_threads,1,1), grid=(NUM_BIN,1),shared= 256*4)
```

调用内核时，应该定义共享内存的大小，这是通过内核调用函数中的共享参数指定的。

4. 直方图是一种统计特征，它提供有关图像对比度和亮度的重要信息。如果它有一个均匀的分布，那么图像将有一个良好的对比度。直方图还传递有关图像亮度的信息，如果直方图集中在绘图的左侧，则图像太暗；如果直方图集中在右侧，则图像太亮。

5. 是。由于 RGB 和 BGR 的颜色格式是相同的，尽管通道的顺序是不同的，换算公式将保持不变。

6. 使用一维线程和线程块比使用多维线程和线程块更简单，它简化了内核函数内部的索引机制，在本章中出现的每个示例都会执行索引机制。如果我们使用的是多维线程和块，则不是强制的。

7. imshow 函数用于在屏幕上显示图像，需要一个无符号整数格式的图像。因此，内核函数计算的所有结果在显示在屏幕上之前都会先转换为 numpy 库的 uint8 数据类型。